MÉTODOS ESTATÍSTICOS MULTIVARIADOS

CB056475

M279m   Manly, Bryan F. J.
          Métodos estatísticos multivariados : uma introdução / Bryan F. J. Manly, Jorge A. Navarro Alberto ; tradução: Carlos Tadeu dos Santos Dias. – 4. ed. – Porto Alegre : Bookman, 2019.
          xvi, 254 p.; 23 cm.

         ISBN 978-85-8260-498-4

         1. Estatística. I. Alberto, Jorge A. Navarro. II. Título.

                                                                                 CDU 311

Catalogação na publicação: Karin Lorien Menoncin – CRB 10/2147

Bryan F. J. Manly
University of Otago
Dunedin, Nova Zelândia

Jorge A. Navarro Alberto
Universidad Autónoma de Yucatán
Mérida, México

MÉTODOS ESTATÍSTICOS MULTIVARIADOS

UMA INTRODUÇÃO

4.ª edição

Tradução e revisão técnica:
Carlos Tadeu dos Santos Dias
Doutor em Estatística Experimental Agronômica pela USP
Pós-Doutorado pela University of Exeter, Inglaterra
Professor Titular da Escola Superior de Agricultura
"Luiz de Queiroz" – ESALQ/USP

Porto Alegre
2019

Obra originalmente publicada sob o título
Multivariate Statistical Methods: A Primer, 4th Edition
ISBN 9781498728966

All Rights Reserved. Authorised translation from the English language edition published by CRC Press, a member of the Taylor & Francis Group LLC.
Copyright © 2017 by Taylor & Francis Group LLC.

Gerente editorial: *Arysinha Jacques Affonso*

Colaboraram nesta edição:

Editora: *Denise Weber Nowaczyk*

Capa: *Paola Manica*

Imagem da capa: *DepositPhotos: @WINS86*

Leitura final: *Amanda Jansson Breitsameter*

Editoração: *Techbooks*

Tradução da 3ª edição: *Sara Ianda Correa Carmona*

Reservados todos os direitos de publicação, em língua portuguesa, à
BOOKMAN EDITORA LTDA., uma empresa do GRUPO A EDUCAÇÃO S.A.
Av. Jerônimo de Ornelas, 670 – Santana
90040-340 Porto Alegre RS
Fone: (51) 3027-7000   Fax: (51) 3027-7070

Unidade São Paulo
Rua Doutor Cesário Mota Jr., 63 – Vila Buarque
01221-020 São Paulo SP
Fone: (11) 3221-9033

SAC 0800 703-3444 – www.grupoa.com.br

É proibida a duplicação ou reprodução deste volume, no todo ou em parte, sob quaisquer formas ou por quaisquer meios (eletrônico, mecânico, gravação, fotocópia, distribuição na Web e outros), sem permissão expressa da Editora.

IMPRESSO NO BRASIL
PRINTED IN BRAZIL

Sobre os autores

Bryan F. J. Manly foi professor de Estatística na University of Otago, Dunedin, Nova Zelândia, até 2000 após o qual se mudou para os Estados Unidos para trabalhar como consultor para a Western EcoSystems Technology Inc. Em 2015, retornou para Nova Zelândia e é professor na escola de Medicina da University of Otago.

Jorge A. Navarro Alberto é matemático e professor na Universidad Autónoma de Yucatán, México, onde ensinou Estatística para estudantes de biologia, biologia marinha e administração de recursos naturais por mais de 25 anos. Seus interesses de pesquisa estão centrados em estatística ecológica e ambiental, principalmente em modelagem estatística de dados biológicos, métodos estatísticos multivariados aplicados ao estudo de comunidades ecológicas, amostragem ecológica e modelos nulos em ecologia.

Dedicatória

*Para meu espaço multivariado (8-dimensional)
de carinho e apoio adorável: Navarro-Contreras*

J.N.A.

Uma jornada de mil quilômetros começa com um único passo.
Lao Tsu

Prefácio

Esta é a quarta edição do livro *Métodos Estatísticos Multivariados: Uma introdução*. O conteúdo é similar ao da terceira edição; a grande diferença é a introdução do código R para as análises. A versão do R utilizada para rodar as rotinas em R (ou pacotes de *software* correspondente) é a R 3.3.1. Os resultados obtidos com o Código R foram verificados para assegurar que seriam os mesmos que de outros pacotes de *software*.

O objetivo deste livro é introduzir métodos estatísticos multivariados para quem não tem formação em matemática. Ele não pretende ser um livro-texto detalhado.

Ao contrário, a intenção é fornecer uma boa ideia do que pode ser feito sem se aprofundar nos detalhes. Em outras palavras, é um livro para "fazer você avançar" em uma determinada área de métodos estatísticos.

Assume-se que os leitores tenham um conhecimento prático de estatística elementar, incluindo testes de significância usando a distribuição normal, t, quiquadrado e F; análise de variância e regressão linear. O material coberto em um primeiro ano de um curso universitário típico em estatística deve ser bastante adequado a este respeito. Algum conhecimento de álgebra também é necessário para seguir as equações em certas partes do texto.

A compreensão da teoria de métodos multivariados requer conhecimento de álgebra matricial. Entretanto, a quantidade necessária não é grande se alguns detalhes forem simplesmente aceitos. A álgebra matricial é resumida no Capítulo 2, e quem dominar esse capítulo terá uma razoável competência nesta área.

Até certo ponto, os capítulos podem ser lidos de forma independente. Os primeiros cinco são leituras preliminares, focando principalmente em aspectos gerais de dados multivariados em vez de técnicas específicas.

O Capítulo 1 introduz alguns exemplos com o objetivo de motivar as análises abordadas no livro. O Capítulo 2 cobre álgebra matricial e o Capítulo 3 discute métodos gráficos de diversos tipos. No Capítulo 4 são discutidos testes de significância e o 5 aborda as medidas de distâncias entre objetos baseadas em variáveis medidas sobre estes objetos. Esses capítulos devem ser revistos antes dos Capítulos de 6 a 12, que cobrem os procedimentos multivariados mais importantes usados atualmente. O capítulo final contém alguns comentários gerais sobre a análise de dados multivariados.

Os capítulos nesta quarta edição do livro são os mesmos dos das edições anteriores. Ao fazer as mudanças, mantivemos a intenção original do livro, que era a de ser o mais curto possível e não pretender mais do que colocar os leitores no estágio em que possam começar a usar os métodos multivariados de uma maneira inteligente. O apêndice do Capítulo 1 introduz o uso do pacote R, e o código para análise está nos apêndices dos demais capítulos.

Queremos agradecer à equipe da Chapman and Hall/CRC Press por seu trabalho ao longo dos anos promovendo o livro e em nos encorajar a produzir esta quarta edição.

Bryan F. J. Manly
University of Otago
Dunedin, Nova Zelândia

Jorge A. Navarro Alberto
Universidad Autónoma de Yucatán
Mérida, México

Sumário

Capítulo 1 O material de análise multivariada 1
1.1 Exemplos de dados multivariados 1
1.2 Visão prévia dos métodos multivariados 10
1.3 A distribuição normal multivariada 14
1.4 Programas computacionais 15
Referências 15
Apêndice: Uma introdução ao R 16
Referências 27

Capítulo 2 Álgebra matricial 29
2.1 A necessidade de álgebra matricial 29
2.2 Matrizes e vetores 29
2.3 Operações com matrizes 31
2.4 Inversão matricial 33
2.5 Formas quadráticas 34
2.6 Autovalores e autovetores 34
2.7 Vetores de médias e matrizes de covariâncias 35
2.8 Leitura adicional 37
Referências 37
Apêndice: Álgebra de matriz no R 38

Capítulo 3 Representação de dados multivariados 41
3.1 O problema da representação de muitas variáveis
       em duas dimensões 41
3.2 Representação de variáveis índices 42
3.3 A representação de draftsman 43
3.4 A representação de pontos de dados individuais 43
3.5 Perfis de variáveis 46
3.6 Discussão e leitura adicional 46
Referências 48
Apêndice: Produção de gráficos no R 49
Referências 51

Capítulo 4 Testes de significância com dados multivariados 53
4.1 Testes simultâneos em várias variáveis 53
4.2 Comparação de valores médios para duas amostras: o caso univariado 53
4.3 Comparação de valores médios para duas amostras: o caso multivariado 55

4.4 Testes multivariados *versus* testes univariados 59
4.5 Comparação de variação para duas amostras: o caso univariado 60
4.6 Comparação da variação para duas amostras: o caso multivariado 61
4.7 Comparação de médias para várias amostras 66
4.8 Comparação da variação para várias amostras 70
4.9 Programas computacionais 74
Exercícios 77
Referências 78
Apêndice: Testes de significância no R 79
Referências 81

Capítulo 5   Medição e teste de distâncias multivariadas 83
5.1 Distâncias multivariadas 83
5.2 Distâncias entre observações individuais 83
5.3 Distâncias entre populações e amostras 86
5.4 Distâncias baseadas em proporções 91
5.5 Dados presença-ausência 92
5.6 O teste de aleatorização de Mantel 93
5.7 Programas computacionais 97
5.8 Discussão e leitura adicional 97
Exercícios 98
Referências 98
Apêndice: Medidas de distância multivariada no R 100
Referências 101

Capítulo 6   Análise de componentes principais 103
6.1 Definição de componentes principais 103
6.2 Procedimento para uma análise de componentes principais 104
6.3 Programas de computador 113
6.4 Leitura adicional 114
Exercícios 115
Referências 116
Apêndice: Análise de componentes principais (PCA) no R 118
Referências 119

Capítulo 7   Análise de fatores 121
7.1 O modelo de análise de fatores 121
7.2 Procedimento para uma análise de fatores 124
7.3 Análise de fatores por componentes principais 126
7.4 Uso de um programa de análise de fatores para fazer análise de
    componentes principais 128
7.5 Opções em análises 133

7.6   A importância da análise de fatores 134
7.7   Discussão e leitura adicional 134
Exercícios 135
Referências 135
Apêndice: Análise de fatores no R 136
Referências 137

Capítulo 8   Análise de função discriminante 139
8.1   O problema da separação de grupos 139
8.2   Discriminação usando distâncias de Mahalanobis 139
8.3   Funções discriminantes canônicas 140
8.4   Testes de significância 142
8.5   Suposições 143
8.6   Permitindo probabilidades *a priori* de membros de grupo 149
8.7   Análise de função discriminante passo a passo 149
8.8   Classificação jackknife de indivíduos 150
8.9   Atribuição de indivíduos não agrupados a grupos 151
8.10 Regressão logística 151
8.11 Programas computacionais 157
8.12 Discussão e leitura adicional 157
Exercícios 157
Referências 158
Apêndice: Análise função discriminante no R 159
Referências 161

Capítulo 9   Análise de agrupamentos 163
9.1   Usos de análise de agrupamentos 163
9.2   Tipos de análise de agrupamentos 163
9.3   Métodos hierárquicos 165
9.4   Problemas com análise de agrupamentos 167
9.5   Medidas de distâncias 168
9.6   Análise de componentes principais com análise de agrupamentos 168
9.7   Programas computacionais 172
9.8   Discussão e leitura adicional 173
Exercícios 174
Referências 174
Apêndice: Análise de agrupamento no R 178
Referências 179

Capítulo 10   Análise de correlação canônica 181
10.1 Generalização de uma análise de regressão múltipla 181
10.2 Procedimento para uma análise de correlação canônica 183

10.3 Testes de significância..................184
10.4 Interpretação de variáveis canônicas..................185
10.5 Programas computacionais..................197
10.6 Leitura adicional..................197
Exercícios..................197
Referências..................199
Apêndice: Correlação canônica no R..................200
Referências..................201

Capítulo 11 Escalonamento multidimensional..................203
11.1 Construção de um mapa de uma matriz de distâncias..................203
11.2 Procedimento para escalonamento multidimensional..................205
11.3 Programas computacionais..................214
11.4 Leitura adicional..................214
Exercícios..................215
Referências..................215
Apêndice: Escalonamento multidimensional no R..................216
Referências..................217

Capítulo 12 Ordenação..................219
12.1 O problema da ordenação..................219
12.2 Análise de componentes principais..................220
12.3 Análise de coordenadas principais..................225
12.4 Escalonamento multidimensional..................231
12.5 Análise de correspondência..................233
12.6 Comparação de métodos de ordenação..................238
12.7 Programas de computador..................239
12.8 Leitura adicional..................239
Exercícios..................240
Referências..................240
Apêndice: Métodos de ordenação no R..................241
Referências..................243

Capítulo 13 Epílogo..................245
13.1 O próximo passo..................245
13.2 Alguns lembretes gerais..................245
13.3 Valores perdidos..................247
Referências..................247

Índice..................249

Capítulo 1

O material de análise multivariada

1.1 Exemplos de dados multivariados

Os métodos estatísticos descritos em textos elementares são na maioria métodos univariados porque tratam somente da análise de variação em uma única variável aleatória. Por outro lado, o ponto principal de uma análise multivariada é considerar várias variáveis relacionadas simultaneamente, sendo todas consideradas igualmente importantes, pelo menos inicialmente. O valor potencial dessa abordagem mais geral pode ser visto por meio de alguns exemplos.

Exemplo 1.1 Pardais sobreviventes de tempestade

Após uma forte tempestade em 1º de fevereiro de 1898, diversos pardais moribundos foram levados ao laboratório biológico de Hermon Bumpus na Universidade de Brown em Rhode Island. Subsequentemente, cerca de metade dos pássaros morreu, e Bumpus viu isso como uma oportunidade de encontrar suporte para a teoria da seleção natural de Charles Darwin. Para esse fim, ele fez oito medidas morfológicas em cada pássaro, e também os pesou. Os resultados de cinco das medidas são mostrados na Tabela 1.1, para fêmeas somente.

Dos dados que obteve, Bumpus (1898) concluiu que "os pássaros que morreram, morreram não por acidente, mas porque eles eram fisicamente desqualificados, e que os pássaros que sobreviveram, sobreviveram porque possuíam certas características físicas". Especificamente, ele verificou que os sobreviventes "são mais curtos e pesam menos ... têm os ossos das asas mais longos, pernas mais longas, esternos mais longos e maior capacidade cerebral" do que os não sobreviventes. Concluiu também que "o processo de eliminação seletiva é mais severo com indivíduos extremamente variáveis, não importando em qual direção a variação possa ocorrer. É tão perigoso estar acima de um certo padrão de excelência orgânica quanto estar visivelmente abaixo do padrão". Isso queria dizer que ocorreu seleção estabilizadora, de modo que indivíduos com medidas próximas da média sobrevivem melhor do que indivíduos com medidas distantes da média.

De fato, o desenvolvimento dos métodos de análise multivariada havia recém-iniciado em 1898, quando Bumpus estava escrevendo. O coeficiente de correlação como uma medida do relacionamento entre duas variáveis foi delineado por Francis Galton em 1877. Entretanto, decorreram outros 56

Tabela 1.1 Medidas do corpo de pardocas (em mm)

Pássaro	X_1	X_2	X_3	X_4	X_5
1	156	245	31,6	18,5	20,5
2	154	240	30,4	17,9	19,6
3	153	240	31,0	18,4	20,6
4	153	236	30,9	17,7	20,2
5	155	243	31,5	18,6	20,3
6	163	247	32,0	19,0	20,9
7	157	238	30,9	18,4	20,2
8	155	239	32,8	18,6	21,2
9	164	248	32,7	19,1	21,1
10	158	238	31,0	18,8	22,0
11	158	240	31,3	18,6	22,0
12	160	244	31,1	18,6	20,5
13	161	246	32,3	19,3	21,8
14	157	245	32,0	19,1	20,0
15	157	235	31,5	18,1	19,8
16	156	237	30,9	18,0	20,3
17	158	244	31,4	18,5	21,6
18	153	238	30,5	18,2	20,9
19	155	236	30,3	18,5	20,1
20	163	246	32,5	18,6	21,9
21	159	236	31,5	18,0	21,5
22	155	240	31,4	18,0	20,7
23	156	240	31,5	18,2	20,6
24	160	242	32,6	18,8	21,7
25	152	232	30,3	17,2	19,8
26	160	250	31,7	18,8	22,5
27	155	237	31,0	18,5	20,0
28	157	245	32,2	19,5	21,4
29	165	245	33,1	19,8	22,7
30	153	231	30,1	17,3	19,8
31	162	239	30,3	18,0	23,1
32	162	243	31,6	18,8	21,3
33	159	245	31,8	18,5	21,7
34	159	247	30,9	18,1	19,0
35	155	243	30,9	18,5	21,3
36	162	252	31,9	19,1	22,2

(continua)

Tabela 1.1 Medidas do corpo de pardocas (em mm) *(continuação)*

Pássaro	X_1	X_2	X_3	X_4	X_5
37	152	230	30,4	17,3	18,6
38	159	242	30,8	18,2	20,5
39	155	238	31,2	17,9	19,3
40	163	249	33,4	19,5	22,8
41	163	242	31,0	18,1	20,7
42	156	237	31,7	18,2	20,3
43	159	238	31,5	18,4	20,3
44	161	245	32,1	19,1	20,8
45	155	235	30,7	17,7	19,6
46	162	247	31,9	19,1	20,4
47	153	237	30,6	18,6	20,4
48	162	245	32,5	18,5	21,1
49	164	248	32,3	18,8	20,9

Nota: X_1 = comprimento total, X_2 = extensão alar, X_3 = comprimento do bico e cabeça, X_4 = comprimento do úmero, X_5 = comprimento da quilha do esterno. Pássaros de 1 a 21 sobreviveram, pássaros de 22 a 49 morreram.

Fonte: Dados de Bumpus, H.C., *Biological Lectures*, Marine Biology Laboratory, Woods Hole, MA, 1898.

anos antes de Harold Hotelling descrever um método prático para realizar uma análise de componentes principais, a qual é uma das análises multivariada mais simples que pode ser aplicada aos dados de Bumpus. Bumpus não calculou nem mesmo os desvios padrão. Apesar disso, seus métodos de análise foram sensíveis. Muitos autores têm reanalisado seus dados e, em geral, têm confirmado suas conclusões.

Tomando os dados como um exemplo para ilustrar métodos multivariados, surgem muitas questões interessantes. Em particular:

1. Como estão relacionadas as várias variáveis? Por exemplo, um valor grande para uma das variáveis tende a ocorrer com valores grandes para as outras variáveis?
2. Os sobreviventes e os não sobreviventes apresentam diferenças estatisticamente significantes para seus valores médios das variáveis?
3. Os sobreviventes e não sobreviventes mostram quantidades similares de variação para as variáveis?
4. Se os sobreviventes e não sobreviventes diferem em termos das distribuições das variáveis, é possível construir alguma função dessas variáveis que separe os dois grupos? Então seria conveniente se valores grandes da função tendessem a ocorrer com os sobreviventes enquanto que a função seria então aparentemente um índice de ajuste darwiniano dos pardais.

Exemplo 1.2 Crânios egípcios

Para um segundo exemplo, considere os dados mostrados na Tabela 1.2 para medidas feitas em crânios masculinos da área de Tebas, no Egito. Há cinco amostras de 30 crânios cada uma do período pré-dinástico primitivo (cerca de 4000 a.C.), do período pré-dinástico antigo (cerca de 3300 a.C.), das 12ª e 13ª dinastias (cerca de 1850 a.C.), do período Ptolemaico (cerca de 200 a.C.) e do período Romano (cerca de 150 d.C.). Quatro medidas são apresentadas para cada crânio, como ilustrado na Figura 1.1.

Para este exemplo, algumas questões interessantes são:

1. Como estão relacionadas as quatro medidas?
2. Existem diferenças estatisticamente significantes nas médias amostrais das variáveis, e, se existem, essas diferenças refletem mudanças graduais ao longo do tempo na forma e no tamanho dos crânios?
3. Existem diferenças significantes nos desvios padrão amostrais para as variáveis, e, se existem, essas diferenças refletem mudanças graduais ao longo do tempo na quantidade de variação?
4. É possível construir uma função das quatro variáveis que, em algum sentido, descreva as mudanças ao longo do tempo?

Essas questões são, claramente, bastante similares àquelas sugeridas para o Exemplo 1.1.

Veremos mais adiante que existem diferenças entre as cinco amostras que podem ser explicadas parcialmente como tendências no tempo. É preciso ser dito, entretanto, que as razões para as aparentes mudanças são desconhecidas. Migração de outras raças dentro da região pode muito bem ter sido o fator mais importante.

Exemplo 1.3 Distribuição de uma borboleta

Um estudo de 16 colônias de borboletas *Euphydryas editha* na Califórnia e em Oregon produziu os dados apresentados na Tabela 1.3. Aqui existem quatro variáveis ambientais (altitude, precipitação anual e temperaturas máxima e mínima) e seis variáveis genéticas (frequências percentuais para diferentes genes (Fósforo glucose-isomerase) como determinado pela técnica de eletroforese). Para os objetivos deste exemplo, não há necessidade de entrar em detalhes de como as frequências gênicas foram determinadas e, estritamente falando, elas não são exatamente frequências gênicas. É suficiente dizer que as frequências descrevem, de certa forma, a distribuição genética das borboletas. A Figura 1.2 mostra as localizações geográficas das colônias.

Neste exemplo, questões que podem ser feitas incluem:

1. As frequências Pgi são similares para as colônias que estão próximas no espaço?
2. O quanto, se este for o caso, as frequências Pgi estão relacionadas às variáveis ambientais?

Tabela 1.2 Medidas de crânios egípcios masculinos (em mm)

Crânios	Pré-dinástico primitivo				Pré-dinástico antigo				12ª e 13ª dinastias				Período ptolemaico				Período romano			
	X_1	X_2	X_3	X_4	X_1	X_2	X_3	X_4	X_1	X_2	X_3	X_4	X_1	X_2	X_3	X_4	X_1	X_2	X_3	X_4
1	131	138	89	49	124	138	101	48	137	141	96	52	137	134	107	54	137	123	91	50
2	125	131	92	48	133	134	97	48	129	133	93	47	141	128	95	53	136	131	95	49
3	131	132	99	50	138	134	98	45	132	138	87	48	141	130	87	49	128	126	91	57
4	119	132	96	44	148	129	104	51	130	134	106	50	135	131	99	51	130	134	92	52
5	136	143	100	54	126	124	95	45	134	134	96	45	133	120	91	46	138	127	86	47
6	138	137	89	56	135	136	98	52	140	133	98	50	131	135	90	50	126	138	101	52
7	139	130	108	48	132	145	100	54	138	138	95	47	140	137	94	60	136	138	97	58
8	125	136	93	48	133	130	102	48	136	145	99	55	139	130	90	48	126	126	92	45
9	131	134	102	51	131	134	96	50	136	131	92	46	140	134	90	51	132	132	99	55
10	134	134	99	51	133	125	94	46	126	136	95	56	138	140	100	52	139	135	92	54
11	129	138	95	50	133	136	103	53	137	129	100	53	132	133	90	53	143	120	95	51
12	134	121	95	53	131	139	98	51	137	139	97	50	134	134	97	54	141	136	101	54
13	126	129	109	51	131	136	99	56	136	126	101	50	135	135	99	50	135	135	95	56
14	132	136	100	50	138	134	98	49	137	133	90	49	133	136	95	52	137	134	93	53
15	141	140	100	51	130	136	104	53	129	142	104	47	136	130	99	55	142	135	96	52
16	131	134	97	54	131	128	98	45	135	138	102	55	134	137	93	52	139	134	95	47
17	135	137	103	50	138	129	107	53	129	135	92	50	131	141	99	55	138	125	99	51
18	132	133	93	53	123	131	101	51	134	125	90	60	129	135	95	47	137	135	96	54
19	139	136	96	50	130	129	105	47	130	134	96	51	136	128	93	54	133	125	92	50
20	132	131	101	49	134	130	93	54	136	135	94	53	131	125	88	48	145	129	89	47

(continua)

Tabela 1.2 Medidas de crânios egípcios masculinos (em mm) *(continuação)*

Crânios	Pré-dinástico primitivo				Pré-dinástico antigo				12ª e 13ª dinastias				Período ptolemaico				Período romano			
	X_1	X_2	X_3	X_4	X_1	X_2	X_3	X_4	X_1	X_2	X_3	X_4	X_1	X_2	X_3	X_4	X_1	X_2	X_3	X_4
21	126	133	102	51	137	136	106	49	132	130	91	52	139	130	94	53	138	136	92	46
22	135	135	103	47	126	131	100	48	133	131	100	50	144	124	86	50	131	129	97	44
23	134	124	93	53	135	136	97	52	138	137	94	51	141	131	97	53	143	126	88	54
24	128	134	103	50	129	126	91	50	130	127	99	45	130	131	98	53	134	124	91	55
25	130	130	104	49	134	139	101	49	136	133	91	49	133	128	92	51	132	127	97	52
26	138	135	100	55	131	134	90	53	134	123	95	52	138	126	97	54	137	125	85	57
27	128	132	93	53	132	130	104	50	136	137	101	54	131	142	95	53	129	128	81	52
28	127	129	106	48	130	132	93	52	133	131	96	49	136	138	94	55	140	135	103	48
29	131	136	114	54	135	132	98	54	138	133	100	55	132	136	92	52	147	129	87	48
30	124	138	101	46	130	128	101	51	138	133	91	46	135	130	100	51	136	133	97	51

Nota: X_1 = largura máxima, X_2 = altura basibregamática, X_3 = comprimento basialveolar, X_4 = altura nasal.

Fonte: Dados de Thomson, A. and Randall-Maciver, P., *Ancient Races of the Thebaid*, Oxford University Press, Oxford, London, 1905.

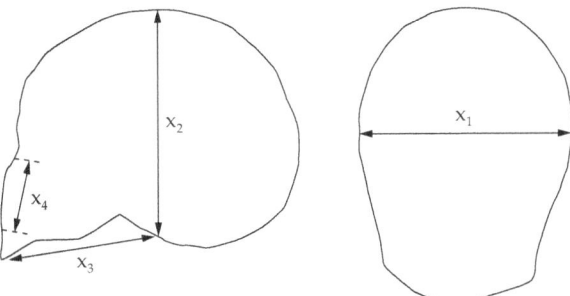

Figura 1.1 Quatro medidas feitas em crânios egípcios masculinos.

Essas são questões importantes na tentativa de decidir como as frequências Pgi são determinadas. Se a composição genética das colônias foi largamente determinada pelas migrações passadas e presentes, então as frequências gênicas tenderão a ser similares para colônias que estão localizadas nas proximidades, apesar de elas poderem apresentar um pequeno relacionamento com as variáveis ambientais. Por outro lado, se o meio ambiente é mais importante, então isso deve aparecer em relacionamentos entre as frequências gênicas e as variáveis ambientais (assumindo que tenham sido medidas as variáveis corretas), mas colônias próximas somente têm frequências gênicas similares se elas têm ambientes similares. Obviamente colônias que estão próximas no espaço usualmente têm ambientes similares, de modo que pode ser difícil chegar a uma conclusão sobre essa questão.

Exemplo 1.4   Cães pré-históricos da Tailândia

Escavações de locais pré-históricos no nordeste da Tailândia têm produzido uma coleção de ossos caninos cobrindo um período em torno de 3500 a.C. até o presente. Entretanto, a origem dos cães pré-históricos não é certa. Podem descender dos chacais-dourados (*Canis aureus*) ou do lobo, mas o lobo não é nativo da Tailândia. As fontes de origem mais próximas são a parte ocidental da China (*Canis lupus chanco*) ou o subcontinente indiano (*Canis lupus pallides*).

Para tentar esclarecer os ancestrais dos cães pré-históricos, foram feitas medidas da mandíbula dos espécimens disponíveis. Estas foram então comparadas com as mesmas medidas feitas no chacal-dourado, no lobo chinês e no lobo indiano. As comparações foram também estendidas para incluir o dingo, o qual tem suas origens na Índia, o cuon (*Cuon alpinus*), o qual é indígena do sudeste da Ásia, e os cães modernos de cidade da Tailândia.

A Tabela 1.4 apresenta os valores médios para as seis medidas de mandíbulas para espécimens de todos os sete grupos. A questão principal aqui é o que as medidas sugerem sobre o relacionamento entre os grupos e, em particular, como os cães pré-históricos parecem se relacionar com os outros grupos.

Tabela 1.3 Variáveis ambientais e frequências gênicas Fósforo Glucose-Isomerase (Pgi) para colônias de borboletas *Euphydryas editha* na Califórnia e em Oregon, nos EUA

Colônia	Altitude (pés)	Precipitação anual (pol.)	Temperatura (°F) Máxima	Mínima	Frequências de mobilidade gênica Pgi (%)[a] 0,4	0,6	0,8	1	1,16	1,3
SS	500	43	98	17	0	3	22	57	17	1
SB	808	20	92	32	0	16	20	38	13	13
WSB	570	28	98	26	0	6	28	46	17	3
JRC	550	28	98	26	0	4	19	47	27	3
JRH	550	28	98	26	0	1	8	50	35	6
SJ	380	15	99	28	0	2	19	44	32	3
CR	930	21	99	28	0	0	15	50	27	8
UO	650	10	101	27	10	21	40	25	4	0
LO	600	10	101	27	14	26	32	28	0	0
DP	1.500	19	99	23	0	1	6	80	12	1
PZ	1.750	22	101	27	1	4	34	33	22	6
MC	2.000	58	100	18	0	7	14	66	13	0
IF	2.500	34	102	16	0	9	15	47	21	8
AF	2.000	21	105	20	3	7	17	32	27	14
GH	7.850	42	84	5	0	5	7	84	4	0
GL	10.500	50	81	−12	0	3	1	92	4	0

Nota: Os dados originais são de 21 colônias, mas, neste presente exemplo, cinco colônias com amostras pequenas para a estimação das frequências gênicas foram excluídas para tornar todas as estimativas quase igualmente confiáveis.

[a] Os números 0,40, 0,60, etc. representam diferentes tipos genéticos de Pgi, de modo que as frequências para uma colônia (somando a 100%) mostram as frequências dos diferentes tipos para a *E. editha* naquele local.

Fonte: Dados de McKechnie, S.W. et al., *Genetics*, 81, 571–594, 1975, com variáveis ambientais arredondadas para números inteiros para simplificar.

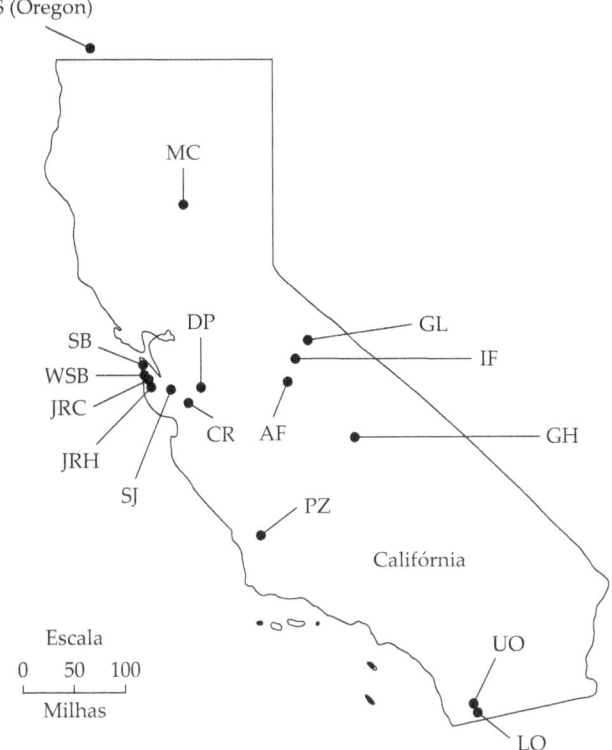

Figura 1.2 Colônias de *Euphydryas editha* na Califórnia e em Oregon.

Tabela 1.4 Médias de medidas de mandíbulas para sete grupos caninos

Grupo	X_1 (mm)	X_2 (mm)	X_3 (mm)	X_4 (mm)	X_5 (mm)	X_6 (mm)
Cão moderno	9,7	21,0	19,4	7,7	32,0	36,5
Chacal-dourado	8,1	16,7	18,3	7,0	30,3	32,9
Lobo chinês	13,5	27,3	26,8	10,6	41,9	48,1
Lobo indiano	11,5	24,3	24,5	9,3	40,0	44,6
Cuon	10,7	23,5	21,4	8,5	28,8	37,6
Dingo	9,6	22,6	21,1	8,3	34,4	43,1
Cão pré-histórico	10,3	22,1	19,1	8,1	32,2	35,0

Nota: X_1 = largura da mandíbula; X_2 = altura da mandíbula abaixo do primeiro molar; X_3 = comprimento do primeiro molar; X_4 = largura do primeiro molar; X_5 = comprimento do primeiro ao terceiro molar, inclusive; X_6 = comprimento do primeiro ao quarto molar, inclusive.

Fonte: Dados de Higham, C.F.W. et al., *J. Archaeological Sci.*, 7, 149-165, 1980.

Exemplo 1.5 Emprego em países europeus

Finalmente, como um contraste aos exemplos biológicos anteriores, considere os dados na Tabela 1.5. Eles mostram as porcentagens da força de trabalho em nove diferentes tipos de indústrias para 30 países europeus. Neste caso, métodos multivariados podem ser úteis para isolar grupos de países com padrões similares de empregos, e, em geral, ajudar a compreender os relacionamentos entre os países. Diferenças entre países que são relacionados a grupos políticos (UE, a União Europeia; AELC, a área europeia de livre comércio; países do leste europeu e outros países) podem ser de particular interesse.

1.2 Visão prévia dos métodos multivariados

Os cinco exemplos que acabamos de considerar são matérias brutas típicas para métodos estatísticos multivariados. Em todos os casos, existem várias variáveis de interesse e elas são claramente não independentes umas das outras. Neste momento, é útil dar uma breve visão prévia do que está por vir nos capítulos que seguem em relação a esses exemplos.

A *análise de componentes principais* é elaborada para reduzir o número de variáveis que necessitam ser consideradas a um número menor de índices (chamados de componentes principais) os quais são combinações lineares das variáveis originais. Por exemplo, grande parte da variação nas medidas do corpo dos pardais (X_1 a X_5) mostrada na Tabela 1.1 está relacionada ao tamanho geral dos pássaros, e o total

$$I_1 = X_1 + X_2 + X_3 + X_4 + X_5$$

deve medir muito bem esse aspecto dos dados. Este índice é responsável por uma dimensão dos dados. Outro índice é

$$I_2 = X_1 + X_2 + X_3 - X_4 - X_5,$$

o qual é um contraste entre as três primeiras medidas e as duas últimas. Este reflete outra dimensão dos dados. A análise de componentes principais fornece uma maneira objetiva de encontrar índices desse tipo, de modo que a variação nos dados pode ser levada em consideração tão concisamente quanto possível. Pode muito bem acontecer que dois ou mais componentes principais forneçam um bom resumo de todas as variáveis originais. A consideração dos valores dos componentes principais em vez dos valores das variáveis originais pode tornar muito mais fácil entender o que os dados têm a dizer. Em poucas palavras, a análise de componentes principais é um meio de simplificar dados pela redução do número de variáveis.

A *análise de fatores* também tem como objetivo estudar a variação em uma quantidade de variáveis originais usando um número menor de variáveis índices ou fatores. Assume-se que cada variável original possa ser expressa como

Tabela 1.5 Porcentagens da força de trabalho de empregados em nove diferentes grupos de indústrias em 30 países na Europa

País	Grupo	AGR	MIN	FAB	FEA	CON	SER	FIN	SSP	TC
Bélgica	UE	2,6	0,2	20,8	0,8	6,3	16,9	8,7	36,9	6,8
Dinamarca	UE	5,6	0,1	20,4	0,7	6,4	14,5	9,1	36,3	7,0
França	UE	5,1	0,3	20,2	0,9	7,1	16,7	10,2	33,1	6,4
Alemanha	UE	3,2	0,7	24,8	1,0	9,4	17,2	9,6	28,4	5,6
Grécia	UE	22,2	0,5	19,2	1,0	6,8	18,2	5,3	19,8	6,9
Irlanda	UE	13,8	0,6	19,8	1,2	7,1	17,8	8,4	25,5	5,8
Itália	UE	8,4	1,1	21,9	0,0	9,1	21,6	4,6	28,0	5,3
Luxemburgo	UE	3,3	0,1	19,6	0,7	9,9	21,2	8,7	29,6	6,8
Países Baixos	UE	4,2	0,1	19,2	0,7	0,6	18,5	11,5	38,3	6,8
Portugal	UE	11,5	0,5	23,6	0,7	8,2	19,8	6,3	24,6	4,8
Espanha	UE	9,9	0,5	21,1	0,6	9,5	20,1	5,9	26,7	5,8
Reino Unido	UE	2,2	0,7	21,3	1,2	7,0	20,2	12,4	28,4	6,5
Áustria	AELC	7,4	0,3	26,9	1,2	8,5	19,1	6,7	23,3	6,4
Finlândia	AELC	8,5	0,2	19,3	1,2	6,8	14,6	8,6	33,2	7,5
Islândia	AELC	10,5	0,0	18,7	0,9	10,0	14,5	8,0	30,7	6,7
Noruega	AELC	5,8	1,1	14,6	1,1	6,5	17,6	7,6	37,5	8,1
Suécia	AELC	3,2	0,3	19,0	0,8	6,4	14,2	9,4	39,5	7,2
Suíça	AELC	5,6	0,0	24,7	0,0	9,2	20,5	10,7	23,1	6,2
Albânia	Leste	55,5	19,4	0,0	0,0	3,4	3,3	15,3	0,0	3,0
Bulgária	Leste	19,0	0,0	35,0	0,0	6,7	9,4	1,5	20,9	7,5
República Tcheca/ Eslováquia	Leste	12,8	37,3	0,0	0,0	8,4	10,2	1,6	22,9	6,9
Hungria	Leste	15,3	28,9	0,0	0,0	6,4	13,3	0,0	27,3	8,8
Polônia	Leste	23,6	3,9	24,1	0,9	6,3	10,3	1,3	24,5	5,2
Romênia	Leste	22,0	2,6	37,9	2,0	5,8	6,9	0,6	15,3	6,8
URSS (antiga)	Leste	18,5	0,0	28,8	0,0	10,2	7,9	0,6	25,6	8,4
Iugoslávia (antiga)	Leste	5,0	2,2	38,7	2,2	8,1	13,8	3,1	19,1	7,8
Chipre	Outro	13,5	0,3	19,0	0,5	9,1	23,7	6,7	21,2	6,0
Gibraltar	Outro	0,0	0,0	6,8	2,0	16,9	24,5	10,8	34,0	5,0
Malta	Outro	2,6	0,6	27,9	1,5	4,6	10,2	3,9	41,6	7,2
Turquia	Outro	44,8	0,9	15,3	0,2	5,2	12,4	2,4	14,5	4,4

Nota: AGR, agricultura, florestal e pesca; MIN, mineração e exploração de pedreiras; FAB, fabricação; FEA, fornecimento de energia e água; CON, construção; SER, serviços; FIN, finanças; SSP, serviços sociais e pessoais; TC, transportes e comunicações.

Fonte: Dados do Euromonitor (1995), exceto para Alemanha e Reino Unido, onde valores mais recentes foram obtidos do United Nations *Statistical Yearbook* (2000).

uma combinação linear desses fatores, mais um termo residual que reflete o quanto a variável é independente das outras variáveis. Por exemplo, um modelo de dois fatores para os dados dos pardais assume que

$$X_1 = a_{11}F_1 + a_{12}F_2 + e_1$$
$$X_2 = a_{21}F_1 + a_{22}F_2 + e_2$$
$$X_3 = a_{31}F_1 + a_{32}F_2 + e_3$$
$$X_4 = a_{41}F_1 + a_{42}F_2 + e_4$$

e

$$X_5 = a_{51}F_1 + a_{52}F_2 + e_5$$

em que
  os valores a_{ij} são constantes,
  F_1 e F_2 são fatores e
  e_i representa a variação em X_i que é independente da variação nas outras variáveis X.

Aqui F_1 pode ser o fator tamanho. Nesse caso, os coeficientes a_{11}, a_{21}, a_{31}, a_{41} e a_{51} seriam todos positivos, refletindo o fato de que alguns pássaros tendem a ser grandes e alguns pássaros tendem a ser pequenos em todas as medidas do corpo. O segundo fator F_2 poderia então medir um aspecto da forma dos pássaros, com alguns coeficientes positivos e alguns negativos. Se esse modelo de dois fatores ajustasse bem os dados, então ele forneceria uma descrição relativamente direta do relacionamento entre as cinco medidas do corpo que estão sendo consideradas.

Um tipo de análise de fatores começa tomando alguns poucos primeiros componentes principais como os fatores nos dados a serem considerados. Esses fatores iniciais são então modificados por um processo especial de transformação chamado *rotação fatorial*, a fim de torná-los mais fáceis de serem interpretados. Outros métodos para encontrar fatores iniciais também são usados. Uma rotação para simplificar fatores é quase sempre feita.

A *análise de função discriminante* refere-se à possibilidade de separar diferentes grupos com base nas medidas disponíveis. Isso pode ser usado, por exemplo, para ver quão bem pardais sobreviventes e não sobreviventes podem ser separados usando suas medidas do corpo (Exemplo 1.1), ou como crânios de diferentes épocas podem ser separados, novamente usando medidas de tamanho (Exemplo 1.2). Assim como a análise de componentes principais, a análise de função discriminante é baseada na ideia de encontrar combinações lineares convenientes das variáveis originais para atingir o objetivo desejado.

A *análise de agrupamento* diz respeito à identificação de grupos de objetos similares. Não há muito sentido em fazer esse tipo de análise com dados como os dos Exemplos 1.1 e 1.2, pois os grupos (sobreviventes/não sobreviventes e épocas) já são conhecidos. No entanto, no Exemplo 1.3 poderá haver algum interesse em agrupar colônias com base nas variáveis ambientais ou frequências Pgi, enquanto que no Exemplo 1.4 o principal ponto de interesse está na similaridade entre cães pré-históricos tailandeses e outros animais. Da mesma forma, no Exemplo 1.5 os países europeus podem possivelmente ser agrupados em termos de suas similaridades no padrão de empregos.

Com *correlação canônica*, as variáveis (não os objetos) são divididas em dois grupos, e o interesse está centrado no relacionamento entre elas. Então, no Exemplo 1.3, as primeiras quatro variáveis estão relacionadas ao ambiente, enquanto que as restantes seis variáveis refletem a distribuição genética nas diferentes colônias de *Euphydryas editha*. Encontrar quais relacionamentos, se houver algum, existem entre esses dois grupos de variáveis é de considerável interesse biológico.

O *escalonamento multidimensional* começa com dados sobre algumas medidas de distâncias entre um certo número de objetos. Destas distâncias, é então construído um mapa mostrando como estes objetos estão relacionados. Essa é uma técnica útil, pois muitas vezes é possível medir o quão distante estão pares de objetos sem ter nenhuma ideia de como estes objetos estão relacionados em um sentido geométrico. Assim, no Exemplo 1.4, existem maneiras de medir as distâncias entre cães modernos e chacais-dourados, cães modernos e lobos chineses, etc. Considerando cada par de grupos de animais, resultam 21 distâncias ao todo, e destas distâncias o escalonamento multidimensional pode ser usado para produzir um tipo de mapa do relacionamento entre os grupos. Com um mapa unidimensional, os grupos são colocados ao longo de uma linha reta. Com um mapa bidimensional, eles são representados por pontos em um plano. Com um mapa tridimensional, eles são representados por pontos dentro de um cubo. Soluções de quarta dimensão ou mais alta também são possíveis, apesar de terem uso limitado porque não podem ser visualizadas de uma maneira simples. O valor de um mapa de uma, duas ou três dimensões está claro para o Exemplo 1.4, pois tal mapa mostraria imediatamente quais grupos de cães pré-históricos são mais similares. Portanto, o escalonamento multidimensional pode ser uma alternativa útil para análise de agrupamento nesse caso. Um mapa de países europeus baseado em seus padrões de empregos também pode ser de interesse no Exemplo 1.5.

Análise de componentes principais e escalonamento multidimensional são algumas vezes referidos como métodos de *ordenação*. Isso quer dizer que são métodos para produzir eixos nos quais um conjunto de objetos de interesse pode ser representado. Outros métodos de ordenação estão também disponíveis.

A *análise de coordenadas principais* é como um tipo de análise de componentes principais que inicia com informações sobre o quanto os pares de objetos são diferentes em um conjunto de objetos em vez dos valores das medidas dos objetos. Como tal, ela pretende fazer o mesmo que o escalonamento multidimensional. Entretanto, as suposições feitas e os métodos numéricos usados não são os mesmos.

A *análise de correspondência* começa com dados sobre a abundância de cada uma das várias características para cada um de um conjunto de objetos. Isso é útil em ecologia, por exemplo, em que os objetos de interesse são muitas vezes diferentes locais, as características são diferentes espécies e os dados consistem em abundâncias de espécies em amostras tomadas dos locais. O propósito da análise de correspondência seria então o de tornar claro os relacionamentos entre os locais, expressos por distribuições das espécies, e os relacionamentos entre as espécies, expressos por distribuições dos locais.

1.3 A distribuição normal multivariada

A distribuição normal para uma única variável deve ser familiar para os leitores deste livro. Ela tem a curva de frequências na bem-conhecida forma de sino, e muitos métodos estatísticos univariados padrão são baseados na suposição de que os dados são normalmente distribuídos.

Sabendo da proeminência da distribuição normal com métodos estatísticos univariados, não será surpresa descobrir que a distribuição normal multivariada tem uma posição central nos métodos estatísticos multivariados. Muitos desses métodos requerem a suposição de que os dados que estão sendo analisados têm uma distribuição normal multivariada.

A exata definição de uma distribuição normal multivariada não é tão importante. A abordagem de muitas pessoas, para melhor ou pior, parece ser a de pensar os dados como sendo normalmente distribuídos, a menos que exista alguma razão para acreditar que isso não é verdadeiro. Em particular, se todas as variáveis individuais que estão sendo estudadas parecem ser normalmente distribuídas, então assume-se que a distribuição conjunta é normal multivariada. Esta é, de fato, uma exigência mínima, porque a definição de normalidade multivariada requer mais do que isso.

Casos surgem em que a suposição de normalidade multivariada é claramente inválida. Por exemplo, uma ou mais das variáveis que estão sendo estudadas pode ter uma distribuição altamente assimétrica com vários valores muito altos (ou baixos); pode haver muitos valores repetidos; etc. Esse tipo de problema pode ser algumas vezes superado por uma transformação de dados apropriada, como discutido nos textos elementares em estatística. Se isso não funcionar, então uma forma bastante especial de análise poderá ser necessária.

Um aspecto importante da distribuição normal multivariada é que ela é completamente especificada por um vetor de médias e uma matriz de covariâncias. As definições de um vetor de médias e uma matriz de covariâncias são dadas na Seção 2.7. Basicamente, o vetor de médias contém os valores médios para todas as variáveis que estão sendo consideradas, enquanto que a matriz de covariâncias contém as variâncias para todas as variáveis mais as covariâncias, as quais medem o quanto todos os pares de variáveis estão relacionados.

1.4 Programas computacionais

Métodos práticos para executar os cálculos para análises multivariadas têm sido desenvolvidos ao longo dos últimos 80 anos. Entretanto, a aplicação desses métodos para mais do que um pequeno número de variáveis teve de esperar até que os computadores se tornassem disponíveis. Portanto, foi somente nos últimos 40 anos, aproximadamente, que os métodos se tornaram razoavelmente fáceis de serem executados pelo pesquisador médio.

Hoje existem muitos pacotes estatísticos padrão e programas computacionais disponíveis para cálculos em computadores de todos os tipos. A intenção é que este livro forneça aos leitores informação suficiente para usar de forma inteligente qualquer um desses pacotes e programas, sem falar muito sobre qualquer um deles. Entretanto, dada a ampla acessibilidade da linguagem de programação R, enfatizamos seu uso. Portanto, o apêndice deste capítulo fornece uma breve revisão do ambiente R necessária para rodar os comandos R incluídos ao final de cada capítulo. Os códigos em R para muitos dos exemplos também estão disponíveis no endereço http://www.manlybio.myob.net/ e no site da Bookman Editora (loja.grupoa.com.br). Para acessar todo o conteúdo disponível no site da Bookman Editora, encontre a página do livro por meio do campo de busca e localize a área de Material Complementar. Um tratamento mais amplo da linguagem R pode ser encontrado em muitos livros e manuais, incluindo aqueles dos autores Adler (2012), Crawley (2013), Logan (2010), Teetor (2011) e Venables et al. (2015). Referências adicionais no uso do R para análise multivariada também são fornecidas nos capítulos seguintes.

Referências

Adler, J. (2012). *R in a Nutshell*. 2nd Edn. Sebastopol, CA: O'Reilly Media.
Bumpus, H.C. (1898). The elimination of the unfit as illustrated by the introduced sparrow, *Passer domesticus*. *Biological Lectures*, 11th Lecture. Marine Biology Laboratory, Woods Hole, MA, 209–26.
Crawley, M. (2013). *The R Book*. 2nd Edn. Chichester: Wiley.
Euromonitor (1995). *European Marketing Data and Statistics*. London: Euromonitor Publications.
Higham, C.F.W., Kijngam, A., and Manly, B.F.J. (1980). An analysis of prehistoric canid remains from Thailand. *Journal of Archaeological Science* 7: 149–65.
Logan, M. (2010). *Biostatistical Design and Analysis Using R: A Practical Guide*. Chichester: Wiley.
McKechnie, S.W., Ehrlich, P.R., and White, R.R. (1975). Population genetics of Euphydryas butterflies. I. Genetic variation and the neutrality hypothesis. *Genetics* 81: 571–94.
Teetor, P. (2011). R *Cookbook*. Sebastopol, CA: O'Reilly Media.
Thomson, A. and Randall-Maciver, R. (1905). *Ancient Races of the Thebaid*. Oxford, London: Oxford University Press.
United Nations (2000). *Statistical Yearbook*, 44th Issue. New York: Department of Social Affairs.
Venables, W.N., Smith, D.M. and the R Core Team. (2015). *An Introduction to R: Notes on R, A Programming Environment for Data Analysis and Graphics, Version 3.1.3* (2015-03-09). http://cran.r-project.org/doc/manuals/R-intro.pdf

Apêndice: Uma introdução ao R

No site do Comprehensive R Archive Network (CRAN, http://www.r-project.org), o R é descrito como "um software ambiente *gratuito* para cálculos e gráficos estatísticos... mantido pelo R Development Core Team". Hoje, o R lidera um papel na ciência, nos negócios e na tecnologia como um sistema computacional por excelência com manuseio, cálculos de procedimentos estatísticos e telas gráficas. Pode-se instalar o R em qualquer sistema operacional (Windows, Mac ou Linux). Se você tem um sistema Mac ou Windows, pode querer executar o instalador, baixando do site espelho de sua preferência. Você apenas precisa seguir as instruções dadas em www.r-project.org. Habitualmente, uma nova versão do R é publicada em março e setembro de cada ano, mas você deve ficar ciente da última versão anunciada na seção News do site r-project.

A.1 A interface gráfica do usuário R

O R tem uma interface gráfica do usuário (GUI) que é adequada à entrada de códigos de programação, para obter resultados numéricos mostrados em um console e gerar novas janelas que surgem repentinamente (os *dispositivos gráficos*) onde gráficos são produzidos. Uma vez que o R seja iniciado, você verá a janela R Console contendo informações sobre a versão do R que você está executando, além de outros aspectos do R. Então, imediatamente o símbolo > aparece, indicando que o R está no modo interativo. Isso significa que o R está esperando para que um comando seja digitado e executado. Outra forma de trabalhar no R, a alternativa mais usual, é por meio do editor de rotina, acessível no menu File. Sempre que o editor de rotina for solicitado, um texto simples surge no editor, tal que você está apto a escrever sequências de comandos R, com a vantagem de que ele pode ser salvo em um arquivo no padrão ASCII, fácil de ser lido por qualquer editor de texto. Usando a linha de procedimentos executados Run ou selecionados ou todos os Run, encontrados no menu Edit, conjuntos de códigos R ou rotinas inteiras podem ser passados para o R.

É evidente que a funcionalidade rudimentar do padrão GUI do R o torna pouco atraente para aqueles usuários familiarizados com pacotes estatísticos comuns caracterizados por suas interfaces amigáveis. Como melhorias substitutas ao ambiente GUI do R e seu editor de rotina, várias aplicações estão disponíveis para facilitar o acesso aos menus e tornar a tarefa de escrever rotinas no R mais fácil. Entre esses projetos, as duas aplicações RStudio (RStudio Team 2015) e TinnR (Faria et al. 2015) sobressaem. O R é sensível a maiúsculas e minúsculas, e programas em R requerem o frequente uso de parênteses ( ) e colchetes [ ] e assim por diante. TinnR e RStudio fazem uso de cores para indicar correspondentes parênteses abertos e fechados, colchetes e assim por diante, bem como diferenciar entre sentenças da linguagem R, argumentos de funções e comentários. Nenhum desses recursos está disponível no editor de rotina do GUI do R. Você deve, dessa forma, provavelmente escolher uma dessas aplicações amigáveis para melhorar sua interação com o R.

A.2 Arquivos de ajuda do R

O R inclui um sistema de ajuda, que é útil em fornecer informações básicas sobre cada comando do R, como sua sintaxe, o resultado/objeto produzido, exemplos de uso e referências de onde o comando é baseado. É essencial contar com esse sistema de ajuda padrão sempre que existir dúvida sobre a sintaxe correta dos comandos do R. No GUI do R, você pode acessar o sistema de ajuda como uma opção da barra de menu, escolhendo diferentes estágios de pesquisa. Na realidade, o sistema de ajuda fornece mais informações do que apenas a sintaxe de comando. Você pode também acessar a documentação do R e manuais, aprender sobre o desenvolvimento do R e obter respostas às questões frequentemente feitas (FAQ).

A.3 Pacotes do R

Um *pacote* do R é um conjunto de funções R relacionadas/integradas, arquivos de ajuda e conjunto de dados que o usuário ou o próprio R chama e disponibiliza para um propósito particular. Com a exceção de um grupo de pacotes já instalados com o R, o usuário necessitará baixar e instalar um pacote de interesse para o R. A instalação é realizada apenas uma vez, e cada vez que um pacote desse tipo é requerido, o usuário somente necessita carregá-lo no ambiente R para a corrente sessão. O principal repositório de pacote público está disponível nos sites espelhos no mundo todo, mas é sensato escolher o local mais próximo para baixar e instalar um pacote. Acessar o menu Packages no GUI do R é a melhor forma para selecionar repositórios e sites espelhos e para rodar automaticamente a instalação de pacotes e suas assim chamadas dependências, isto é, pacotes adicionais necessários para a funcionalidade de um pacote no qual você está interessado. Um pacote é, na realidade, um arquivo zip que é salvo em uma mídia de armazenamento interna ou externa e contém procedimentos necessários, documentação e conectividade para o R. É também possível instalar um pacote localmente (uma opção presente no menu Packages), mas sua funcionalidade pode ser afetada se alguma dependência estiver ausente no conjunto de pacotes instalados. O R oferece uma imensa variedade de pacotes. Por exemplo, na versão 3.1.3, o repositório de pacotes CRAN apresenta 6415 pacotes disponíveis. Entretanto, neste livro, iremos apenas indicar os pacotes que são necessários para conseguir os resultados para os exemplos apresentados.

A.4 Objetos do R

A linguagem R manuseia *objetos*, os quais são definidos como entidades que podem ser representadas em um computador: números, variáveis, matrizes, funções do usuário, base de dados (conhecido como *data frame* no R) ou uma combinação de todos esses (como listas). Um nome pode ser dado para algum objeto, desde que a sequência de caracteres que formam o nome não contenha algum dos caracteres: espaço(s), -, +, *, /, #, %, &, [,], {, }, (,) ou ~. Em adição, nomes de objetos não podem iniciar com um número e eles são sensíveis a maiúsculas e minúsculas. Assim, X e x são diferentes e referem-se a diferentes objetos. Para evitar subsequentes erros tipográficos, é recomendado que você use nomes de objetos curtos e mnemônicos. A atribuição de um nome ao objeto significa que o objeto é alocado ao corrente espaço de memória do R via o operador de atribuição composto pelo caractere < e um hífen, sem espaço entre eles, isto é, <-. Como um exemplo, você pode querer definir uma variável chamada S carregando o valor 12. O comando é então S <- 12.

Se S não existe, ele será criado. Caso contrário, seus conteúdos prévios serão substituídos. Então, S será conservado na memória de trabalho (na memória do computador), mas outros comandos são necessários (p. ex., save) para armazená-lo em disco. Há também formas de *remover* um objeto na sessão corrente por meio do comando rm.

A.5 Vetores no R

O principal objeto no R é o vetor. Ele é uma n-tupla de objetos de mesma classe. O vetor familiar de um número real é o melhor exemplo de um vetor no R que pode ser criado usando a função de concatenação c(). Como um exemplo, considere os dados mostrados na Tabela 1.3. Assuma que você gostaria de analisar a precipitação anual dos sites em que colônias de borboletas *Euphydryas editha* foram amostradas. Para fazer isso, você pediria ao R para armazenar os valores no vetor numérico

```
precip <- c(43, 20, 28, 28, 28, 15, 21, 10, 10, 19, 22,
    58, 34, 21, 42, 50)
```

Aqui, precip é um vetor, um arranjo de uma só linha cujo comprimento é igual ao seu número de elementos, neste caso, 16. Você pode verificar este comprimento por escrever

```
length(precip)
[1] 16
```

em que a segunda linha dá a resposta da primeira linha.

Cada elemento em um vetor tem seu próprio índice ou número de coluna, e isso pode ser referido por colocar entre colchetes este número. Como um exemplo, o 13º elemento de precip é a precipitação 34 mm. Você pode mostrar este valor particular no R como

```
precip[13]
[1] 34
```

Nomes podem ser dados a cada elemento de um vetor numérico como precip. Estes nomes podem ser tomados de um vetor de caracteres (isto é, um vetor contendo caracteres alfanuméricos entre aspas). Como um exemplo, para alocar nomes aos elementos de `precip` usando as abreviações das colônias como identificadores, os seguintes três comandos podem ser usados:

```
COLONY <- c("SS", "SB", "WSB", "JRC", "JRH", "SJ", "CR",
+ "UO", "LO", "DP", "PZ", "MC", "IF", "AF", "GH", "GL")
names(precip) <- COLONY
precip
 SS SB WSB JRC JRH SJ CR UO LO DP PZ MC IF AF GH GL
 43 20  28  28  28 15 21 10 10 19 22 58 34 21 42 50
```

A característica mais importante dos vetores é que eles somente podem ser mantidos em uma classe de objetos (ou números, séries de caracteres, níveis de um fator ou valores lógicos), mas não em uma mistura deles. Em adição, vetores podem ser operados usando expressões aritméticas aplicadas a elemento por elemento. Consulte o Capítulo 2 do manual *Introduction to R* (Venables et al. 2015) para mais exemplos e propriedades de vetores).

A.6 Matrizes do R

Matrizes são casos particulares do que são conhecidos no R como arranjos de dados de mesma classe, o que é uma generalização multidimensional com múltiplos deles. Existem várias formas para construir uma matriz. Uma possibilidade é convertê-la a partir de um vetor usando a função de matrizes. Como um exemplo, assuma que temos um vetor oito-dimensional contendo o número de espécies (riqueza de espécies) em quatro locais, com os primeiros quatro elementos do vetor sendo os valores de riqueza para os quatro locais no Ano 1 e os últimos quatro elementos sendo os valores de riqueza correspondentes para Ano 2, como segue:

```
RICHNESS <- c(2, 2, 3, 2, 2, 1, 5, 1)
```

Uma forma melhor de arranjar esses dados é pela definição de uma matriz 4×2 com linhas indicando os locais e as correspondentes colunas correspondendo os anos:

```
RICHMAT <- matrix(RICHNESS, nrow = 4)
RICHMAT
     [,1] [,2]
[1,]   2    2
[2,]   2    1
[3,]   3    5
[4,]   2    1
```

Por padrão, uma matriz é preenchida em coluna. Aqui, foi somente necessário escrever o argumento `nrow = 4` para indicar o número de linhas, mas você pode ser mais específico por escrever os números de linhas (`nrow =`) e número de colunas (`ncol =`) como

```
RICHMAT <- matrix(RICHNESS, nrow = 4, ncol=2).
```

Neste exemplo, o R endereça cada elemento da matriz `RICHMAT` pelas suas correspondentes posições linha e coluna. Então, a riqueza observada para o Local 3 no Ano 2 pode ser encontrada como

```
RICHMAT[3,2]
[1] 5
```

Os elementos de uma particular linha ou coluna podem ser referidos por omitir coluna e linha correspondente, após ou antes da vírgula, respectivamente. Portanto, a riqueza para Anos 1 e 2 no Local 2 é

```
RICHMAT[2,]
[1] 2 1
```

Similarmente, a riqueza observada no Ano 1 para todos os locais é

```
> RICHMAT[,1]
[1] 2 2 3 2
```

É possível também construir uma matriz por combinar dois ou mais vetores de mesmo comprimento (e classe). Seguindo uma ideia similar do exemplo anterior, assuma que existam dois vetores de quatro entradas cada, com o primeiro vetor correspondendo à riqueza encontrada em quatro locais para o Ano 1 e o segundo contendo a riqueza correspondente para o Ano 2, definida como

```
richy1 <- c(2, 2, 3, 2)
richy2 <- c(2, 1, 5, 1)
```

Os vetores podem então ser combinados (ligados) em uma matriz usando `cbind()` (combinada por colunas) ou `rbind()` (combinada por linhas). Então, a combinação pelas colunas é dada por

```
RICHMAT1 <- cbind(richy1, richy2)
```

tal que

```
RICHMAT1
     richy1 richy2
[1,]    2      2
[2,]    2      1
[3,]    3      5
[4,]    2      1
```

Neste caso, o R associa nomes de colunas à matriz `RICHMAT1` tomada dos vetores `richy1` e `richy2`. O seguinte código produz a mesma saída (a saber, a primeira coluna de `RTCHMAT1`):

```
RICHMAT1[,1]
[1] 2 2 3 2
RICHMAT1[,"richy1"]
[1] 2 2 3 2
```

Os nomes de colunas em uma matriz podem ser chamados ou definidos por meio do comando `colnames`. Por exemplo, para verificar se os nomes das colunas para `RICHMAT1` estão em uso, tente

```
colnames(RICHMAT1)
[1] "richy1" "richy2"
```

Similarmente, nomes de linhas de uma matriz podem ser mostrados ou definidos usando o comando `rownames`. Quando `RICHMAT1` foi criada, ela não tinha nome da linha. Isso pode ser checado por

```
rownames(RICHMAT1)
NULL
```

Nomes adequados de linhas podem então ser dados para `RICHMAT1`:

```
rownames(RICHMAT1) <- c("S1","S2","S3","S4")
RICHMAT1
   richy1  richy2
S1    2      2
S2    2      1
S3    3      5
S4    2      1
```

Agora, as linhas do `RICHMAT1` correspondem a cada um dos quatro locais, identificados pela letra S e o número do local. Propriedades adicionais dos arranjos e matrizes podem ser encontradas em Venables et al. 2015 (Capítulo 5) e nos Apêndices dos Capítulos 2 e 3.

A.7 Disposição de dados multivariados em R da fonte base de dados (data frames)

Para manusear dados multivariados e lidar com diferentes tipos de variáveis, o R tem uma classe especial de objetos chamada de *data frame*. Base de dados e arranjos bidimensionais (matrizes) têm uma propriedade em comum: os dados são arranjados em linhas e colunas. Entretanto, as linhas de uma base de dados são identificadas como diferentes unidades amostrais das quais observações ou medidas são feitas, com estas sendo colocadas em diferentes colunas, tal que cada coluna na base de dados corresponde a uma variável particular. Portanto, diferentemente dos arranjos que somente permitem uma classe de dados, a base de dados pode incluir uma mistura de variáveis: numérica, caractere, fator, lógica, datas e assim por diante.

Uma forma explícita de construir uma base de dados é combinar diferentes vetores, supostamente de mesmo comprimento e cada um contendo uma variável particular, e declará-las no comando data.frame:

```
my.data <- data.frame(vector1, vector2, ...)
```

Uma forma prática e melhor de elaborar uma base de dados é tirando proveito do fato de que R é capaz de ler arquivos de dados em diferentes formatos, como tab – ou valores separados por vírgula (*csv*), o qual é o formato mais conveniente para importar dados dentro do R. Alternativamente, dados salvos em uma planilha e aplicativos estatísticos como Excel, SAS ou Minitab podem ser importados, nesse caso é necessário instalar pacotes adequados R para ler os dados.

Aqui, iremos somente considerar a elaboração de uma base de dados usando o comando `read.table` aplicado a um arquivo externo salvo com valores separados por tabulação ou csv. Como um exemplo, considere os dados descritos no Exemplo 1.5. Esses dados podem ser acomodados em uma fonte de dados com 30 linhas (países Europeus) e 10 variáveis, sendo nove dessas variáveis correspondendo às porcentagens (isto é, nove variáveis numéricas) da força de trabalho em nove diferentes tipos de indústrias para países europeus considerados e uma variável categórica referindo aos grupos políticos (a UE, AELC, os países do Leste Europeu e Outros).

Assume-se que os dados de porcentagens de pessoas empregadas em diferentes grupos de indústria na Europa tenham sido salvos como um arquivo tab–delimitado com o nome *Euroemp.txt*; esse arquivo pode ser encontrado no site loja.grupoa.com.br e em http://www.manlybio.myob.net. As duas primeiras e as duas últimas linhas e cabeçalhos de cada coluna dos dados são então

```
País       Grupo  AGR   MIN  FAB   FEA  CON  SER   FIN  SSP   TC
Bélgica    UE     2,6   0,2  20,8  0,8  6,3  16,9  8,7  36,9  6,8
Dinamarca  UE     5,6   0,1  20,4  0,7  6,4  14,5  9,1  36,3  7,0
...        ...    ...   ...  ...   ...  ...  ...   ...  ...   ...
Malta      Outro  2,6   0,6  27,9  1,5  4,6  10,2  3,9  41,6  7,2
Turquia    Outro  44,8  0,9  15,3  0,2  5,2  12,4  2,4  14,5  4,4
```

Aqui, `País` não é variável; refere-se aos nomes das linhas. Isso pode ser levado em consideração quando se importar os dados usando `read.table`. A segunda coluna é uma variável qualitativa (Grupo), e as nove últimas colunas são todas variáveis numéricas correspondendo à porcentagem de pessoas empregadas a um diferente grupo de indústria. O comando necessário para produzir uma base de dados do arquivo tab-delimitado *Euroemp.txt* é então

```
euro.emp <- read.table("Euroemp.txt", header=TRUE, row.
   names=1)
```

Este comando assume que um diretório de trabalho foi escolhido em R tal que o diretório (pasta) contém o arquivo *Euroemp.txt*. Uma forma de realizar isso é acessando o menu **File > Change dir ...** no R GUI. O primeiro argumento é o nome do arquivo entre aspas, seguido pela opção `header =TRUE`, a qual significa que o arquivo contém um cabeçalho (nomes atribuídos a cada coluna). Contudo, a primeira coluna não é uma variável; ela refere-se ao nome da linha (unidade amostral). Isso explica a opção `row.names=1`, significando *os nomes das linhas localizadas na coluna 1*. Por padrão, o R tenta ler um arquivo fonte tab- ou espaço-delimitado e então convertê-lo em uma base de dados. No exemplo, a base de dados `euro.emp` foi criada. Ela contém a mesma informação como o arquivo original, mas ele é agora acessível ao R. Para confirmar que este é de fato uma base de dados, você pode digitar

```
class(euro.emp)
[1] "data.frame"
```

Você pode então mostrar toda a base de dados no console ao digitar

```
euro.emp
```

ou as seis primeiras linhas

```
head(euro.emp)
```

Uma forma útil para reconhecer os tipos de variáveis presentes em uma base de dados é por meio do comando `str` (isto é, a *estrutura* da base de dados). Neste caso,

```
str(euro.emp)
'data.frame': 30 obs. of 10 variables:
$ Grupo: Factor w/ 4 levels "Leste", "AELC",..: 3 3 3
  3 3 3 3 3 3 ...
$ AGR  : num 2.6 5.6 5.1 3.2 22.2 13.8 8.4 3.3 4.2 11.5 ...
$ MIN  : num 0.2 0.1 0.3 0.7 0.5 0.6 1.1 0.1 0.1 0.5 ...
$ FAB  : num 20.8 20.4 20.2 24.8 19.2 19.8 21.9 19.6 19.2
  23.6 ...
$ FEA  : num 0.8 0.7 0.9 1 1 1.2 0 0.7 0.7 0.7 ...
$ CON  : num 6.3 6.4 7.1 9.4 6.8 7.1 9.1 9.9 0.6 8.2 ...
$ SER  : num 16.9 14.5 16.7 17.2 18.2 17.8 21.6 21.2 18.5
  19.8 ...
$ FIN  : num 8.7 9.1 10.2 9.6 5.3 8.4 4.6 8.7 11.5 6.3 ...
$ SSP  : num 36.9 36.3 33.1 28.4 19.8 25.5 28 29.6 38.3
  24.6 ...
$ TC   : num 6.8 7 6.4 5.6 6.9 5.8 5.3 6.8 6.8 4.8 ..
```

Aqui, as variáveis importadas são listadas em diferentes linhas, cada uma iniciando com um difrão. Isso estabelece a maneira pela qual cada variável contida em uma base de dados está referenciada no R. O nome da variável é precedido pelo nome da base de dados e estes dois são separados pelo caractere $. Também, para mostrar a variável (vetor) AGR na base de dados euro.emp, o comando é

```
euro.emp$AGR
 [1]  2.6  5.6  5.1  3.2 22.2 13.8  8.4  3.3  4.2 11.5  9.9  2.2  7.4  8.5
[15] 10.5  5.8  3.2  5.6 55.5 19.0 12.8 15.3 23.6 22.0 18.5  5.0
  13.5  0.0
[29]  2.6 44.8
```

Uma mensagem de erro é produzida se você solicitar uma variável sem um nome da base de dados, de modo que isso dá

```
AGR
Error: object 'AGR' not found
```

Essa regra de combinar a base de dados e o nome da variável pode ser evitada com código apropriado executado antes de chamar a variável, por exemplo, usando o comando `attach` ou `with` (ver Venables et al. 2015, Capítulo 6). É importante ter em mente que uma base de dados é uma classe especial de objetos em R, conhecido como *lista*, a qual é considerada um dos mais versáteis objetos no R para manusear dados ou os resultados produzidos por outras funções do R. Veja Venables et al. (2015) para mais informações.

Por padrão, o R converte (força) qualquer variável contendo caracteres alfanuméricos em um *fator*. É o caso de euro.emp$Grupo no exemplo anterior.

Um fator é um objeto (um vetor) útil para agrupar os componentes de outros vetores de mesmo comprimento. A principal diferença entre um vetor fator e um vetor caractere é que os componentes do primeiro não são incluídos entre aspas. Internamente, o R manuseia um fator como um vetor numérico (inteiro) cuja ordem é ditada, por padrão, pela ordem alfabética dos rótulos. Em termos do uso de memória do computador, armazenagem dos fatores é melhor, porque um número inteiro usa menos bytes de memória do que uma cadeia de caracteres. Estas propriedades podem ser vistas por um comando específico do R. Portanto, o vetor `euro.emp$Grupo` é da classe de fator, como mostrada por

```
class(euro.emp$Grupo)
[1] "factor"
```

mas seu modo é numérico:

```
mode(euro.emp$Grupo)
[1] "numeric"
```

Com relação ao exemplo de nove diferentes tipos de indústrias nos países europeus, os dados podem também ser armazenados como um arquivo csv. O comando do R que pode ser usado para fazer uma base de dados contendo esses dados poderia ser então

```
euro.empcsv <- read.table("Euroemp.csv", header=TRUE,
   row.names=1, sep=",")
```

Aqui, o último argumento `sep= ","` indica uma vírgula como o separador de cada campo no conjunto de dados. Alternativamente, um arquivo csv pode ser lido em vez disso pelo comando `read.csv`:

```
euro.empcsv <- read.csv("Euroemp.csv", header=TRUE,
   row.names=1)
```

Aqui, `read.csv` é idêntico a `read.table`, exceto que uma vírgula é o separador padrão para o arquivo ser importado. Veja o Capítulo 7 em Venables et al. (2015) para mais tópicos relacionados à leitura de dados de arquivos.

A.8 Indexação de base de dados (simples e duplas)

Base de dados goza das propriedades de indexação simples e dupla descritas anteriormente para vetores e matrizes. Assim, valores específicos em vetor individual (variável) dentro de uma base de dados podem ser acessados ao referir a somente um índice (indicando a posição do dado ou dos dados para aquela variável), onde o acesso dos grupos de variáveis e/ou grupos de linhas é possível por meio da indexação dupla (de linhas e colunas).

O conteúdo de variável AGR na base de dados euro.emp pode ser verificado como

```
euro.emp$AGR[3:8]
[1] 5.1 3.2 22.2 13.8 8.4 3.3
```

em que 3:8 é a forma abreviada do R para o vetor c(3, 4, 5, 6, 7, 8). Similarmente,

```
euro.emp$AGR[c(1,3,5)]
[1] 2.6 5.1 22.2
```

Alguns exemplos de dupla indexação são

```
euro.emp[25:30,]
Grupo AGR MIN FAB FEA CON SER FIN SSP TC
USSR        Leste 18.5 0.0 28.8 0.0 10.2 7.9 0.6 25.6
            8.4
Iugoslávia Leste 5.0 2.2 38.7 2.2 8.1 13.8 3.1 19.1 7.8
Chipre      Outro 13.5 0.3 19.0 0.5 9.1 23.7 6.7 21.2 6.0
Gibraltar   Outro 0.0 0.0 6.8 2.0 16.9 24.5 10.8 34.0 5.0
Malta       Outro 2.6 0.6 27.9 1.5 4.6 10.2 3.9 41.6 7.2
Turquia     Outro 44.8 0.9 15.3 0.2 5.2 12.4 2.4 14.5 4.4
```

e

```
euro.emp[c("Reino Unido","Romênia"),]
Grupo AGR MIN FAB FEA CON SER FIN SSP TC
Reino Unido UE 2.2 0.7 21.3 1.2 7.0 20.2 12.4 28.4 6.5
Romênia Leste 22.0 2.6 37.9 2.0 5.8 6.9 0.6 15.3 6.8
```

Em que linhas particulares são referidas por seu nome e

```
euro.emp[,c(2,5)]
AGR   FEA
Bélgica    2.6    0.8
 ...        ...    ...
Turquia   44.8    0.2
```

a qual pede pela segunda e quinta variáveis (para economizar espaço, somente a primeira e últimas linhas foram mostradas). Além disso,

```
euro.emp[,c("Grupo", "MIN")]
Grupo       MIN
Bélgica     UE   0.2
...         ...  ...
Turquia     Outro 0.9
```

pede para o conteúdo das variáveis "Grupo" e "MIN", com somente a primeira e última linhas mostradas aqui. O comando

```
euro.emp[euro.emp$Grupo == "Outro",]
Grupo AGR MIN FAB FEA CON SER FIN SSP TC
Chipre     Outro 13.5 0.3 19.0 0.5  9.1 23.7  6.7 21.2 6.0
Gibraltar  Outro  0.0 0.0  6.8 2.0 16.9 24.5 10.8 34.0 5.0
Malta      Outro  2.6 0.6 27.9 1.5  4.6 10.2  3.9 41.6 7.2
Turquia    Outro 44.8 0.9 15.3 0.2  5.2 12.4  2.4 14.5 4.4
```

é somente as unidades amostrais (linhas) cumprindo a condição que a variável Grupo é igual a "Outro", a qual pede pela segunda e a quinta variáveis (por economia de espaço, somente a primeira e a última linhas são mostradas). O duplo sinal de igual == refere-se a uma condicional ou sinal de igualdade lógica tal que as linhas mostradas são somente aquelas para as quais é TRUE que o Grupo é igual a "Outro".

Para mais exemplos de uso de indexação simples e dupla na base de dados, veja Logan (2010, Capítulo 2).

Referências

Faria, J.C., Grosjean, P., and Jelihovschi, E. (2015). *Tinn-R Editor - GUI for R Language and Environment*. http://nbcgib.uesc.br/lec/software/editores/tinn-r/en

RStudio Team. (2015). *RStudio: Integrated Development for R*. RStudio, Inc., Boston, MA. http://www.rstudio.com/

Capítulo 2
Álgebra matricial

2.1 A necessidade de álgebra matricial

A teoria de métodos estatísticos multivariados pode ser explicada razoavelmente bem somente com o uso de alguma álgebra matricial. Por essa razão, é útil, se não essencial, ter pelo menos algum conhecimento nesta área da matemática. Isso vale mesmo para aqueles que estão interessados em usar os métodos somente como ferramentas. À primeira vista, a notação de álgebra matricial é um pouco amedrontadora. No entanto, não é difícil entender os princípios básicos, desde que alguns detalhes sejam aceitos na fé.

2.2 Matrizes e vetores

Uma *matriz* m × n é um arranjo de números com m linhas e n colunas, considerado como uma única entidade, da forma:

$$\mathbf{A} = \begin{bmatrix} a_{11} & \cdots & a_{12} & \cdots & a_{1n} \\ a_{21} & \cdots & a_{22} & \cdots & a_{2n} \\ \cdot & & \cdot & & \cdot \\ \cdot & & \cdot & & \cdot \\ a_{m1} & & a_{m2} & \cdots & a_{mn} \end{bmatrix}$$

Se m = n, então ela é uma matriz *quadrada*. Se existe somente uma coluna, como em

$$\mathbf{c} = \begin{bmatrix} c_1 \\ c_2 \\ \cdot \\ \cdot \\ c_m \end{bmatrix}$$

então ela é chamada de *vetor coluna*. Se existe somente uma linha, como

$$\mathbf{r} = (r_1, r_2, \ldots r_n)$$

então ela é chamada de *vetor linha*. O negrito é usado para indicar matrizes e vetores.

A *transposta* de uma matriz é obtida trocando-se as linhas pelas colunas. Então a transposta da matriz **A** já vista é

$$\mathbf{A'} = \begin{bmatrix} a_{11} & \cdots & a_{12} & \cdots & a_{m1} \\ a_{12} & \cdots & a_{22} & \cdots & a_{m2} \\ \cdot & & \cdot & & \cdot \\ \cdot & & \cdot & & \cdot \\ a_{1n} & \cdots & a_{2n} & \cdots & a_{mn} \end{bmatrix}$$

Também, a transposta do vetor **c** é $\mathbf{c'} = (c_1, c_2, \ldots, c_m)$, e a transposta do vetor linha **r** é o vetor coluna **r'**.

Há diversos tipos especiais de matrizes que são importantes. Uma *matriz zero* tem todos os elementos iguais a zero, de modo que ela é da forma

$$\mathbf{0} = \begin{bmatrix} 0 & \cdots & 0 & \cdots & 0 \\ 0 & \cdots & 0 & \cdots & 0 \\ \cdot & & \cdot & & \cdot \\ \cdot & & \cdot & & \cdot \\ 0 & \cdots & 0 & \cdots & 0 \end{bmatrix}$$

Uma *matriz diagonal* tem elementos zero exceto ao longo da diagonal principal, de modo que ela tem a forma

$$\mathbf{D} = \begin{bmatrix} d_1 & \cdots & 0 & \cdots & 0 \\ 0 & \cdots & d_2 & \cdots & 0 \\ \cdot & & \cdot & & \cdot \\ \cdot & & \cdot & & \cdot \\ 0 & \cdots & 0 & \cdots & d_n \end{bmatrix}$$

Uma *matriz simétrica* é uma matriz quadrada que é imutável quando é transposta, de modo que **A′** = **A**. Finalmente, uma *matriz identidade* é uma matriz diagonal com todos os termos na diagonal iguais a um, de modo que

$$\mathbf{I} = \begin{bmatrix} 1 & \cdots & 0 & \cdots & 0 \\ 0 & \cdots & 1 & \cdots & 0 \\ \vdots & & \vdots & & \vdots \\ 0 & \cdots & 0 & \cdots & 1 \end{bmatrix}$$

Duas matrizes são *iguais* somente se elas tiverem o mesmo tamanho e todos os seus elementos correspondentes forem iguais. Por exemplo,

$$\begin{bmatrix} a_{11} & \cdots & a_{12} & \cdots & a_{13} \\ a_{21} & \cdots & a_{22} & \cdots & a_{23} \\ a_{31} & \cdots & a_{32} & \cdots & a_{33} \end{bmatrix} = \begin{bmatrix} b_{11} & \cdots & b_{12} & \cdots & b_{13} \\ b_{21} & \cdots & b_{22} & \cdots & b_{23} \\ b_{31} & \cdots & b_{32} & \cdots & b_{33} \end{bmatrix}$$

somente se $a_{11} = b_{11}$, $a_{12} = b_{12}$, $a_{13} = b_{13}$, e assim por diante.

O *traço* de uma matriz é a soma dos termos da diagonal principal, o qual é definido somente para uma matriz quadrada. Por exemplo, o traço de uma matriz 3 × 3 com os elementos a_{ij} mostrados acima é (**A**) = $a_{11} + a_{22} + a_{33}$.

2.3 Operações com matrizes

Os processos comuns aritméticos de adição, subtração, multiplicação e divisão têm suas contrapartes com matrizes. Com adição e subtração, é somente uma questão de trabalhar elemento por elemento com duas matrizes de mesmo tamanho. Por exemplo, se A e B são de tamanho 3 × 2, então

$$\mathbf{A} + \mathbf{B} = \begin{bmatrix} a_{11} & \cdots & a_{12} \\ a_{21} & \cdots & a_{22} \\ a_{31} & \cdots & a_{32} \end{bmatrix} + \begin{bmatrix} b_{11} & \cdots & b_{12} \\ b_{21} & \cdots & b_{22} \\ b_{31} & \cdots & b_{32} \end{bmatrix} = \begin{bmatrix} a_{11} + b_{11} & \cdots & a_{12} + b_{12} \\ a_{21} + b_{21} & \cdots & a_{22} + b_{22} \\ a_{31} + b_{31} & \cdots & a_{32} + b_{32} \end{bmatrix}$$

enquanto que

$$\mathbf{A} - \mathbf{B} = \begin{bmatrix} a_{11} & \cdots & a_{12} \\ a_{21} & \cdots & a_{22} \\ a_{31} & \cdots & a_{32} \end{bmatrix} + \begin{bmatrix} b_{11} & \cdots & b_{12} \\ b_{21} & \cdots & b_{22} \\ b_{31} & \cdots & b_{32} \end{bmatrix} = \begin{bmatrix} a_{11} - b_{11} & \cdots & a_{12} - b_{12} \\ a_{21} - b_{21} & \cdots & a_{22} - b_{22} \\ a_{31} - b_{31} & \cdots & a_{32} - b_{32} \end{bmatrix}$$

Claramente estas operações somente se aplicam a duas matrizes de mesmo tamanho.

Em álgebra matricial, um número comum como 20 é chamado de um *escalar*. A multiplicação de uma matriz **A** por um escalar k é então definida como a multiplicação de cada elemento em **A** por k. Assim, se **A** é uma matriz 3 × 2 como mostrado acima, então

$$k\mathbf{A} = \begin{bmatrix} ka_{11} & \cdots & ka_{12} \\ ka_{21} & \cdots & ka_{22} \\ ka_{31} & \cdots & ka_{32} \end{bmatrix}$$

A multiplicação de duas matrizes, denotada por **A.B** ou **A** × **B**, é mais complicada. Para começar, **A.B** é definida somente se o número de colunas de **A** for igual ao número de linhas de **B**. Assuma que este é o caso, com **A** sendo de tamanho m × n e **B** tendo o tamanho n × p. Então, a multiplicação é definida para produzir o resultado:

$$\mathbf{A} \cdot \mathbf{B} = \begin{bmatrix} a_{11} & \cdots & a_{12} & \cdots & a_{1n} \\ a_{21} & \cdots & a_{22} & \cdots & a_{2n} \\ \cdot & & \cdot & & \cdot \\ \cdot & & \cdot & & \cdot \\ a_{m1} & \cdots & a_{m2} & \cdots & a_{mn} \end{bmatrix} \begin{bmatrix} b_{11} & \cdots & b_{12} & \cdots & b_{1p} \\ b_{21} & \cdots & b_{22} & \cdots & b_{2p} \\ \cdot & & \cdot & & \cdot \\ \cdot & & \cdot & & \cdot \\ b_{n1} & \cdots & b_{n2} & \cdots & b_{np} \end{bmatrix}$$

$$= \mathbf{A}' = \begin{bmatrix} \Sigma a_{1j} \cdot b_{j1} & \cdots & \Sigma a_{1j} \cdot b_{j2} & \cdots & \Sigma a_{1j} \cdot b_{jp} \\ \Sigma a_{2j} \cdot b_{j1} & \cdots & \Sigma a_{2j} \cdot b_{j2} & \cdots & \Sigma a_{2j} \cdot b_{jp} \\ \cdot & & \cdot & & \cdot \\ \cdot & & \cdot & & \cdot \\ \Sigma a_{mj} \cdot b_{j1} & \cdots & \Sigma a_{mj} \cdot b_{j2} & \cdots & \Sigma a_{mj} \cdot b_{jp} \end{bmatrix}$$

em que os somatórios são para j variando de 1 a n. Assim, o elemento na i-ésima linha e k-ésima coluna de **A.B** é

$$\Sigma a_{ij} \cdot b_{jk} = a_{i1} \cdot b_{1k} + a_{i2} \cdot b_{2k} + \ldots + a_{in} b_{nk}$$

Quando **A** e **B** são, ambas, matrizes quadradas, então **A.B** e **B.A** estão definidas. Entretanto, em geral elas não são iguais. Por exemplo,

$$\begin{bmatrix} 2 & -1 \\ 1 & 1 \end{bmatrix}\begin{bmatrix} 1 & 1 \\ 0 & 1 \end{bmatrix} = \begin{bmatrix} 2\times 1 - 1\times 0 & 2\times 1 - 1\times 1 \\ 1\times 1 + 1\times 0 & 1\times 1 + 1\times 1 \end{bmatrix} = \begin{bmatrix} 2 & 1 \\ 1 & 2 \end{bmatrix}$$

enquanto que

$$\begin{bmatrix} 1 & 1 \\ 0 & 1 \end{bmatrix}\begin{bmatrix} 2 & -1 \\ 1 & 1 \end{bmatrix} = \begin{bmatrix} 1\times 2 + 1\times 1 & -1\times 1 + 1\times 1 \\ 0\times 2 + 1\times 1 & -1\times 0 + 1\times 1 \end{bmatrix} = \begin{bmatrix} 3 & 0 \\ 1 & 1 \end{bmatrix}$$

2.4 Inversão matricial

Inversão matricial é análogo ao processo comum aritmético de divisão. Para um escalar k, é certamente verdadeiro que $k \times k^{-1} = 1$. De uma maneira similar, se **A** é uma matriz quadrada e

$$\mathbf{A} \times \mathbf{A}^{-1} = \mathbf{I},$$

em que **I** é a matriz identidade, então a matriz $\mathbf{A}^{-1}$ é a *inversa* da matriz **A**. Inversas existem somente para matrizes quadradas, mas nem todas as matrizes quadradas têm inversas. Se uma inversa existe, então ela é ambas: uma inversa à esquerda, de modo que $\mathbf{A}^{-1} \times \mathbf{A} = \mathbf{I}$, assim como uma inversa à direita, de modo que $\mathbf{A} \times \mathbf{A}^{-1} = \mathbf{I}$.

Um exemplo de uma matriz inversa é

$$\begin{bmatrix} 2 & 1 \\ 1 & 2 \end{bmatrix}^{-1} = \begin{bmatrix} 2/3 & -1/3 \\ -1/3 & 2/3 \end{bmatrix}$$

a qual pode ser verificada mostrando que

$$\begin{bmatrix} 2 & 1 \\ 1 & 2 \end{bmatrix}\begin{bmatrix} 2/3 & -1/3 \\ -1/3 & 2/3 \end{bmatrix} = \begin{bmatrix} 1 & 0 \\ 0 & 1 \end{bmatrix}$$

De fato, a inversa de uma matriz 2 × 2, se existe, pode ser calculada facilmente. A equação é

$$\begin{bmatrix} a & b \\ c & d \end{bmatrix}^{-1} = \begin{bmatrix} d/\Delta & -b/\Delta \\ -c/\Delta & a/\Delta \end{bmatrix}$$

em que $\Delta = (a \times d) - (b \times c)$. Aqui o escalar Δ é chamado de *determinante* da matriz que está sendo invertida. Claramente, a inversa não está definida se $\Delta = 0$, porque a obtenção dos elementos da inversa envolve uma divisão por zero. Para uma matriz 3 × 3 ou maiores, o cálculo da inversa é tedioso e é mais bem executado usando um programa computacional. Atualmente, mesmo planilhas de cálculos incluem alguma facilidade para calcular uma inversa.

Qualquer matriz quadrada tem um determinante, que pode ser calculado por uma generalização da equação recentemente dada para o caso 2 × 2. Se o determinante é zero, então a inversa não existe, e vice-versa. Uma matriz com determinante zero é dita *singular*.

Às vezes surgem matrizes para as quais a inversa é igual à transposta. Elas então são chamadas de *ortogonais*. Portanto, **A** é ortogonal se $\mathbf{A}^{-1} = \mathbf{A}'$.

2.5 Formas quadráticas

Suponha que **A** é uma matriz n × n e **x** é um vetor coluna de comprimento n. Então a quantidade

$$Q = \mathbf{x}'\mathbf{A}\mathbf{x}$$

é um escalar chamado de *forma quadrática*. Este escalar pode também ser expresso como

$$Q = \sum_{i=1}^{n} \sum_{j=1}^{n} x_i a_{ij} x_j$$

em que x_i é o elemento na i-ésima linha de **x** e a_{ij} é o elemento na i-ésima linha e j-ésima coluna de **A**.

2.6 Autovalores e autovetores

Considere o conjunto de equações lineares

$$a_{11}x_1 + a_{12}x_2 + \ldots + a_{1n}x_n = \lambda\, x_1$$
$$a_{21}x_1 + a_{22}x_2 + \ldots + a_{2n}x_n = \lambda\, x_2$$
$$a_{n1}x_1 + a_{n2}x_2 + \ldots + a_{nn}x_n = \lambda\, x_n$$

em que λ é um escalar. Elas também podem ser escritas na forma de matriz como

$$\mathbf{A}\,\mathbf{x} = \lambda \mathbf{x}$$

ou

$$(\mathbf{A} - \lambda \mathbf{I})\mathbf{x} = 0,$$

em que **I** é a matriz identidade n × n, e **0** é um vetor n × 1 de zeros. Então, é possível mostrar que essas equações podem valer somente para certos valores particulares de λ, os quais são chamados de *raízes latentes* ou *autovalores* de **A**.

Podem existir no máximo n desses autovalores. Dado o i-ésimo autovalor λ_i, as equações podem ser resolvidas atribuindo arbitrariamente $x_1 = 1$, e o resultante vetor de valores x com transposta $\mathbf{x}' = (1, x_2, x_3, \ldots, x_n)$, ou qualquer múltiplo desse vetor, é denominado o i-ésimo *vetor latente* ou o i-ésimo *autovetor* da matriz **A**. Também, a soma dos autovalores é igual ao traço de **A** já definido, de modo que traço $(\mathbf{A}) = \lambda_1 + \lambda_2 + \ldots + \lambda_n$.

2.7 Vetores de médias e matrizes de covariâncias

Valores populacionais e amostrais para uma única variável aleatória são muitas vezes resumidos pelos valores da média e variância. Assim, se uma amostra de tamanho n fornece os valores $x_1, x_2, \ldots, x_n$, então a *média amostral* é definida como

$$\bar{x} = x_1 + x_2 + \ldots + x_n = \sum_{i=1}^{n} x_i / n$$

enquanto que a *variância amostral* é

$$s^2 = \sum_{i=1}^{n} (x_i - \bar{x})^2 / (n-1)$$

Estas são estimativas dos parâmetros populacionais correspondentes, os quais são a *média populacional* μ e a *variância populacional* σ^2.

De uma maneira similar, populações e amostras multivariadas podem ser resumidas por *vetores de médias* e *matrizes de covariâncias*. Suponha que existam p variáveis $X_1, X_2, \ldots, X_p$ sendo consideradas, e que uma amostra de n valores para cada uma destas variáveis está disponível. Sejam $\bar{x}_j$ e s_j^2 a média amostral e a variância amostral para a j-ésima variável, respectivamente, em que estas são calculadas usando as equações dadas anteriormente. Além disso, a *covariância amostral* entre as variáveis X_j e X_k é

$$c_{jk} = \sum_{i=1}^{n} (x_{ij} - \bar{x}_j)(x_{ik} - \bar{x}_k) / (n-1)$$

em que x_{ij} é o valor da variável X_j para a i-ésima observação multivariada. Esta covariância é então uma medida da extensão para a qual existe um relacionamento linear entre X_j e X_k, com um valor positivo indicando que valores grandes de X_j e X_k tendem a ocorrer juntos, e um valor negativo indicando que valores grandes para uma variável tendem a ocorrer com valores pequenos para a outra variável. Ele está relacionado com o coeficiente de correlação comum entre duas variáveis, o qual é definido como

$$r_{jk} = c_{jk} / (s_j s_k)$$

Além disso, as definições implicam que $c_{kj} = c_{jk}$, $r_{kj} = r_{jk}$, $c_{jj} = s_j^2$ e $r_{jj} = 1$.
Com essas definições, a transposta do *vetor média amostral* é

$$\mathbf{x}' = (x_1, x_2, \ldots, x_p),$$

a qual pode ser pensada como refletindo o centro da amostra multivariada. É também uma estimativa da transposta do vetor de médias populacionais

$$\boldsymbol{\mu}' = (\mu_1, \mu_2, \ldots, \mu_p)$$

Além disso, a matriz amostral de variâncias e covariâncias, ou a *matriz covariância*, é

$$\mathbf{C} = \begin{bmatrix} c_{11} & \cdots & c_{12} & \cdots & c_{1p} \\ c_{21} & \cdots & c_{22} & \cdots & c_{2p} \\ \cdot & & \cdot & & \cdot \\ \cdot & & \cdot & & \cdot \\ \cdot & & \cdot & & \cdot \\ c_{p1} & \cdots & c_{p2} & \cdots & c_{pp} \end{bmatrix}$$

em que $c_{ii} = s_i^2$. Esta também é, às vezes, chamada de *matriz amostral de dispersão*, a qual mede a quantidade de variação na amostra assim como o quanto as p variáveis estão correlacionadas. Ela é uma estimativa da *matriz de covariâncias populacional*

$$\boldsymbol{\Sigma} = \begin{bmatrix} \sigma_{11} & \cdots & \sigma_{12} & \cdots & \sigma_{1p} \\ \sigma_{21} & \cdots & \sigma_{22} & \cdots & \sigma_{2p} \\ \cdot & & \cdot & & \cdot \\ \cdot & & \cdot & & \cdot \\ \cdot & & \cdot & & \cdot \\ \sigma_{p1} & \cdots & \sigma_{p2} & \cdots & \sigma_{pp} \end{bmatrix}$$

Finalmente, a *matriz de correlações amostral* é

$$\mathbf{R} = \begin{bmatrix} 1 & \cdots & r_{12} & \cdots & r_{1p} \\ r_{21} & \cdots & 1 & \cdots & r_{2p} \\ \cdot & & \cdot & & \cdot \\ \cdot & & \cdot & & \cdot \\ \cdot & & \cdot & & \cdot \\ r_{p1} & \cdots & r_{p2} & \cdots & 1 \end{bmatrix}$$

Mais uma vez, ela é uma estimativa da correspondente *matriz de correlações populacional*. Um resultado importante para algumas análises é que se as observações para cada uma das variáveis são codificadas subtraindo a média amostral e dividindo pelo desvio padrão amostral, então as variáveis codificadas terão média zero e desvio padrão igual a um. Neste caso, a matriz covariância amostral será igual à matriz de correlações amostral, i.e., $C = R$.

2.8 Leitura adicional

Esta curta introdução à álgebra matricial será suficiente para entender os métodos descritos no restante deste livro e um pouco da teoria por trás destes métodos. Entretanto, para uma melhor compreensão da teoria, mais conhecimento e proficiência são exigidos.

Há muitos livros de vários tamanhos que cobrem o que é necessário apenas para aplicações estatísticas. Quatro deles são Searle (2006), Healy (2000), Harville (2000) e Namboodiri (1984). Outra possibilidade é fazer uma pesquisa na web com o tópico álgebra de matriz. Isso pode resultar em alguns livros úteis gratuitos e notas de aula.

Referências

Harville, D.A. (2000). *Matrix Algebra from a Statistician's Perspective*. New York: Springer.
Healy, M.J.R. (2000). *Matrices for Statistics*. 2nd Edn. Oxford: Clarendon.
Namboodiri, K. (1984). *Matrix Algebra: An Introduction*. Thousand Oaks, CA: Sage.
Searle, S.R. (2006). *Matrix Algebra Useful to Statisticians*. New York: Wiley-Interscience.

Apêndice: *Álgebra de matriz no R*

Um resumo das principais funções em R, úteis para manusear matrizes e executar operações matriciais, é apresentado aqui. O conjunto completo de opções para cada função e funções alternativas pode ser encontrado nos correspondentes documentos de ajuda do R. Uma descrição mais detalhada e exemplos ilustrativos estão disponíveis no site loja.grupoa.com.br. Aqui, **x** é um vetor e **A** e **B** são matrizes.

Função(ões)	Descrição	Algumas opções úteis
matriz (x, nrow = , ncol=,...)	Gera uma matriz por coluna com nrow linhas e ncol colunas	byrow = TRUE gera uma matriz por linha
dim(A)	Dimensão da matriz	
nrow(A)		
ncol(A)		
t(A)	Transposta de uma matriz	
matriz (0,n,m)	A matriz n × m de zeros	
diag (c (s$_1$, s$_2$, ..., s$_n$))	Matriz diagonal com escalares s$_1$, s$_2$, ..., s$_n$ na diagonal principal. A saída é uma matriz de dimensão n.	Se somente um escalar inteiro positivo está presente (digamos, s), ele produz uma matriz identidade de dimensão s.
diag(A)	Extração diagonal da matriz quadrada **A**	
sum (diag(A))	Traço de uma matriz quadrada **A**.	
A+B, A−B	Adição e subtração de matrizes compatíveis.	
k*A	Multiplicação de uma matriz por um escalar k	A*B produz uma multiplicação de duas matrizes **compatíveis** elemento a elemento. Esta *não é* a multiplicação padrão.
A%*%B	Multiplicação de matrizes	
det(A)	Determinante de uma matriz quadrada	
solve(A)	Inversa de uma matriz quadrada	solve(A,b) produz a solução x do sistema de equações lineares simultâneas A%*%x=b

(Continua)

Função(ões)	Descrição	Algumas opções úteis
`eigen(A)`	Decomposição espectral de uma matriz de entrada. Uma lista com dois elementos: um vetor de autovalores e uma matriz de autovetores arranjados em colunas cada uma de norma 1	Os autovalores e autovetores são chamados como `eigen(A)$values` e `eigen(A)$vectors`, respectivamente
`colMeans(A)` `rowMeans(A)`	Médias de coluna ou linha	Funções relacionadas: `colSums(A)`, `rowSums (A)`
`cov(A)`	Dada uma matriz numérica `A`, n × m, cria uma matriz m × m de variância-covariância	Alternativamente, `A` pode ser uma base de dados
`cor(A)`	Dada uma matriz numérica `A`, n × m, cria uma matriz de correlação n × m	Alternativamente, `A` pode ser uma base de dados

Capítulo 3

Representação de dados multivariados

3.1 *O problema da representação de muitas variáveis em duas dimensões*

Gráficos precisam ser apresentados em duas dimensões, tanto sobre papel quanto na tela de um computador. É, portanto, um processo simples e direto mostrar uma variável representada sobre um eixo vertical contra uma segunda variável representada sobre um eixo horizontal. Por exemplo, a Figura 3.1 mostra a extenção alar representada contra o comprimento total para as 49 pardocas medidas por Hermon Bumpus no estudo da seleção natural (descrito no Exemplo 1.1). Tais representações permitem também mostrar uma ou mais outras características dos objetos em estudo. Por exemplo, no caso dos pardais de Bumpus, sobreviventes e não sobreviventes estão também indicados. Esses gráficos são simples e podem ser produzidos em Excel ou outra planilha eletrônica, bem como em todos os pacotes estatísticos padrão. Também podem ser produzidos usando código R, fornecido no apêndice deste capítulo, para ambos os tipos de gráfico e os mais complicados gráficos que são descritos a seguir.

É consideravelmente mais complicado mostrar uma variável representada contra outras duas, mas ainda possível. Assim, a Figura 3.2 mostra o comprimento do bico e cabeça (como uma única variável) representado contra o comprimento total e o comprimento alar para as 49 pardocas. Novamente, diferentes símbolos são usados para sobreviventes e não sobreviventes. Este é chamado de *gráfico tridimensional* (3-D) e pode ser produzido em muitos pacotes estatísticos e usando código R.

Não é possível mostrar uma variável representada contra outras três ao mesmo tempo em alguma extensão da representação tridimensional. Portanto, é um problema de magnitude maior o de mostrar de uma maneira simples os relacionamentos que existem entre objetos individuais em um conjunto multivariado de dados em que estes objetos são descritos por quatro ou mais variáveis cada um. Várias soluções para esse problema têm sido propostas e são discutidas neste capítulo.

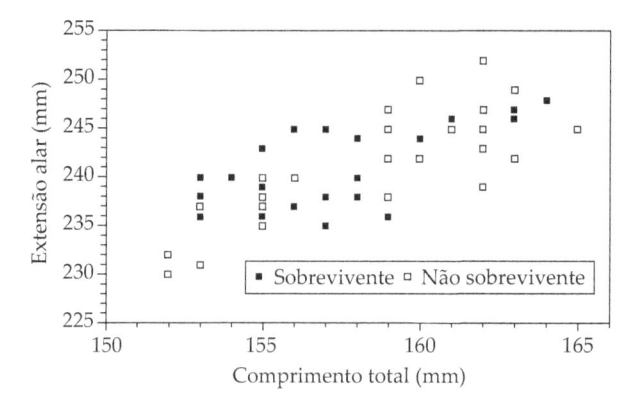

Figura 3.1 Extensão alar representada contra o comprimento total para as 49 pardocas medidas por Hermon Bumpus.

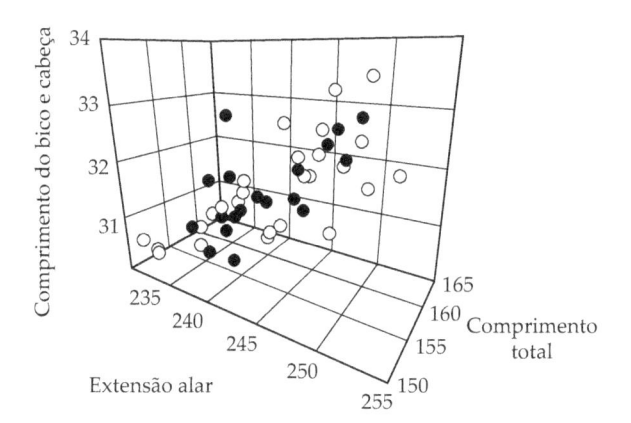

Figura 3.2 O comprimento do bico e cabeça representados contra o comprimento total e a extensão alar (todos medidos em milímetros) para as 49 pardocas medidos por Hermon Bumpus (● = sobrevivente, ○ = não sobrevivente).

3.2 *Representação de variáveis índices*

Uma abordagem para fazer um resumo gráfico das diferenças entre objetos que são descritos por mais do que quatro variáveis envolve representar os objetos contra os valores de duas ou três variáveis índices. De fato, o objetivo mais importante de muitas análises multivariadas é produzir variáveis índices que possam ser usadas para este propósito, um processo que é chamado algumas vezes de *ordenação*. Por exemplo, os componentes principais, como veremos no Capítulo 6, fornecem um tipo de variáveis índices. Uma representação dos valores do componente principal 2 contra os valores do componente principal 1 pode ser usada como um meio de representar graficamente os relacionamentos entre objetos, e uma representação do componente principal 3 contra os primeiros dois componentes principais pode também ser usada se necessário.

O uso de variáveis índices apropriadas tem a vantagem de reduzir o problema de representar muitas variáveis para duas ou três dimensões, mas a desvantagem potencial é que alguma diferença-chave entre os objetos possa ser perdida na redução. Esta abordagem é discutida em vários contextos nos capítulos que seguem e não será mais considerada aqui.

3.3 A representação de draftsman

A representação de draftsman de dados multivariados consiste em uma representação dos valores de cada variável contra os valores de cada uma das outras variáveis, com os gráficos individuais sendo pequenos o suficiente de modo que possam ser vistos todos ao mesmo tempo. Isso tem a vantagem de serem necessárias somente representações bidimensionais, mas a desvantagem é que elas não mostram aspectos dos dados que somente seriam aparentes quando três ou mais variáveis são consideradas em conjunto.

Um exemplo é mostrado na Figura 3.3. Aqui, as cinco variáveis medidas por Hermon Bumpus em 49 pardais (comprimento total, extensão alar, comprimento do bico e cabeça, comprimento do úmero e comprimento da quilha do esterno, todos em milímetros) estão representadas para os dados na Tabela 1.1, com uma primeira variável adicional sendo o número de pardais, de 1 a 49. Diferentes símbolos são usados para as medidas sobre sobreviventes (pássaros de 1 a 21) e não sobreviventes (pássaros de 22 a 49). Retas de regressão também são incluídas nos gráficos algumas vezes.

Este tipo de representação é obviamente bom para mostrar as relações entre pares de variáveis ou para destacar a existência de quaisquer objetos que tenham valores estranhos para uma ou duas variáveis. Ele pode, portanto, ser recomendado como parte de muitas análises multivariadas, e esta apresentação está disponível em muitos pacotes estatísticos, algumas vezes como o que é chamado de matriz de dispersão. Alguns pacotes também têm a opção de especificar as variáveis horizontal e vertical sem insistir em que elas sejam as mesmas.

Os objetos individuais não são facilmente identificados em uma representação draftsman, então em geral não fica imediatamente claro quais objetos são similares e quais são diferentes. Portanto, esse tipo de representação não é adequado para mostrar relacionamentos entre objetos, distintamente do caso de relacionamentos entre variáveis.

3.4 A representação de pontos de dados individuais

Uma abordagem para apresentação de dados que é mais genuinamente multivariada envolve representação de cada um dos objetos para os quais as variáveis são

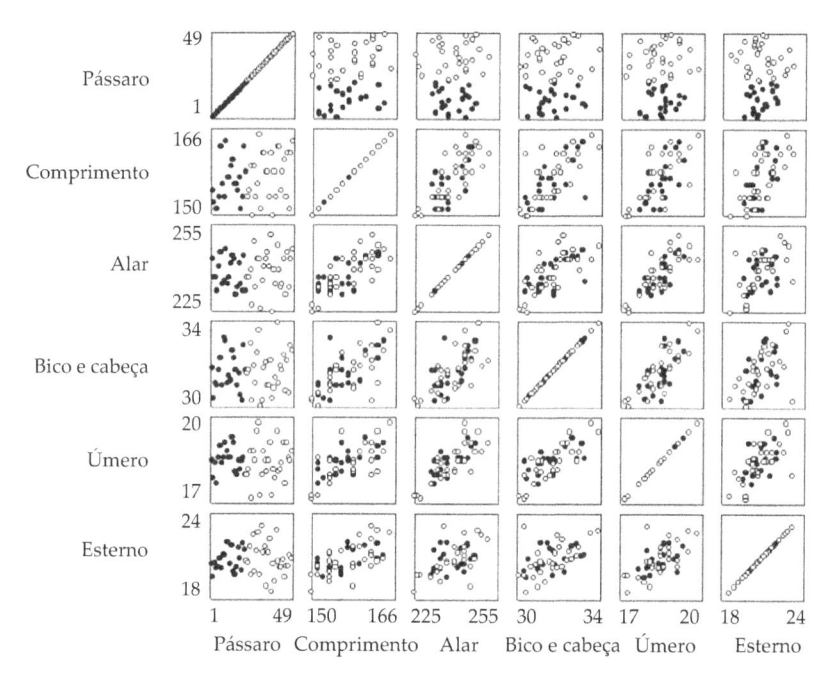

Figura 3.3 Representação de draftsman (matriz do gráfico de dispersão) do número de pássaros e cinco variáveis medidas (em milímetros) em 49 pardocas. As variáveis são o comprimento total, a extensão alar, o comprimento do bico e cabeça, o comprimento do úmero e o comprimento da quilha do esterno (sobrevivente, não sobrevivente). Círculos preenchidos representam sobreviventes e círculos abertos, não sobreviventes. Somente os valores extremos são mostrados em cada escala.

medidas por um símbolo, com características diferentes desse símbolo variando de acordo com as diferentes variáveis. Muitos diferentes símbolos têm sido propostos para esse fim, incluindo faces (Chernoff, 1973) e estrelas (Welsch, 1976).

Como uma ilustração, considere os dados na Tabela 1.4 sobre valores médios de seis medidas de mandíbulas para sete grupos caninos, como discutido no Exemplo 1.4. Aqui uma importante questão se refere a qual dos outros grupos é mais similar ao cão pré-histórico tailandês, e pode se esperar que isto se torne aparente a partir de uma comparação gráfica dos grupos. Para este fim, a Figura 3.4 mostra os dados representados por faces e estrelas.

Para as faces, havia a seguinte conexão entre características e as variáveis: largura da mandíbula ao tamanho do olho, altura da mandíbula ao tamanho do nariz, comprimento do primeiro molar ao tamanho da testa, largura do primeiro molar ao tamanho da orelha, comprimento do primeiro ao terceiro molar ao tamanho da boca e comprimento do primeiro ao quarto pré-molar à quan-

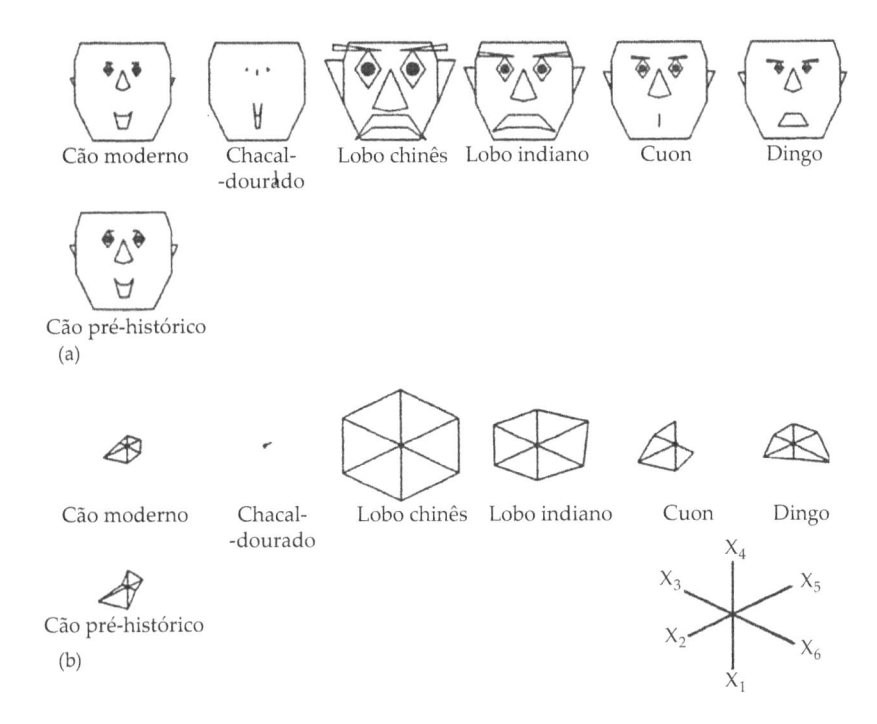

Figura 3.4 Representação gráfica de medidas da mandíbula em diferentes grupos caninos usando (a) faces de Chernoff e (b) estrelas. (Para definição das variáveis de X_1 a X_6 ver legenda da Figura 3.5.)

tidade de sorriso. Por exemplo, os olhos são maiores para os lobos chineses, com largura máxima da mandíbula de 13,5 mm, e menores para os chacais--dourados, com uma largura mínima de mandíbula de 8,1 mm. É aparente das representações que os cães pré-históricos tailandeses são mais similares aos cães modernos tailandeses e mais diferentes dos lobos chineses.

No caso das estrelas, as seis variáveis foram relacionadas com raios, na ordem (1) largura da mandíbula, (2) altura da mandíbula, (3) comprimento do primeiro molar, (4) largura do primeiro molar, (5) comprimento do primeiro ao terceiro molar e (6) comprimento do primeiro ao quarto pré-molar. A largura da mandíbula é representada pelo raio correspondente às seis horas em um relógio, e as outras variáveis seguem uma ordem horária como indicado pela legenda que acompanha a figura. Uma inspeção das estrelas indica novamente que os cães pré-históricos tailandeses são similares aos cães modernos tailandeses e diferentes dos lobos chineses.

Sugestões para alternativas às faces e às estrelas, e uma discussão dos méritos relativos dos diferentes símbolos, são fornecidos por Everitt (1978) e Toit et al. (1986, Capítulo 4). Em resumo, pode ser dito que o uso de símbolos tem a vantagem de apresentar todas as variáveis simultaneamente, mas a desvantagem de que a impressão captada do gráfico pode depender fortemente da ordem na qual os objetos são apresentados e da ordem na qual as variáveis são atribuídas aos diferentes aspectos do símbolo.

A atribuição de variáveis parece ter mais efeito com faces do que com estrelas, porque a variação nas diferentes características da face pode ter diferentes impactos sobre o observador, enquanto que é menos provável que isso aconteça com diferentes raios de uma estrela. Por essa razão, a recomendação muitas vezes feita é de que atribuições alternativas de variáveis às características devam ser tentadas com faces a fim de verificar qual parece ser melhor. A natureza subjetiva desse tipo de processo é claramente bastante insatisfatória.

Apesar do uso de faces, estrelas e outras representações similares para os valores das variáveis sobre os objetos em consideração parecer ser útil em algumas circunstâncias, o fato é que isso raramente é feito. Uma dificuldade é encontrar programas computacionais para produzir os gráficos. No passado, esses programas eram facilmente disponíveis, mas agora essas opções dificilmente são encontradas em pacotes estatísticos.

3.5 Perfis de variáveis

Outra maneira de representar objetos que são descritos por várias variáveis medidas neles é por meio de linhas que mostram o perfil dos valores das variáveis. Uma maneira simples de desenhá-las consiste apenas em marcar os valores das variáveis, como mostrado na Figura 3.5 para os sete grupos caninos que já foram considerados. A similaridade entre os cães tailandeses pré-históricos e modernos observada dos gráficos anteriores é ainda aparente, assim como é a diferença entre cães pré-históricos e lobos chineses. Neste gráfico, as variáveis foram marcadas na ordem de seus valores médios para os sete grupos para ajudar a enfatizar similaridades e diferenças.

Uma representação alternativa usando barras em vez de linhas é mostrada na Figura 3.6. Aqui as variáveis estão em sua ordem original porque parece haver pouca necessidade de mudá-la quando barras são usadas. A conclusão sobre similaridades e diferenças entre os grupos caninos é exatamente a mesma como visto na Figura 3.5.

3.6 Discussão e leitura adicional

Parece justo dizer que não existe um método para representação de dados em muitas variáveis ao mesmo tempo que seja completamente satisfatório

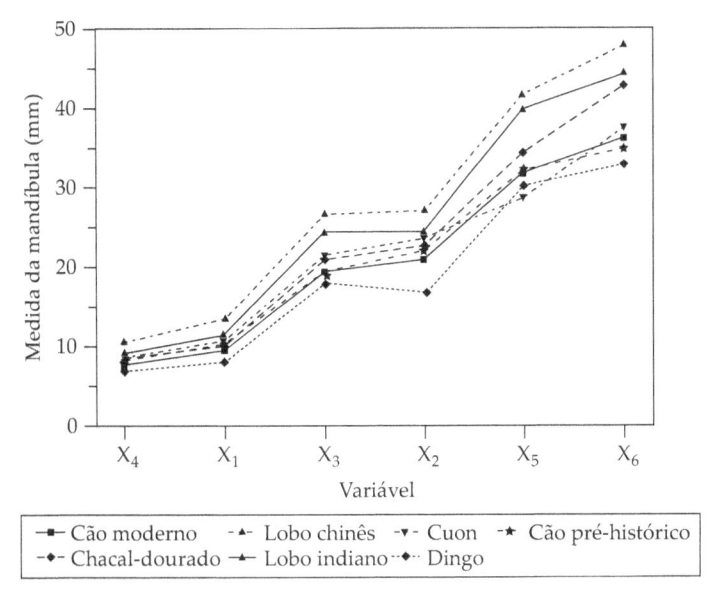

Figura 3.5 Perfis de variáveis para as medidas da mandíbula para sete grupos caninos. As variáveis estão em ordem crescente de valores médios, com X_1 = largura da mandíbula; X_2 = altura da mandíbula acima do primeiro molar; X_3 = comprimento do primeiro molar; X_4 = largura do primeiro molar; X_5 = comprimento do primeiro ao terceiro molar, inclusive; X_6 = comprimento do primeiro ao quarto molar, inclusive.

em situações nas quais não é desejável reduzir essas variáveis a duas ou três variáveis índices (usando um dos métodos a serem discutidos nos Capítulos 6 a 12). Os três tipos de métodos que temos discutido aqui envolvem o uso da representação de draftsman com todos os pares de variáveis marcados um contra o outro, símbolos (estrelas ou faces), e perfis de variáveis. Qual deles é o mais adequado para uma aplicação particular depende das ciscunstâncias, mas, como uma regra geral, a representação de draftsman é boa para destacar relacionamentos entre pares de variáveis, enquanto que o uso de símbolos ou perfis é bom para destacar casos não usuais ou casos similares.

Para mais informação sobre a teoria da construção de gráficos em geral, veja os livros de Cleveland (1994) e Tufte (2001). Mais detalhes sobre métodos gráficos especificamente para dados multivariados são descritos nos livros de Everitt (1978), Toit et al. (1986) e Jacoby (1999).

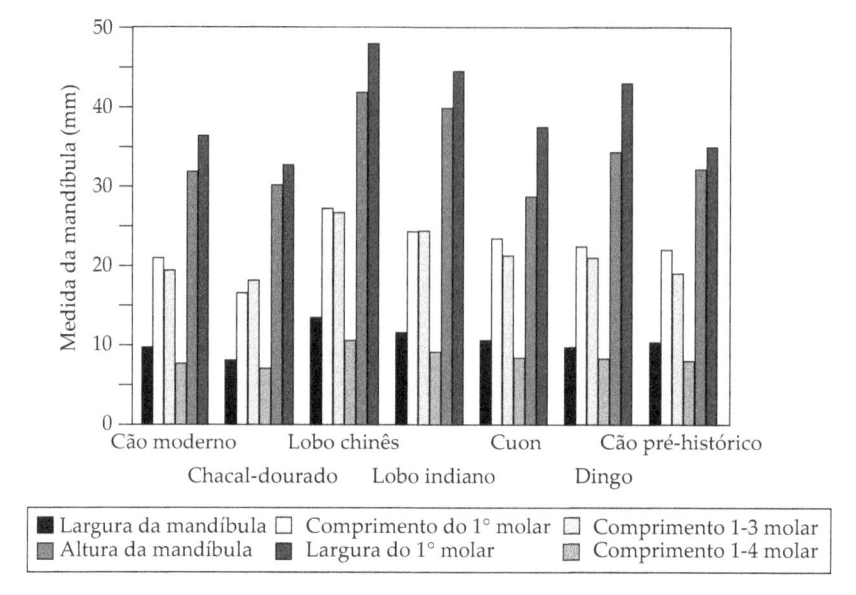

Figura 3.6 Uma maneira alternativa de mostrar perfis das variáveis usando colunas no lugar das linhas usadas na Figura 3.5.

Referências

Chernoff, H. (1973). Using faces to represent points in K-dimensional space graphically. *Journal of the American Statistical Association* 68: 361–8.

Cleveland, W.S. (1994). *The Elements of Graphing Data*. Revised Edn. Summit, NJ: Hobart.

Everitt, B. (1978). *Graphical Techniques for Multivariate Data*. New York: North-Holland.

Jacoby, W.G. (1999). *Statistical Graphics for Visualizing Multivariate Data*. Thousand Oaks, CA: Sage.

Toit, S.H.C., Steyn, A.G.W. and Stumf, R.H. (1986). *Graphical Exploratory Data Analysis*. New York: Springer.

Tufte, E.R. (2001). *The Visual Display of Quantitative Information*. 2nd Edn. Cheshire, CT: Graphics.

Welsch, R.E. (1976). Graphics for data analysis. *Computers and Graphics* 2: 31–7.

Apêndice: Produção de gráficos no R

A.1 Gráficos de dispersão bidimensional

Esses são facilmente produzidos com o comando plot (x,y), em que x e y são as variáveis nos eixos horizontal e vertical, respectivamente. Pontos em um gráfico de dispersão podem ser identificados de acordo com uma variável fator por adicionar uma opção de caractere de ponto da função plot, a saber pch=, e convenientemente alocando o símbolo do ponto a cada nível do fator. Como um exemplo, o conjunto de dados *Bumpus sparrows.csv* contém o fator Survivorship, o qual distingue pardocas não sobreviventes e sobreviventes. Para implementar a identificação dos pontos no gráfico de dispersão do Total_length (Comprimento total) contra a Alar_extent (Extensão alar) de acordo com o status de sobrevivência (como mostrado na Figura 1.3), a indexação é necessária. Lembre-se de que fatores são armazenados como números inteiros cujos valores são determinados pela ordem alfabética dos rótulos do fator. Assim, não sobreviventes (identificados pelo rótulo NS no fator Survivorship) vão ocorrer primeiro (eles são armazenados como 1) e sobreviventes (S) recebem o inteiro 2. Na documentação do R (p.ex., para os pontos de função), é encontrado que o código pch para um círculo aberto é 1 e o código para um círculo preenchido é 16. Assim,

```
plot( Total_length, Alar_extent, pch
=c(1,16)[ as.numeric (Survivorship)])
```

irá diferenciar não sobreviventes com um círculo aberto (pch = 1) de sobreviventes com um círculo preenchido (pch = 16). Para cada par de comprimento total e extensão alar, pch é determinado pelo valor numérico do correspondente nível de sobrevivência.

A.2 Gráficos de dispersão tridimensional

Ligges e Mächler (2003) desenvolveram "scatterplot3d", um pacote R para a visualização de dados multivariados em um espaço 3-D usando projeção paralela. A função principal é scatterplot3d (o mesmo nome do pacote). A chamada mais simples para esta função é

```
scatterplot3d(x,y,z)
```

em que os argumentos referem-se as variáveis a serem plotadas nos eixos x, y e z, respectivamente. Identificação de ponto também é possível de forma similar à que foi usada para gráfico de dispersão bidimensional usando plot (x,y). Um exemplo com uma versão levemente diferente da Figura 3.2 pode ser encontrado no material suplementar disponível no site loja.grupoa.com.br.

A.3 Gráficos de draftsman

O R tem uma forma de produzir uma matriz de dispersão usando um comando básico chamado de `pairs ( )`. Como um exemplo, na Figura 3.3, um gráfico de draftsman para os dados das pardocas de Bumpus, os nomes das variáveis são mostrados na diagonal principal e os pontos são identificados pelo seu estado de `Survivoship` (sobrevivência). O usuário pode querer mostrar histogramas, gráfico de caixas, gráfico de densidade, etc., na diagonal, mas algumas habilidades de programação são necessárias. Existem várias formas de contornar os problemas de programação, todas elas envolvendo pacotes do R. Assim, o pacote `SciViews` (Grosjean, 2016) oferece a inclusão do argumento `diag.panel=` para a função `pairs ( )`, como uma forma fácil para especificar os elementos da diagonal (p.ex., `diag.panel= "hist"` para histogramas, `diag.panel= "boxplot"`, para o gráfico de caixas, etc.). Outra função mais amigável permitindo gráficos de draftsman personalizado é `scatterplotMatrix`, presente no pacote car (Fox e Weisberg, 2011). Funções mais sofisticadas para propósitos similares são dadas no pacote `lattice` (Deepayan, 2008) e `GGally` (Schloerke et al., 2014).

A.4 Representação de dados individuais: faces de Chernoff e estrelas

Dois pacotes do R que fornecem funções para fazer faces de Chernoff são `aplpack` (Wolf e Bielefeld, 2014) e `TeachingDemos` (Snow, 2013). Por meio da função simples *faces*, o pacote `aplpack` permite exibições complexas (p.ex., regiões da face coloridas, gráfico de dispersão de duas variáveis (X, Y) em que faces são colocadas em coordenadas (X,Y), etc.). `TeachingDemos`, por sua vez, oferece duas funções: `faces`, uma versão simplificada daquela em `aplpack`, e `faces2`, a qual requer que os dados de entrada sejam fornecidos como uma matriz. Para mais detalhes, leia a documentação e os exemplos fornecidos nos arquivos de ajuda para esses dois pacotes. Exemplos de uso do `faces` e `faces2` para a exploração dos dados Canine são dados no material suplementar deste livro.

Para gráficos Estrelas, os usuários apenas precisam chamar a função `star ( )` do pacote principal `graphics`. Em adição à matriz de entrada ou à base de dados, argumentos adicionais podem ser dados para obter variantes do gráfico estrela básico, como gráfico de segmentos (setores circulares) e gráficos radar. Veja a documentação do R para mais detalhes. Usando os dados Canine, fornecemos no site do livro (loja.grupoa.com.br) um exemplo sobre a função `stars` como uma forma de produzir um gráfico similar ao da Figura 4.3b, e uma variante na qual setores circulares são mostrados para cada variável.

A.5 Perfis de variáveis

Gráficos de perfis podem ser gerados com uma combinação de uma função gráfica (plot ( )) de alto nível e funções gráficas de baixo nível (p.ex., axis ( ) e lines ( )).

Funções de baixo nível no R não podem ser chamadas se uma função de alto nível não tiver sido chamada. Essa estratégia assegura que elementos adicionais sejam colocados no gráfico sem modificar o leiaute do gráfico básico determinado pela função de alto nível. As variáveis são plotadas em ordem de seus valores médios, as funções order ( ) e rank ( ) também são necessárias. As rotinas do R utilizando todos estes comandos podem ser encontradas no site do livro, produzindo gráficos similares àqueles mostrados nas Figuras 3.5 e 3.6, mas com o último gráfico usando barras (via a função barplot ( )) em vez de linhas.

Referências

Deepayan, S. (2008). *Lattice: Multivariate Data Visualization with* R. New York: Springer.

Fox, J. and Weisberg, S. (2011). *An R Companion to Applied Regression*. 2nd Edn. Thousand Oaks, CA: Sage.

Grosjean, Ph. (2016). *SciViews: A GUI API for R*. Mons, Belgium: UMONS. http://www.sciviews.org/SciViews-R

Ligges, U. and Mächler, M. (2003). Scatterplot3d: An R package for visualizing multivariate data. *Journal of Statistical Software* 8(11): 1–20.

Schloerke, B., Crowley, J., Cook, D., Hofmann, H., Wickham, H., Briatte, F., Marbach, M. and Thoen, E. (2014). GGally: Extension to ggplot2. R package version 0.5.0. http://CRAN.R-project.org/package=GGally

Snow, G. (2013). TeachingDemos: Demonstrations for teaching and learning. R package version 2.9. http://CRAN.R-project.org/package=TeachingDemos

Wolf, H.P. and Bielefeld, U. (2014). Aplpack: Another plot PACKage: Stem.leaf, bagplot, faces, spin3R, plotsummary, plothulls, and some slider functions. R package version 1.3.0. http://CRAN.R-project.org/package=aplpack

Capítulo 4

Testes de significância com dados multivariados

4.1 *Testes simultâneos em várias variáveis*

Quando são coletados dados para várias variáveis sobre as mesmas unidades amostrais, é sempre possível examinar as variáveis uma de cada vez no que diz respeito a testes de significância. Por exemplo, se as unidades experimentais estão em dois grupos, então uma diferença entre as médias para os dois grupos pode ser testada separadamente para cada variável. Infelizmente, existe um senão para essa abordagem simples pelo fato de que ela requer o uso repetido de testes de significância, cada um deles tendo uma certa probabilidade de levar a uma conclusão errada. Como será discutida posteriormente na Seção 4.4, a probabilidade de falsamente encontrar pelo menos uma diferença significante acumula com o número de testes aplicados, de modo que ela pode se tornar inaceitavelmente grande.

Há maneiras de ajustar níveis de significância para permitir que muitos testes sejam aplicados ao mesmo tempo, mas pode ser preferível conduzir um único teste usando a informação de todas as variáveis juntas. Por exemplo, pode ser desejável testar a hipótese de que as médias de todas as variáveis são as mesmas para duas populações multivariadas, com um resultado significante sendo tomado como evidência de que as médias diferem para pelo menos uma variável. Estes tipos de testes globais são considerados neste capítulo para comparação de médias e de variação para duas ou mais amostras.

4.2 *Comparação de valores médios para duas amostras: o caso univariado*

Considere os dados na Tabela 1.1 sobre as medidas do corpo de 49 pardocas. Considere em particular a primeira medida, que é o comprimento total. Uma questão de interesse pode ser se a média desta variável foi a mesma para sobreviventes e não sobreviventes da tempestade que levou os pássaros a serem coletados. Existe então uma amostra de 21 sobreviventes e uma segunda amostra de 28 não sobreviventes. Assumindo que elas são efetivamente amostras aleatórias de populações muito maiores de sobreviventes e não sobreviventes, a questão então é se as duas médias amostrais são significantemente diferentes no sentido de que a difereça média observada é tão grande que ela é improvável de ter ocorrido por acaso se as médias populacionais são iguais. Uma abordagem padrão seria aplicar um teste t.

Assim, suponha que em uma situação geral existe uma única variável X, e duas amostras aleatórias de valores estão disponíveis de diferentes populações. Sejam x_{i1} representando os valores de X na primeira amostra, para i = 1, 2, ..., n_1, e x_{i2} representando os valores na segunda amostra, para i = 1, 2, ..., n_2. Então, a média e a variância para a j-ésima amostra são, respectivamente,

$$\bar{x}_j = \sum_{i=1}^{n_j} x_{ij}/n$$

e

$$s_j^2 = \sum_{i=1}^{n_j} (x_{ij} - \bar{x}_j)^2 / (n_j - 1) \qquad (4.1)$$

Sob a suposição de que X é normalmente distribuída em ambas as amostras, com uma variância interna comum, um teste para ver se as duas médias amostrais são significantemente diferentes envolve calcular a estatística

$$t = (\bar{x}_1 - \bar{x}_2) / \left\{ s \cdot \sqrt{(1/n_1 + 1/n_2)} \right\} \qquad (4.2)$$

e ver se ela é significantemente diferente de zero em comparação com a distribuição t com $n_1 + n_2 - 2$ graus de liberdade (gl). Aqui,

$$s^2 = \left\{ (n_1 - 1)s_1^2 + (n_2 - 1)s_2^2 \right\} / (n_1 + n_2 - 2) \qquad (4.3)$$

é a estimativa combinada da variância das duas amostras.

Sabe-se que este teste é robusto para a suposição de normalidade, de modo que se as distribuições populacionais de X não são muito diferentes da normal, ele deve ser satisfatório, particularmente para tamanhos de amostra perto de 20 ou mais. A suposição de variâncias populacionais iguais também não é tão crucial se a razão das duas variâncias verdadeiras está dentro dos limites 0,4 a 2,5. O teste é particularmente robusto se os dois tamanhos de amostra são iguais, ou quase iguais.

Se não há considerações de não normalidade, mas as variâncias populacionais puderem ser bastante desiguais, então uma possibilidade é usar um teste t modificado. Por exemplo, o teste de Welch (1951) pode ser usado, em que este tem a estatística teste

$$t = (\bar{x}_1 - \bar{x}_2) / \left\{ \sqrt{(s_1^2/n_1 + s_2^2/n_2)} \right\} \qquad (4.4)$$

Uma evidência para médias populacionais desiguais é então obtida se t for significantemente diferente de zero em comparação com a distribuição t com gl igual a

$$v = (w_1 + w_2)^2 / \{w_1^2/(n_1-1) + w_2^2/(n_2-1)\} \qquad (4.5)$$

em que

$w_1 = s_1^2/n_1$
$w_2 = s_2^2/n_2$

Quando há indícios de não normalidade e de variâncias desiguais, então foi mostrado por Manly e Francis (2002) que pode não ser possível testar confiavelmente uma diferença nas médias populacionais. Em particular, pode haver um número excessivo de resultados significantes fornecendo evidências para diferença nas médias populacionais quando isso realmente não existe, independentemente de qual procedimento de teste foi usado. Manly e Francis forneceram uma solução para tal problema por meio de um esquema de teste que inclui uma avaliação se duas ou mais amostras diferem com relação a médias e variâncias usando testes de aleatorização robustos (Manly, 2009, Seção 4.6) e uma avaliação se o teste de aleatorização para diferenças de médias é confiável. Consulte seus artigos para mais detalhes.

4.3 Comparação de valores médios para duas amostras: o caso multivariado

Considere novamente os dados das pardocas que são mostrados na Tabela 1.1. O teste t descrito na seção prévia pode obviamente ser empregado para cada medida mostrada na tabela (comprimento total, extensão alar, comprimento do bico e cabeça, comprimento do úmero e comprimento da quilha do esterno). Dessa forma, é possível decidir quais, se alguma, dessas variáveis parecem ter tido valores médios diferentes para as populações de sobreviventes e não sobreviventes. Entretanto, além desses testes, também pode ser de algum interesse saber se as cinco variáveis consideradas juntamente sugerem uma diferença entre sobreviventes e não sobreviventes. Em outras palavras, o total aponta para diferenças de médias entre as populações de pardais sobreviventes e não sobreviventes?

O que é necessário para responder a essa questão é um teste multivariado. Uma possibilidade é o teste T^2 de Hotteling. A estatística usada é então uma generalização da estatística t da Equação 4.2 ou, para ser mais preciso, o quadrado desta estatística t.

No caso geral, haverá p variáveis $X_1, X_2, ..., X_p$ sendo consideradas e duas amostras com tamanhos n_1 e n_2. Então há dois vetores de médias amostrais, $\bar{x}_1$ e

$\bar{x}_2$, e duas matrizes de covariâncias amostrais, C_1 e C_2, com todos sendo calculados como explicado na Seção 2.7.

Assumindo que as matrizes de covariâncias populacionais são as mesmas para ambas as populações, uma estimativa combinada desta matriz é

$$C = \{(n_1-1)C_1 + (n_2-1)C_2\}/(n_1+n_2-2) \qquad (4.6)$$

A estatística T^2 de Hotteling é então definida como

$$T^2 = n_1 \cdot n_2 (\bar{x}_1 - \bar{x}_2)' C^{-1} (\bar{x}_1 - \bar{x}_2)/(n_1 + n_2) \qquad (4.7)$$

Um valor significantemente grande para essa estatística é uma evidência de que os dois vetores de médias populacionais são diferentes. A significância ou falta de significância de T^2 é determinada mais simplesmente usando o fato de que se a hipótese nula de vetores de médias populacionais iguais é verdadeira, então a estatística transformada

$$F = (n_1 + n_2 - p - 1) \, T^2 / \{(n_1 + n_2 - 2)p\} \qquad (4.8)$$

segue uma distribuição F com p e $(n_1 + n_2 - p - 1)$ gl.

A estatística T^2 é uma forma quadrática, como definido na Seção 2.5. Ela pode então ser escrita como uma soma dupla

$$T^2 = \{(n_1 n_2)/(n_1 + n_2)\} \sum_{i=1}^{p} \sum_{k=1}^{p} (\bar{X}_{1i} - \bar{X}_{2i}) c^{ik} (\bar{X}_{1k} - \bar{X}_{2k}) \qquad (4.9)$$

a qual pode ser bem mais simples de calcular. Aqui, $\bar{x}_{ji}$ é a média da variável X_i na j-ésima amostra, e c^{ik} é o elemento na i-ésima linha e k-ésima coluna da matriz inversa C^{-1}.

Assume-se que as duas amostras sendo comparadas usando a estatística T^2 derivam de distribuições normais multivariadas com matrizes de covariâncias iguais. Algum desvio da normalidade multivariada provavelmente não é sério. Uma diferença moderada entre matrizes de covariâncias populacionais também não é muito importante, particularmente com tamanhos de amostras iguais ou quase iguais. Se as duas matrizes de covariâncias populacionais forem muito diferentes e se os tamanhos de amostra também forem muito diferentes, então um teste modificado pode ser usado (Yao, 1965), mas este ainda se apoia na suposição de normalidade multivariada.

Exemplo 4.1 Teste de valores médios para as pardocas de Bumpus

Como um exemplo do uso de testes univariados e multivariados que têm sido descritos para duas amostras, considere novamente os dados das pardocas da Tabela 1.1. Aqui a questão é se existe qualquer diferença entre

Tabela 4.1 Comparação de valores médios para sobreviventes e não sobreviventes para as pardocas de Bumpus com variáveis tomadas uma de cada vez

Variável	Sobreviventes		Não sobreviventes		t (47 gl)	valor[a]-p
	x_1	s_1^2	x_2	s_2^2		
Comprimento total	157,38	11,05	158,43	15,07	−0,99	0,327
Extensão alar	241,00	17,50	241,57	32,55	−0,39	0,698
Comprimento do bico e cabeça	31,43	0,53	31,48	0,73	−0,20	0,842
Comprimento do úmero	18,50	0,18	18,45	0,43	0,33	0,743
Comprimento da quilha do esterno	20,81	0,58	20,84	1,32	−0,10	0,921

[a] Probabilidade de obter um valor-t tão afastado de zero quanto o valor observado se a hipótese nula de não diferença na média populacional for verdadeira.

sobreviventes e não sobreviventes com relação aos valores médios de cinco características morfológicas.

Antes de tudo, testes sobre variáveis individuais podem ser considerados, começando com X_1, o comprimento total. A média desta variável para os 21 sobreviventes é $\bar{x}_1 = 157{,}38$, enquanto que a média para os 28 não sobreviventes é $\bar{x}_2 = 158{,}43$. As correspondentes variâncias amostrais são $s_1^2 = 11{,}05$ e $s_2^2 = 15{,}07$. A variância combinada da Equação 4.3 é, por isso,

$$s^2 = (20 \times 11{,}05 + 27 \times 15{,}07)/47 = 13{,}36$$

e a estatística t da Equação 4.2 é

$$t = (157{,}38 - 158{,}43) \Big/ \sqrt{\{13{,}36(1/21 + 1/28)\}} = -0{,}99$$

com $n_1 + n_2 - 2 = 47$ gl. Este não é significantemente diferente de zero ao nível de 5%, de modo que não há evidência de uma diferença na média populacional entre sobreviventes e não sobreviventes com relação ao comprimento total.

A Tabela 4.1 resume os resultados dos testes sobre as cinco variáveis tomadas individualmente. Em nenhum caso há qualquer evidência de uma diferença na média populacional entre sobreviventes e não sobreviventes.

Para testes nas cinco variáveis consideradas juntas, é necessário conhecer os vetores de médias e as matrizes de covariâncias amostrais. As médias são dadas na Tabela 4.1 e as matrizes de covariâncias estão definidas na Seção 2.7. Para a amostra de 21 sobreviventes, o vetor de médias e a matriz de covariâncias são:

$$\bar{x}_1 = \begin{bmatrix} 157{,}381 \\ 241{,}000 \\ 31{,}433 \\ 18{,}500 \\ 20{,}810 \end{bmatrix} \quad \text{e} \quad C_1 = \begin{bmatrix} 11{,}048 & 9{,}100 & 1{,}557 & 0{,}870 & 1{,}286 \\ 9{,}100 & 17{,}500 & 1{,}910 & 1{,}310 & 0{,}880 \\ 1{,}557 & 1{,}910 & 0{,}531 & 0{,}189 & 0{,}240 \\ 0{,}870 & 1{,}310 & 0{,}189 & 0{,}176 & 0{,}133 \\ 1{,}286 & 0{,}880 & 0{,}240 & 0{,}133 & 0{,}575 \end{bmatrix}$$

Para a amostra de 28 não sobreviventes, os resultados são

$$\bar{x}_2 = \begin{bmatrix} 158{,}429 \\ 241{,}571 \\ 31{,}479 \\ 18{,}446 \\ 20{,}839 \end{bmatrix} \quad \text{e} \quad C_2 = \begin{bmatrix} 15{,}069 & 17{,}190 & 2{,}243 & 1{,}746 & 2{,}931 \\ 17{,}190 & 32{,}550 & 3{,}398 & 2{,}950 & 4{,}066 \\ 2{,}243 & 3{,}398 & 0{,}728 & 0{,}470 & 0{,}559 \\ 1{,}746 & 2{,}950 & 0{,}470 & 0{,}434 & 0{,}506 \\ 2{,}931 & 4{,}066 & 0{,}559 & 0{,}506 & 1{,}321 \end{bmatrix}$$

A matriz de covariâncias amostral combinada é então

$$C = (20 \cdot C_1 + 27 \cdot C_2)/47 = \begin{bmatrix} 13{,}358 & 13{,}748 & 1{,}951 & 1{,}373 & 2{,}231 \\ 13{,}748 & 26{,}146 & 2{,}765 & 2{,}252 & 2{,}710 \\ 1{,}951 & 2{,}765 & 0{,}645 & 0{,}350 & 0{,}423 \\ 1{,}373 & 2{,}252 & 0{,}350 & 0{,}324 & 0{,}347 \\ 2{,}231 & 2{,}710 & 0{,}423 & 0{,}347 & 1{,}004 \end{bmatrix}$$

em que, por exemplo, o elemento na segunda linha e terceira coluna é

$$(20 \times 1{,}910 + 27 \times 3{,}398)/47 = 2{,}765$$

A inversa da matriz C é encontrada como sendo

$$C^{-1} = \begin{bmatrix} 0{,}2061 & -0{,}0694 & -0{,}2395 & 0{,}0785 & -0{,}1969 \\ -0{,}0694 & 0{,}1234 & -0{,}0376 & -0{,}5517 & 0{,}0277 \\ -0{,}2395 & -0{,}0376 & 4{,}2219 & -3{,}2624 & -0{,}0181 \\ 0{,}0785 & -0{,}5517 & -3{,}2624 & 11{,}4610 & -1{,}2720 \\ -0{,}1969 & 0{,}0277 & -0{,}0181 & -1{,}2720 & 1{,}8068 \end{bmatrix}$$

Isso pode ser verificado calculando o produto $C \times C^{-1}$ e vendo que ela é uma matriz identidade, a menos de erros de arredondamento.

Substituindo os elementos de C^{-1} e outros valores na Equação 4.7, obtemos

$$T^2 = \{(21 \times 28)(21+28)\} \left[(157{,}381 - 158{,}429) \times 0{,}2061 \times (157{,}381 \right.$$
$$-158{,}429) - (157{,}318 - 158{,}429) \times 0{,}0694 \times (241{,}000 - 241{,}571)$$
$$\left. +(20{,}810 - 20{,}839) \times 1{,}8068 \times (20{,}810 - 20{,}839)\right] = 2{,}824.$$

Usando a Equação 4.8, isso se converte em uma estatística F de

$$F = (21 + 28 - 5 - 1) \times 2{,}824 / \{(21 + 28 - 2) \times 5\} = 0{,}517$$

com 5 e 43 gl. Claramente, este não é significativamente grande porque um valor F significante precisa exceder a unidade. Então não há evidência de uma diferença nas médias populacionais para sobreviventes e não sobreviventes, tomando todas as cinco variáveis juntas.

4.4 Testes multivariados versus testes univariados

No exemplo anterior, não havia resultados significantes para as variáveis consideradas individualmente ou para testes multivariados globais. Entretanto, é bastante possível ter testes univariados não significantes, mas ter um teste multivariado significante. Isso acontece por causa do acúmulo de evidência das variáveis individuais no teste global. Reciprocamente, um teste multivariado não significante pode ocorrer quando alguns testes univariados são significantes. Isso pode ocorrer quando a evidência de uma diferença fornecida pelas variáveis significantes é superada pela evidência de não diferença fornecida pelas outras variáveis.

Um aspecto importante do uso de um teste multivariado como distinto de uma série de testes univariados se refere ao controle das taxas do erro do tipo um. Um erro do tipo um envolve encontrar um resultado significante quando, na realidade, as duas amostras sendo comparadas vêm de populações com mesma média (para um teste univariado) ou médias (para um teste multivariado). Com um teste univariado ao nível de 5%, existe uma probabilidade de 0,95 de um resultado não significante quando as médias populacionais são as mesmas. Portanto, se p testes independentes são aplicados sob essas condições, então a probabilidade de não se obter nenhum resultado significante é de $0{,}95^p$. A probabilidade de pelo menos um resultado significante é, portanto, $1 - 0{,}95^p$, o qual pode ser inaceitavelmente grande. Por exemplo, se p = 5, então a probabilidade de pelo menos um resultado significante, levando em conta o acaso somente, é $1 - 0{,}95^5 = 0{,}23$. Com dados multivariados, variáveis usualmente não são independentes, de modo que $1 - 0{,}95^5$ não representa bem a probabilidade correta de pelo menos um resultado significante levando em conta o acaso somente, se as variáveis são testadas uma por uma com testes t univariados. No entanto, ainda se aplica o princípio de que quanto mais testes são feitos, maior é a probabilidade de obter ao acaso pelo menos um resultado significante.

Por outro lado, um teste multivariado como o teste T^2 de Hotelling usando o nível de significância de 5% dá uma probabilidade de 0,05 de um erro tipo um, independentemente do número de variáveis envolvidas, desde que as suposições do teste sejam válidas. Esta é uma vantagem distinta sobre uma série de testes univariados, particularmente quando o número de variáveis é grande.

Há maneiras de ajustar níveis de significância a fim de controlar a probabilidade total de um erro tipo um quando vários testes univariados são aplicados. A abordagem mais simples envolve o uso de um ajuste de Bonferroni. Por exemplo, se p testes univariados são aplicados usando o nível de significância (5/p)%, então a probabilidade de obter qualquer resultado significante é menos de 0,05 se a hipótese nula é verdadeira para cada teste. Mais geralmente, se p testes são aplicados usando o nível de significância $(100\alpha/p)\%$, então a probabilidade de obter ao acaso qualquer resultado significante é menos de α.

Algumas pessoas não são inclinadas a usar uma correção de Bonferroni para níveis de significância porque os níveis de significância aplicados aos testes individuais se tornam muito extremos se p é grande. Por exemplo, com p = 10 e um nível de significância global de 5%, um resultado de um teste univariado é declarado significante somente se ele é significante no nível 0,5%. Isso tem levado ao desenvolvimento de variações levemente menos conservadoras da correção de Bonferroni, como discutido por Manly (2009, Seção 4.9).

Pode certamente ser argumentado que o uso de um único teste multivariado fornece, em muitos casos, um procedimento melhor do que fazer um grande número de testes univariados. Um teste multivariado também tem a vantagem adicional de levar em conta apropriadamente a correlação entre as variáveis.

4.5 Comparação de variação para duas amostras: o caso univariado

Com uma única variável, o bem-conhecido método para comparação da variação em duas amostras é o teste F. Se s_j^2 é a variância na j-ésima amostra, calculada como mostrado na Equação 4.1, então a razão s_1^2/s_2^2 é comparada com pontos percentuais na distribuição F com $(n_1 - 1)$ e $(n_2 - 1)$ gl. Um valor da razão que seja significantemente diferente de um é então evidência de que as amostras são de duas populações com variâncias diferentes. Infelizmente, sabe-se que o teste F é bastante sensível à suposição de normalidade. Um resultado significante pode muito bem ser devido ao fato de uma variável não ser normalmente distribuída e não à ocorrência de variâncias desiguais. Por essa razão, algumas vezes argumenta-se que o teste F nunca deve ser usado para comparar variâncias.

Uma alternativa robusta para o teste F é o teste de Levene (1960). A ideia aqui é transformar os dados originais em cada amostra em desvios absolutos da média amostral ou da mediana amostral, e então testar para uma diferença significante entre os desvios médios nas duas amostras usando um teste t. Apesar de desvios absolutos das médias amostrais serem algumas vezes usados, um teste mais robusto pode ser obtido usando desvios absolutos das medianas amostrais (Schultz, 1983). O procedimento usando medianas é ilustrado no Exemplo 4.2.

4.6 Comparação da variação para duas amostras: o caso multivariado

Muitos pacotes computacionais usam o teste M de Box para comparar a variação em duas ou mais amostras multivariadas. Como este se aplica para duas ou mais amostras, ele é descrito na Seção 4.8. Esse teste é conhecido como sendo bastante sensível à suposição de que as amostras vêm de distribuições normais multivariadas. Portanto, há sempre a possibilidade de que um resultado significante seja devido à não normalidade do que a matrizes de covariância populacionais desiguais.

Um procedimento alternativo que deve ser mais robusto pode ser construído usando o princípio que está por trás do teste de Levene. Isso é feito transformando os dados em desvios absolutos das médias ou das medianas amostrais. A questão de se duas amostras apresentam quantidades de variação significantemente diferentes é então transformada na questão de se os valores transformados mostram vetores de médias significantemente diferentes. Teste de vetores de médias pode ser feito usando um teste T^2.

Outra possibilidade foi sugerida por Van Valen (1978) e envolve calcular

$$d_{ij} = \sqrt{\left\{\sum_{k=1}^{p} \left(x_{ijk} - \bar{x}_{jk}\right)^2\right\}} \quad (4.10)$$

em que
x_{ijk} é o valor da variável X_k para o i-ésimo indivíduo na amostra j e
$\bar{x}_{jk}$ é a média da mesma variável na amostra.

As médias amostrais dos valores d_{ij} são comparadas por um teste t. Obviamente, se uma amostra é mais variável do que outra, então a média dos valores d_{ij} tenderá a ser mais alta na amostra mais variável.

Para assegurar que a todas variáveis sejam dados pesos iguais, cada variável deve ser padronizada tal que a média seja zero e a variância seja um para todas as amostras combinadas antes dos cálculos dos valores d_{ij}. Para um teste mais robusto, pode ser melhor usar medianas amostrais em vez de médias amostrais na Equação 4.10. Então, a fórmula para valores d_{ij} é

$$d_{ij} = \sqrt{\left\{\sum_{k=1}^{p} \left(x_{ijk} - M_{jk}\right)^2\right\}} \quad (4.11)$$

em que M_{jk} é a mediana para a variável X_k na j-ésima amostra.

O teste T^2 e o teste de Van Valen para desvios de medianas são ilustrados no exemplo que segue. Um ponto a observar sobre o uso das estatísticas de teste (Equações 4.10 e 4.11) é que elas são baseadas em uma suposição implícita de que se duas amostras sendo testadas diferem, então uma amostra será mais variável do que a outra para todas as variáveis. Um resultado significante não pode ser esperado em um caso em que, por exemplo, X_1 e X_2 são mais variáveis na amostra 1, mas X_3 e X_4 são mais variáveis na amostra 2. O efeito de variâncias diferentes tenderia então a ser cancelado no cálculo de d_{ij}. Então o teste de Van Valen não é apropriado para situações nas quais não se espera que mudanças no nível de variação sejam consistentes para todas as variáveis.

Exemplo 4.2 Teste de variação para pardocas

Com os dados das pardocas de Bumpus mostrados na Tabela 1.1, uma das questões interessantes se refere a se os não sobreviventes eram mais variáveis do que os sobreviventes. Isso é o que se espera se acontece seleção estabilizadora.

Para examinar esta questão, antes de tudo as variáveis individuais podem ser consideradas uma de cada vez, começando com X_1, o comprimento total. Para o teste de Levene, os valores dos dados originais são transformados em desvios das medianas amostrais. A mediana para os sobreviventes é 157 mm, e os desvios absolutos desta mediana para os 21 pássaros na amostra têm então uma média de $\bar{x}_1 = 2,571$ e uma variância de $s_1^2 = 4,257$. A mediana para não sobreviventes é 159 mm, e os desvios absolutos desta mediana para os 28 pássaros na amostra têm uma média de $\bar{x}_2 = 3,286$ com uma variância de $s_2^2 = 4,212$. A variância combinada da Equação 4.3 é 4,231, e a estatística t da Equação 4.2 é

$$t = (2,57 - 3,29)/\{4,231(1/21 + 1/28)\}^{\frac{1}{2}} = -1,20$$

com 47 gl.

Como não sobreviventes seriam mais variáveis do que sobreviventes se ocorresse seleção estabilizadora, um teste unilateral é requerido aqui, com valores baixos de t fornecendo evidência de seleção. O valor observado de t não é significantemente baixo no presente exemplo. Os valores t para as outras variáveis são como segue: extensão alar, $t = -1,18$; comprimento do bico e cabeça, $t = -0,81$; comprimento do úmero, $t = -1,91$; e comprimento da quilha do esterno, $t = -1,41$. Somente para o comprimento do úmero, o resultado é significantemente baixo no nível 5%.

A Tabela 4.2 mostra os desvios absolutos das medianas amostrais para os dados, depois de eles terem sido padronizados para o teste de Van Valen. Por exemplo, o primeiro valor dado para a variável 1 (para sobreviventes) é 0,274. Isso foi obtido como segue. Primeiro, os dados originais foram codificados para terem média zero e variância 1 para todos os 49 pássaros.

Tabela 4.2 Valores padronizados para os dados do tamanho de pardocas sobreviventes (1) e não sobreviventes (2) conforme Tabela 1.1

Sobre-vivente	Dados padronizados					Desvios absolutos das medianas da amostra					d
	Comp. total	Exten-são alar	Comp. do bico e cabeça	Compri-mento do úmero	Comp. da quilha do esterno	Comp. total	Exten-são alar	Comp. do bico e cabeça	Compri-mento do úmero	Comp. da quilha do esterno	
1	−0,542	0,725	0,177	0,054	−0,329	0,274	0,987	0,252	0,000	0,101	1,059
1	−1,089	−0,262	−1,333	−1,009	−1,237	0,821	0,000	1,258	1,063	1,009	2,099
1	−1,363	−0,262	−0,578	−0,123	−0,229	1,095	0,000	0,503	0,177	0,000	1,218
1	−1,363	−1,051	−0,704	−1,363	−0,632	1,095	0,789	0,629	1,418	0,403	2,095
1	−0,815	0,330	0,051	0,231	−0,531	0,547	0,592	0,126	0,177	0,303	0,888
1	1,374	1,120	0,680	0,940	0,074	1,642	1,381	0,755	0,886	0,303	2,460
1	−0,268	−0,656	−0,704	−0,123	−0,632	0,000	0,395	0,629	0,177	0,403	0,864
1	−0,815	−0,459	1,687	0,231	0,377	0,547	0,197	1,762	0,177	0,605	1,959
1	1,647	1,317	1,561	1,118	0,276	1,916	1,579	1,636	1,063	0,504	3,197
1	0,006	−0,656	−0,578	0,586	1,184	0,274	0,395	0,503	0,532	1,412	1,662
1	0,006	−0,262	−0,200	0,231	1,184	0,274	0,000	0,126	0,177	1,412	1,455
1	0,553	0,528	−0,452	0,231	−0,329	0,821	0,789	0,377	0,177	0,101	1,217
1	0,827	0,922	1,058	1,472	0,982	1,095	1,184	1,132	1,418	1,210	2,712
1	−0,268	0,725	0,680	1,118	−0,834	0,000	0,987	0,755	1,063	0,605	1,744
1	−0,268	−1,248	0,051	−0,655	−1,035	0,000	0,987	0,126	0,709	0,807	1,464
1	−0,542	−0,854	−0,704	−0,832	−0,531	0,274	0,592	0,629	0,886	0,303	1,303
1	0,006	0,528	−0,074	0,054	0,780	0,274	0,789	0,000	0,000	1,009	1,310
1	−1,363	−0,656	−1,207	−0,477	0,074	1,095	0,395	1,132	0,532	0,303	1,735
1	−0,815	−1,051	−1,459	0,054	−0,733	0,547	0,789	1,384	0,000	0,504	1,759

(Continua)

Tabela 4.2 Valores padronizados para os dados do tamanho de pardocas sobreviventes (1) e não sobreviventes (2) conforme Tabela 1.1 (*Continuação*)

	Dados padronizados					Desvios absolutos das medianas da amostra				
Sobre-vivente	Comp. total	Exten-são alar	Comp. do bico e cabeça	Compri-mento do úmero	Comp. da quilha do esterno	Comp. total	Exten-são alar	Comp. do bico e cabeça	Compri-mento do úmero	Comp. da quilha do esterno	d
1	1,374	0,922	1,310	0,231	1,083	1,642	1,184	1,384	0,177	1,311	2,786
1	0,279	-1,051	0,051	-0,832	0,679	0,547	0,789	0,126	0,886	0,908	1,596
Mediana	-0,268	-0,262	-0,074	0,054	-0,229					Média	1,742
										Var	0,402
2	-0,815	-0,262	-0,074	-0,832	-0,128	1,095	0,395	0,126	0,886	0,000	1,468
2	-0,542	-0,262	0,051	-0,477	-0,229	0,821	0,395	0,000	0,532	0,101	1,059
2	0,553	0,133	1,435	0,586	0,881	0,274	0,000	1,384	0,532	1,009	1,814
2	-1,636	-1,840	-1,459	-2,250	-1,035	1,916	1,973	1,510	2,304	0,908	3,997
2	0,553	1,711	0,303	0,586	1,688	0,274	1,579	0,252	0,532	1,816	2,492
2	-0,815	-0,854	-0,578	0,054	-0,834	1,095	0,987	0,629	0,000	0,706	1,751
2	-0,268	0,725	0,932	1,826	0,578	0,547	0,592	0,881	1,772	0,706	2,251
2	1,921	0,725	2,065	2,358	1,890	1,642	0,592	2,013	2,304	2,017	4,059
2	-1,363	-2,038	-1,710	-2,072	-1,035	1,642	2,171	1,762	2,127	0,908	3,982
2	1,100	-0,459	-1,459	-0,832	2,293	0,821	0,592	1,510	0,886	2,421	3,154
2	1,100	0,330	0,177	0,586	0,478	0,821	0,197	0,126	0,532	0,605	1,174
2	0,279	0,725	0,429	0,054	0,881	0,000	0,592	0,377	0,000	1,009	1,229
2	0,279	1,120	-0,704	-0,655	-1,842	0,000	0,987	0,755	0,709	1,715	2,233
2	-0,815	0,330	-0,704	0,054	0,478	1,095	0,197	0,755	0,000	0,605	1,474

(*Continua*)

Tabela 4.2 Valores padronizados para os dados do tamanho de pardocas sobreviventes (1) e não sobreviventes (2) conforme Tabela 1.1 (*Continuação*)

Sobre-vivente	Dados padronizados					Desvios absolutos das medianas da amostra					d
	Comp. total	Exten-são alar	Comp. do bico e cabeça	Compri-mento do úmero	Comp. da quilha do esterno	Comp. total	Exten-são alar	Comp. do bico e cabeça	Compri-mento do úmero	Comp. da quilha do esterno	
2	1,100	2,106	0,555	1,118	1,385	0,821	1,973	0,503	1,063	1,513	2,871
2	−1,636	−2,235	−1,333	−2,072	−2,246	1,916	2,368	1,384	2,127	2,118	4,495
2	0,279	0,133	−0,829	−0,477	−0,329	0,000	0,000	0,881	0,532	0,202	1,048
2	−0,815	−0,656	−0,326	−1,009	−1,540	1,095	0,789	0,377	1,063	1,412	2,256
2	1,374	1,514	2,442	1,826	1,991	1,095	1,381	2,391	1,772	2,118	4,056
2	1,374	0,133	−0,578	−0,655	−0,128	1,095	0,000	0,629	0,709	0,000	1,448
2	−0,542	−0,854	0,303	−0,477	−0,531	0,821	0,987	0,252	0,532	0,403	1,468
2	0,279	−0,656	0,051	−0,123	−0,531	0,000	0,789	0,000	0,177	0,403	0,904
2	0,827	0,725	0,806	1,118	−0,027	0,547	0,592	0,755	1,063	0,101	1,536
2	−0,815	−1,248	−0,955	−1,363	−1,237	1,095	1,381	1,007	1,418	1,110	2,713
2	1,100	1,120	0,555	1,118	−0,430	0,821	0,987	0,503	1,063	0,303	1,767
2	−1,363	−0,854	−1,081	0,231	−0,430	1,642	0,987	1,132	0,177	0,303	2,253
2	1,100	0,725	1,310	0,054	0,276	0,821	0,592	1,258	0,000	0,403	1,664
2	1,647	1,317	1,058	0,586	0,074	1,368	1,184	1,007	0,532	0,202	2,147
Mediana	0,279	0,133	0,051	0,054	−0,128					Mean	2,242
										Var	1,110

Nota: Os valores padronizados têm média zero e desvio padrão um para todos os dados combinados, para as cinco variáveis. Esses valores são usados para o teste de Van Valen (1978), para comparar a variação nas duas amostras de sobreviventes e não sobreviventes baseado nos desvios das medianas amostrais e da Eq. 4.11. O teste de Van Valen compara as duas médias amostrais de valores d usando um teste t. Isso mostra que há uma variação significativamente maior no tamanho para não sobreviventes do que para sobreviventes (t = −1,92 com 47 ge, p = 0,030 em um teste unilateral).

Isso transformou o comprimento total para o primeiro sobrevivente em (156 – 157,980)/3,654 = –0,542. O comprimento transformado mediano para sobreviventes foi então –0,268. Então o desvio absoluto da mediana amostral para o primeiro sobrevivente é | –0,542 – (–0,268) | = 0,274, como registrado.

Comparando os vetores de médias amostrais transformados para as cinco variáveis usando o teste T^2 de Hotteling, obtemos uma estatística de teste de T^2 = 2,82, correspondendo a uma estatística F de 0,52 com 5 e 43 gl usando a Equação 4.8. Não há, portanto, evidência de uma diferença significante entre as amostras por este teste porque o valor F é menor do que um, com um nível de significância de 0,76.

Finalmente considere o teste de Van Valen. Os valores d da Equação 4.11, isto é, as somas no lado direito da equação para indivíduos dentro das amostras, são mostrados na última coluna da Tabela 4.2. A média para sobreviventes é 1,742, com variância 0,402. A média para não sobreviventes é 2,242, com variância 1,110. O valor-t da Equação 4.2 é então –1,92, o qual é significantemente baixo ao nível de 5% (p = 0,03 em um teste unilateral). Então este teste indica mais variação para não sobreviventes do que para sobreviventes.

Uma explicação para o resultado significante com este teste, mas resultado não significante com o teste de Levene, não é difícil de ser encontrada. Como observado acima, o teste de Levene não é direcional, e ele não leva em consideração a expectativa de que os sobreviventes serão menos variáveis do que os não sobreviventes. Por outro lado, o teste de Van Valen é especificamente para menos variação na amostra 1 do que na amostra 2, para todas as variáveis. No presente caso, todas as variáveis mostram menos variação na amostra 1 do que na amostra 2. O teste de Van Valen enfatizou este fato, mas o teste de Levene não.

4.7 Comparação de médias para várias amostras

Quando há uma única variável e várias amostras para serem comparadas, a generalização do teste t é o teste F de uma análise de variância de um fator. Os cálculos são mostrados na Tabela 4.3.

Quando há várias variáveis e várias amostras, a situação é complicada pelo fato de que há quatro estatísticas alternativas que são comumente usadas para testar a hipótese de que todas as amostras vêm de populações com mesmo vetor médio.

O primeiro teste a ser considerado usa a estatística lambda de Wilks

$$\Lambda = |\mathbf{W}|/|\mathbf{T}| \tag{4.12}$$

em que

$|\mathbf{W}|$ é o determinante da matriz das somas de quadrados e de produtos cruzados dentro da amostra e

$|\mathbf{T}|$ é o determinante da matriz das somas de quadrados e produtos cruzados totais.

Tabela 4.3 Análise de variância de um fator para comparação dos valores médios das amostras de m populações, com uma única variável

Fonte de variação	Soma de quadrados	gl	Quadrado médio	Razão F
Entre amostras	$B = T - W$	$m - 1$	$M_B = B/(m-1)$	$F = M_B/M_W$
Dentro das amostras	$W = \sum_{j=1}^{m} \sum_{i=1}^{n_j} \left(x_{ij} - \overline{x}_j\right)^2$	$n = m$	$M_W = W/(n-m)$	
Total	$T = \sum_{j=1}^{m} \sum_{i=1}^{n_j} \left(x_{ij} - \overline{x}\right)^2$	$n = 1$		

Nota: n_j = tamanho da j-ésima amostra; $n = n_1 + n_2 + ... + n_m$ = número total de observações; x_{ij} = i-ésima observação na j-ésima amostra; $\overline{x}_j$ = média da j-ésima amostra; $\overline{x}$ = média de todas as observações.

Essencialmente, isso compara a variação dentro das amostras com a variação em ambos, dentro e entre as amostras. Aqui as matrizes **T** e **W** requerem uma explicação adicional. Denote x_{ijk} como o valor da variável X_k para o i-ésimo indivíduo e a j-ésima amostra, denote $\overline{x}_{jk}$ como a média da variável X_k na mesma amostra e denote $\overline{x}_k$ como a média global de X_k para todos os dados tomados juntos. Além disso, assuma que há m amostras, com a j-ésima de tamanho n_j. Então o elemento na linha r e coluna c de **T** é

$$t_{rc} = \sum_{j=1}^{m} \sum_{i=1}^{n_j} \left(x_{ijr} - \overline{x}_r\right)\left(x_{ijc} - \overline{x}_c\right) \tag{4.13}$$

e o elemento na linha r e coluna c de **W** é

$$w_{rc} = \sum_{j=1}^{m} \sum_{i=1}^{n_j} \left(x_{ijr} - \overline{x}_{jr}\right)\left(x_{ijc} - \overline{x}_{jc}\right) \tag{4.14}$$

O que se entende por um determinante é brevemente discutido na Seção 2.4. Aqui, tudo de que precisamos saber é que eles são quantidades escalares, i.e., números comuns ao invés de vetores e matrizes, e que algoritmos computacionais especiais são necessários para calculá-los, a menos que as matrizes envolvidas sejam de tamanho 2 × 2 ou, possivelmente, 3 × 3.

Se Λ é pequeno, então ele indica que a variação dentro das amostras é baixa em comparação com a variação total. Isso fornece evidência de que as amostras não vêm de populações com o mesmo vetor de médias. Um teste aproximado para verificar se a variação dentro da amostra é significativamente baixa a este respeito é descrito na Tabela 4.4. Tabelas de valores críticos exatos são também fornecidas.

Sejam $\lambda_1 \geq \lambda_2 \geq ... \geq \lambda_p \geq 0$ os autovalores de $\mathbf{W}^{-1}\mathbf{B}$, em que $\mathbf{B} = \mathbf{T} - \mathbf{W}$ é chamada a matriz entre amostras de somas de quadrados e produtos cruzados, porque a entrada típica é a diferença entre uma soma total de quadrados ou produtos cruzados menos o termo correspondente dentro das amostras. Então o lambda de Wilks pode também ser expresso como

$$\Lambda = \prod_{i=1}^{p} 1/(1+\lambda_i) \tag{4.15}$$

que é a forma usada algumas vezes para representá-lo.

Uma segunda estatística é o maior autovalor λ_1 da matriz $\mathbf{W}^{-1}\mathbf{B}$, o que leva ao chamado teste da maior raiz de Roy (lembrando que autovalores são também chamados de raízes latentes). A base para usar esta estatística é o fato de que se a combinação linear das variáveis de X_1 a X_p que maximiza a razão entre a soma dos quadrados entre amostras e a soma dos quadrados dentro da amostra é encontrada, então essa razão máxima é igual a λ_1. Isso então implica que esse autovalor máximo deva ser uma boa estatística para testar se a variação entre amostras é significantemente grande, e que há, portanto, evidência de que as amostras sendo consideradas não vêm de populações com o mesmo vetor médio. Essa abordagem está relacionada à análise da função discriminante, que é o assunto do Capítulo 8. Pode ser importante saber que o que alguns programas computacionais chamam de estatística da maior raiz de Roy é de fato $\lambda_1/(1-\lambda_1)$ ao invés de λ_1 somente. Em caso de dúvida, consulte a documentação do programa.

Para avaliar se λ_1 é significantemente grande, a probabilidade exata de um valor tão grande quanto o observado pode ser calculada numericamente, ou uma distribuição F pode ser usada para encontrar um limite inferior para o nível de significância, i.e., o valor F é calculado e o verdadeiro nível de significância é maior do que a probabilidade de obter um valor tão grande ou maior. Usuários de pacotes computacionais devem estar cientes de qual destas alternativas é usada se um resultado significante é obtido. Isso porque se a distribuição F é usada, então o valor de λ_1 pode não ser de fato significantemente grande naquele nível de significância escolhido. O valor F usado é descrito na Tabela 4.4.

A terceira estatística, muitas vezes usada para testar se as amostras vêm de populações com vetores médias iguais, é a estatística traço de Pillai. Esta pode ser escrita em termos dos autovalores de λ_1 a λ_p como

$$V = \sum_{i=1}^{p} \lambda_i / (1+\lambda_i) \tag{4.16}$$

Novamente, valores grandes para esta estatística fornecem evidência de que as amostras sendo consideradas vêm de populações com vetores médias diferentes. Uma aproximação do nível de significância (a probabilidade de obter um valor tão grande ou maior do que V se as amostras vêm de populações com os mesmos vetores médias) é novamente fornecida na Tabela 4.4.

Tabela 4.4 Estatísticas de testes usadas para comparar vetores de médias amostrais com testes F aproximados para evidência de que valores populacionais não são constantes

Teste	Estatística	F	gl_1	gl_2	Comentário
Lambda de Wilks	Λ	$\{(1-\Lambda^{1/t})/\Lambda^{1/t}\}(gl_2/gl_1)$	$p(m-1)$	$wt - gl_1/2 + 1$	$w = n - 1 - (p+m)/2$ $t = [(gl_1^2 - 4)/(p^2 + (m-1)^2 - 5)]^{1/2}$ Se $gl_1 = 2$, faça $t = 1$ O nível de significância obtido é um limite inferior
Maior raiz de Roy	λ_1	$(gl_2/gl_1)\lambda_1$	D	$n - m - d - 1$	$d = \max(p, m - 1)$.
Traço de Pillai	$V = \sum_{i=1}^{p} \lambda_i/(1+\lambda_i)$	$(n - m - p + s)V/[d(s - V)]$	sd	$s(n - m - p + s)$	$s = \min(p, m - 1) = $ número de autovalores positivos $d = \max(p, m - 1)$.
Traço de Lawley-Hotelling	$U = \sum_{i=1}^{p} \lambda_i$	$gl_2 U/(s\, gl_1)$	$s(2A + s + 1)$	$2(sB + 1)$	s é como no traço de Pillai $A = (|m - p - 1| - 1)/2$ $B = (n - m - p - 1)/2$

Nota: Assume-se que há p variáveis em m amostras, com a j-ésima de tamanho n_j, e um tamanho total da amostra de $n = \Sigma n_j$. Estes são aproximações para p e m gerais. Aproximações melhores ou exatas são fornecidas para alguns casos especiais, e outras aproximações são também disponibilizadas. Em todos os casos, a estatística do teste é transformada para o valor F estabelecido, e este é testado para ver se ele é significantemente grande em comparação com a distribuição F com gl_1 e gl_2 graus de liberdade. Aproximações da distribuição qui-quadrado são também de uso comum, e tabelas e valores críticos estão disponíveis (Kres, 1983).

Finalmente, a quarta estatística muitas vezes usada para testar a hipótese nula de vetores médias populacionais iguais é o traço de Lawley-Hotelling

$$U = \sum_{i=1}^{p} \lambda_i \qquad (4.17)$$

o qual é apenas a soma dos autovalores da matriz $\mathbf{W}^{-1}\mathbf{B}$. Ainda, novamente, grandes valores fornecem evidência contra a hipótese nula, com um teste F aproximado fornecido na Tabela 4.4.

Geralmente, pode-se esperar que os quatro testes recém-descritos mostrem níveis de significância similares, de modo que não há real necessidade de escolher entre eles. Todos eles envolvem a suposição de que a distribuição das p variáveis é normal multivariada com a mesma matriz covariância dentro da amostra para todas as m populações das quais as amostras foram extraídas. Também são considerados bastante robustos se os tamanhos das amostras são iguais ou quase para as m amostras. Se há questões sobre a normalidade multivariada ou a igualdade das matrizes de covariâncias, então estudos de simulação sugerem que a estatística traço de Pillai pode ser mais robusta do que as outras três estatísticas (Seber, 2004, p. 442).

4.8 Comparação da variação para várias amostras

O teste M de Box é o mais bem-conhecido para comparar a variação em várias amostras. Este teste já foi mencionado para situações de duas amostras com várias variáveis a serem comparadas e pode ser usado com uma ou várias variáveis, com duas ou mais amostras.

Para m amostras, a estatística M é dada pela equação

$$M = \left\{ \prod_{i=1}^{m} |C_i|^{(n_i-1)/2} \right\} \Big/ |C|^{(n-m)/2} \qquad (4.18)$$

em que
  n_i é o tamanho da i-ésima amostra,
  C_i é a covariância amostral para a i-ésima amostra como definido na Seção 2.7,
  C é a matriz de covariâncias combinada

$$C = \sum_{i=1}^{m} (n_i - 1) \, C_i / (n - m)$$

e $n = \sum n_i$ é o número total de observações.

Grandes valores de M fornecem evidência de que as amostras não provêm de populações com a mesma matriz de covariâncias. Um teste F aproximado para saber se um valor M observado é significantemente grande é fornecido calculando

$$F = -2 \cdot b \log_e(M) \quad (4.19)$$

e encontrando a probabilidade de um valor desse tamanho ou maior para uma distribuição F com v_1 e v_2 graus de liberdade, em que

$$v_1 = p(p+1)(m-1)/2$$

$$v_2 = (v_1 + 2)/(c_2 - c_1^2)$$

e

$$b = (1 - c_1 - v_1/v_2)/v_1$$

em que

$$c_1 = (2p^2 + 3p - 1)\left\{\sum_{i=1}^m 1/(n_i - 1) - 1/(n - m)\right\}/\{6(p+1)(m-1)\}$$

e

$$c_2 = (p-1)(p+2)\left\{\sum_{i=1}^m 1/(n_i - 1)^2 - 1(n - m)^2\right\}/\{6(m-1)\}$$

A aproximação F da Equação 4.19 é válida somente para $c_2 > c_1^2$. Se $c_2 < c_1^2$, então uma aproximação alternativa é usada. Nesse caso alternativo, o valor F é calculado como sendo

$$F = -\{2 b_1 \cdot v_2 \cdot \log_e(M)\}/\{v_1 + 2 \cdot b_1 \cdot \log_e(M)\} \quad (4.20)$$

em que

$$b_1 = (1 - c_1 - 2/v_2)/v_2$$

Este é testado contra a distribuição F com v_1 e v_2 gl para ver se ele é significantemente grande.

Sabemos que o teste de Box é sensível a desvios da normalidade na distribuição das variáveis sendo consideradas. Por essa razão, alternativas robustas para o teste de Box são recomendadas aqui, estas sendo generalizações do que foi sugerido para a situação de duas amostras. Então podem ser calculados desvios absolutos de medianas amostrais para os dados em m amostras. Para uma única variável, estes podem ser tratados como as observações para uma análise de variância de um fator. Uma razão F significante é então evidência de que as amostras vêm de populações com desvios médios diferentes, i.e., populações com matrizes covariâncias diferentes. Com mais de uma variável, qualquer um dos quatro testes descritos na última seção pode ser aplicado aos dados transformados, e um resultado significante indica que as matrizes de covariâncias não são constantes para as m populações amostradas.

Alternativamente, as variáveis podem ser padronizadas para ter variâncias unitárias para todos os dados considerados em conjunto, e os valores d podem ser calculados usando a Equação 4.11. Estes valores d podem então ser analisados por uma análise de variância de um fator. Isso generaliza o teste de Van Valen, o qual foi sugerido para comparar a variação em duas amostras multivariadas. Uma razão F significante da análise de variância indica que algumas das m populações amostradas são mais variáveis do que outras. Como na situação de duas amostras, este teste é realmente apropriado somente quando amostras podem ser mais variáveis do que outras para todas as medições que estão sendo consideradas.

Exemplo 4.3 Comparação de amostras de crânios egípcios

Como um exemplo dos testes para comparar várias amostras, considere os dados mostrados na Tabela 1.2 para quatro medidas de crânios egípcios masculinos para cinco amostras de várias idades passadas.

Uma análise de variância de um fator na primeira variável, largura máxima, fornece F = 5,95, com 4 e 145 gl (Tabela 4.3). Isso é significativamente grande ao nível de 0,1%, e então existe uma clara evidência de que a média populacional mudou com o tempo. Para as outras três variáveis, a análise de variância fornece os seguintes resultados: altura do basibregamático, F = 2,45 (significante ao nível de 5%); comprimento do basialveolar, F = 8,31 (significante ao nível de 0,1%); e altura nasal, F = 1,51 (não significante). Portanto, há evidência de que a média populacional mudou com o tempo para as três primeiras variáveis.

A seguir, considere as quatro variáveis juntas. Se as cinco amostras são combinadas, então a matriz das somas de quadrados e produtos cruzados para as 150 observações, calculadas usando a Equação 4.13, é

$$\mathbf{T} = \begin{bmatrix} 3563,89 & -222,81 & -615,16 & 291,30 \\ -222,81 & 3635,17 & 1046,28 & 346,47 \\ -615,16 & 1046,28 & 4309,27 & -16,40 \\ 426,73 & 346,47 & -16,40 & 1533,33 \end{bmatrix}$$

para a qual o determinante é $|\mathbf{T}| = 7,306 \times 10^{13}$. Também, a matriz das somas dos quadrados e produtos cruzados dentro de amostra é encontrada a partir da Equação 4.14 como sendo

$$W = \begin{bmatrix} 3061{,}07 & 5{,}33 & 11{,}47 & 291{,}30 \\ 5{,}33 & 3405{,}27 & 754{,}00 & 412{,}53 \\ 11{,}47 & 754{,}00 & 3505{,}97 & 164{,}33 \\ 291{,}30 & 412{,}53 & 164{,}33 & 1472{,}13 \end{bmatrix}$$

para a qual o determinante é $|W| = 4{,}848 \times 10^{13}$. A estatística lambda de Wilks é, portanto,

$$\Lambda = |W|/|T| = 0{,}6636$$

Os detalhes de um teste F aproximado para avaliar se este valor é significantemente pequeno são fornecidos na Tabela 4.4. Com p = 4 variáveis, m = 5 amostras e n = 150 observações no total, encontramos, usando a notação na Tabela 4.4, que

$$gl_1 = p(m-1) = 16$$
$$w = n - 1 - (p+m)/2 = 150 - 1 - (4+5)/2 = 144{,}5$$
$$t = \left[(gl_1^2 - 4)/\left\{ p^2 + (m-1)^2 - 5 \right\} \right]^{\frac{1}{2}} = \left[(16^2 - 4)/\left\{ 4^2 + (5-1)^2 - 5 \right\} \right]^{\frac{1}{2}}$$
$$= 3{,}055$$

e

$$gl_2 = wt - gl_1/2 + 1 = 144{,}5 \times 3{,}055 - 16/2 + 1 = 434{,}5$$

A estatística F é então

$$F = \left\{ (1 - \Lambda^{1/t})/\Lambda^{1/t} \right\}(gl_2/gl_1) = \left\{ (1 - 0{,}6636^{1/3{,}055})/0{,}6636^{1/3{,}055} \right\}$$
$$(434{,}5/16) = 3{,}90$$

com 16 e 434,5 gl. Isso é significantemente grande ao nível de 0,1% (p < 0,001). Há, portanto, clara evidência de que o vetor de valores médios das quatro variáveis mudou com o tempo.

A raiz máxima da matriz $W^{-1}B$ é $\lambda_1 = 0{,}4251$ para o teste da raiz máxima de Roy. A correspondente estatística F aproximada da Tabela 4.4 é

$$F = (gl_2/gl_1)\lambda_1 = (140/4)0{,}4251 = 14{,}88$$

com 4 e 140 gl, usando a equação dada na Tabela 4.4 para os gl. Isto é mais uma vez significantemente grande (p < 0,001).

A estatística traço de Pillai é V = 0,3533. A estatística F aproximada neste caso é

$$F = (n - m - p + s)V/\{d(s - V)\} = 3{,}51$$

com s d = 16 e s (n − m − p + s) = 580 gl, usando as equações dadas na Tabela 4.4. Este é outro resultado muito significante (p < 0,001).

Finalmente, para os testes sobre vetores de médias, a estatística traço de Lawley-Hotelling tem o valor U = 0,4818. Ele é encontrado usando as equações na Tabela 4.4 com as quantidades intermediárias que são necessárias sendo s = 4, A = −0,5 e B = 70, de modo que os valores gl para a estatística F são $gl_1 = s(2A + s + 1) = 16$ e $gl_2 = 2(sB + 1) = 562$. A estatística F é então

$$F = gl_2 \cdot U / (s \cdot gl_1) = (562 \times 0{,}4818)/(4 \times 16) = 4{,}23$$

Ainda, novamente, este é um resultado muito significante (p < 0,001).

Para comparar a variação nas cinco amostras, primeiro considere o teste de Box. A Equação 4.18 resulta em $M = 2{,}869 \times 10^{-11}$. As equações na seção prévia resultam então em b = 0,0235, e

$$F = -2 \cdot b \cdot \log_e(M) = 1{,}14,$$

com $v_1 = 40$ e $v_2 = 46{,}379$ gl. Esta não é de maneira nenhuma significantemente grande (p = 0,250), de modo que este teste não mostra evidência de que a matriz de covariâncias mudou com o tempo.

O teste de Box é razoável com este conjunto de dados porque medidas de corpo tendem a ter distribuições próximas da normal. Entretanto, testes robustos também podem ser executados. É um problema simples e direto o de transformar os dados em desvios absolutos das medianas amostrais para testes do tipo Levene. A análise de variância então mostra nenhuma diferença significante entre as médias amostrais dos dados transformados para qualquer uma das quatro variáveis consideradas individualmente. Também, nenhum dos testes multivariados resumidos na Tabela 4.4 fornecem um resultado que é parecido com o significante ao nível de 5% para todas as variáveis transformadas tomadas juntas.

Parece, portanto, que apesar de haver uma evidência muito forte de que os valores médios mudaram com o tempo para as quatro variáveis sendo consideradas, não há evidência de que a variação mudou.

4.9 Programas computacionais

Os testes para dados normais multivariados que são discutidos neste capítulo são fáceis e prontamente encontrados em pacotes computacionais estatísticos padrão, apesar de em muitos pacotes estarem faltando um ou dois deles. Os testes também podem ser conduzidos usando o código R descrito no apêndice deste capítulo. Os resultados de testes baseados em aproximações de distribuições F podem variar um pouco de um programa para outro devido ao uso de diferentes aproximações. Por outro lado, para testes robustos em variâncias, pode ser necessário que alguns ou todos os cálculos sejam feitos em planilhas.

Tabela 4.5 Valores de nove medidas da mandíbula para amostras de cinco grupos caninos (mm)

	X_1	X_2	X_3	X_4	X_5	X_6	X_7	X_8	X_9	Sexo[a]
				Cães modernos da Tailândia						
1	123	10,1	23	23	19	7,8	32	33	5,6	1
2	137	9,6	19	22	19	7,8	32	40	5,8	1
3	121	10,2	18	21	21	7,9	35	38	6,2	1
4	130	10,7	24	22	20	7,9	32	37	5,9	1
5	149	12,0	25	25	21	8,4	35	43	6,6	1
6	125	9,5	23	20	20	7,8	33	37	6,3	1
7	126	9,1	20	22	19	7,5	32	35	5,5	1
8	125	9,7	19	19	19	7,5	32	37	6,2	1
9	121	9,6	22	20	18	7,6	31	35	5,3	2
10	122	8,9	20	20	19	7,6	31	35	5,7	2
11	115	9,3	19	19	20	7,8	33	34	6,5	2
12	112	9,1	19	20	19	6,6	30	33	5,1	2
13	124	9,3	21	21	18	7,1	30	36	5,5	2
14	128	9,6	22	21	19	7,5	32	38	5,8	2
15	130	8,4	23	20	19	7,3	31	40	5,8	2
16	127	10,5	25	23	20	8,7	32	35	6,1	2
				Chacais-dourados						
1	120	8,2	18	17	18	7,0	32	35	5,2	1
2	107	7,9	17	17	20	7,0	32	34	5,3	1
3	110	8,1	18	16	19	7,1	31	32	4,7	1
4	116	8,5	20	18	18	7,1	32	33	4,7	1
5	114	8,2	19	18	19	7,9	32	33	5,1	1
6	111	8,5	19	16	18	7,1	30	33	5,0	1
7	113	8,5	17	18	19	7,1	30	34	4,6	1
8	117	8,7	20	17	18	7,0	30	34	5,2	1
9	114	9,4	21	19	19	7,5	31	35	5,3	1
10	112	8,2	19	17	19	6,8	30	34	5,1	1
11	110	8,5	18	17	19	7,0	31	33	4,9	2
12	111	7,7	20	18	18	6,7	30	32	4,5	2
13	107	7,2	17	16	17	6,0	28	35	4,7	2
14	108	8,2	18	16	17	6,5	29	33	4,8	2
15	110	7,3	19	15	17	6,1	30	33	4,5	2
16	105	8,3	19	17	17	6,5	29	32	4,5	2
17	107	8,4	18	17	18	6,2	29	31	4,3	2
18	106	7,8	19	18	18	6,2	31	32	4,4	2
19	111	8,4	17	16	18	7,0	30	34	4,7	2

(*Continua*)

Tabela 4.5 Valores de nove medidas da mandíbula para amostras de cinco grupos caninos (mm) (*Continuação*)

	X_1	X_2	X_3	X_4	X_5	X_6	X_7	X_8	X_9	Sexo[a]
20	111	7,6	19	17	18	6,5	30	35	4,6	2
					Cuons					
1	123	9,7	22	21	20	7,8	27	36	6,1	1
2	135	11,8	25	21	23	8,9	31	38	7,1	1
3	138	11,4	25	25	22	9,0	30	38	7,3	1
4	141	10,8	26	25	21	8,1	29	39	6,6	1
5	135	11,2	25	25	21	8,5	29	39	6,7	1
6	136	11,0	22	24	22	8,1	31	39	6,8	1
7	131	10,4	23	23	23	8,7	30	36	6,8	1
8	137	10,6	25	24	21	8,3	28	38	6,5	1
9	135	10,5	25	25	21	8,4	29	39	6,9	1
10	131	10,9	25	24	21	8,5	29	35	6,2	2
11	130	11,3	22	23	21	8,7	29	37	7,0	2
12	144	10,8	24	26	22	8,9	30	42	7,1	2
13	139	10,9	26	23	22	8,7	30	39	6,9	2
14	123	9,8	23	22	20	8,1	26	34	5,6	2
15	137	11,3	27	26	23	8,7	30	39	6,5	2
16	128	10,0	22	23	22	8,7	29	37	6,6	2
17	122	9,9	22	22	20	8,2	26	36	5,7	2
					Lobos indianos					
1	167	11,5	29	28	25	9,5	41	45	7,2	1
2	164	12,3	27	26	25	10,0	42	47	7,9	1
3	150	11,5	21	24	25	9,3	41	46	8,5	1
4	145	11,3	28	24	24	9,2	36	41	7,2	1
5	177	12,4	31	27	27	10,5	43	50	7,9	1
6	166	13,4	32	27	26	9,5	40	47	7,3	1
7	164	12,1	27	24	25	9,9	42	45	8,3	1
8	165	12,6	30	26	25	7,7	40	43	7,9	1
9	131	11,8	20	24	23	8,8	38	40	6,5	2
10	163	10,8	27	24	24	9,2	39	48	7,0	2
11	164	10,7	24	23	26	9,5	43	47	7,6	2
12	141	10,4	20	23	23	8,9	38	43	6,0	2
13	148	10,6	26	21	24	8,9	39	40	7,0	2
14	158	10,7	25	25	24	9,8	41	45	7,4	2
				Cães pré-históricos tailandeses						
1	112	10,1	17	18	19	7,7	31	33	5,8	0
2	115	10,0	18	23	20	7,8	33	36	6,0	0

(*Continua*)

Tabela 4.5 Valores de nove medidas da mandíbula para amostras de cinco grupos caninos (mm) (*Continuação*)

	X_1	X_2	X_3	X_4	X_5	X_6	X_7	X_8	X_9	Sexo[a]
3	136	11,9	22	25	21	8,5	36	39	7,0	0
4	111	9,9	19	20	18	7,3	29	34	5,3	0
5	130	11,2	23	27	20	9,1	35	35	6,6	0
6	125	10,7	19	26	20	8,4	33	37	6,3	0
7	132	9,6	19	20	19	9,7	35	38	6,6	0
8	121	10,7	21	23	19	7,9	32	35	6,0	0
9	122	9,8	22	23	18	7,9	32	35	6,1	0
10	124	9,5	20	24	19	7,6	32	37	6,0	0

Nota: As variáveis são X_1 = comprimento da mandíbula; X_2 = largura da mandíbula abaixo do primeiro molar; X_3 = largura do côndilo articular; X_4 = altura da mandíbula abaixo do primeiro molar; X_5 = comprimento do primeiro molar; X_6 = largura do primeiro molar; X_7 = comprimento do primeiro ao terceiro molar, inclusive (primeiro ao segundo para cuon); X_8 = comprimento do primeiro ao quarto premolar, inclusive; e X_9 = largura do canino inferior.

[a] Código do sexo é 1 para macho, 2 para fêmea e 0 para desconhecido.

Este capítulo esteve restrito a situações em que havia duas ou mais amostras multivariadas sendo comparadas para ver se elas pareciam vir de populações com vetores de médias diferentes ou de populações com matrizes de covariâncias diferentes. Em termos dos vetores de médias, este é o caso mais simples do que é algumas vezes chamado de *análise de variância multivariada* ou MANOVA para encurtar. Exemplos mais complicados envolvem amostras sendo classificadas com base em vários fatores, dando uma generalização da análise de variância ordinária (ANOVA). Muitos pacotes estatísticos permitem que cálculos MANOVA gerais sejam executados.

Exercícios

O Exemplo 1.4 se refere à comparação entre cães pré-históricos da Tailândia e seis outros grupos de animais relacionados em termos das principais medidas de mandíbula. A Tabela 4.5 mostra alguns dados adicionais para comparação desses grupos que fazem parte de dados mais extensivos discutidos no artigo de Higham et al. (1980).

1. Teste por diferenças significantes entre as cinco espécies em termos dos valores médios e da variação nas nove variáveis. Teste ambos para diferenças globais e para diferenças entre os cães pré-históricos tailandeses e cada um dos outros grupos isoladamente. Quais conclusões você obtém com relação à similaridade entre cães pré-históricos tailandeses e os outros grupos?

2. Há evidências de diferenças entre os tamanhos de machos e fêmeas da mesma espécie para os primeiros quatro grupos?
3. Usando um método gráfico apropriado, compare as distribuições das nove variáveis para os cães tailandeses pré-históricos e modernos.

Referências

Higham, C.F.W., Kijngam, A. and Manly, B.F.J. (1980). An analysis of prehistoric canid remains from Thailand. *Journal of Archaeological Science* 7: 149–65.

Kres, H. (1983). *Statistical Tables for Multivariate Analysis*, New York: Springer.

Levene, H. (1960). Robust tests for equality of variance. In *Contributions to Probability and Statistics* (eds I. Olkin, S.G. Ghurye, W. Hoeffding, W.G. Madow and H.B. Mann), pp. 278–92. Pala Alto, CA: Stanford University Press.

Manly, B.F.J. (2009). *Statistics for Environmental Science and Management*. 2nd Edn. Boca Raton, FL: Chapman and Hall/CRC.

Manly, B.F.J. and Francis, R.I.C.C. (2002). Testing for mean and variance differences with samples from distributions that may be non-normal with unequal variances. *Journal of Statistical Computation and Simulation* 72: 633–46.

Schultz, B. (1983). On Levene's test and other statistics of variation. *Evolutionary Theory* 6: 197–203.

Seber, G.A.F. (2004). *Multivariate Observations*. New York: Wiley.

Van Valen, L. (1978). The statistics of variation. *Evolutionary Theory* 4: 33–43. (Erratum *Evolutionary Theory* 4: 202.)

Welch, B.L. (1951). On the comparison of several mean values: An alternative approach. *Biometrika* 38: 330–6.

Yao, Y. (1965). An approximate degrees of freedom solution to the multivariate Behrens-Fisher problem. *Biometrika* 52: 139–47.

Apêndice: Testes de significância no R

A.1 Teste t univariado para duas amostras no R

Os cálculos do `teste t` para duas amostras são obtidos com a função `t.test ( )`. Por padrão, o R assume um teste bilateral e que as variâncias dentro da amostra não são iguais. Portanto, sob a suposição de variâncias comuns, é necessário escrever

```
t.test(vetor1, vetor2, var.equal = TRUE)
```

em que `vetor1` e `vetor2` são os vetores numéricos para Amostra 1 e 2 de uma única variável resposta, respectivamente. O material suplementar disponível no site loja.grupoa.com.br mostra a composição da média do comprimento total entre sobreviventes e não sobreviventes das pardocas de Bumpus.

A.2 Testes multivariados para duas amostras com teste T^2 de Hotelling

O comando com nome `hotelling.test( )` pode ser executado após carregar o pacote `Hotelling` (Currant et al. 2013), usando

```
library (Hotelling)
hotelling.test (formula)
```

Aqui, `formula` é uma expressão na qual as variáveis respostas, separadas pelo sinal (+) de soma, são seguidas por um til (~) e um vetor fator com dois níveis. Como um exemplo, se `Y1, Y2 e Y3` são três variáveis respostas em uma base de dados e `X` é uma variável de agrupamento de dois níveis, então `hotelling.test (Y1, Y2, Y3 ~ X)` chama o teste de Hotelling para a comparação de médias multivariadas. Um roteiro com esta função para obter os resultados do Exemplo 4.1 pode ser encontrado no site do livro.

A.3 Comparação de variação de duas amostras para o caso univariado

O R oferece os dois testes de variância descritos na Seção 4.5 usando o teste razão F e teste de Levene, em que o último requer o pacote `car` a ser carregado. O teste F é chamado via a função `var.text`, sua sintaxe sendo similar à função `t.test( )`:

```
var.test(vetor1, vetor2)
```

por padrão, a hipótese alternativa para este teste é bilateral.

O teste de Levene, como implementado no pacote `car` (a função `levene-Test ( )`), não restringe a variável de agrupamento a dois níveis somente. O código para esta função é

```
library (car)
leveneTest (resposta ~ x)
```

O primeiro argumento na função `leveneTest( )` é um vetor contendo a variável resposta, e `x` é o fator que define grupos (com pelo menos dois níveis).

A.4 Comparação da variação de duas amostras multivariadas

Os comandos do R necessários para testar a variação multivariada de dois grupos como delineado na Seção 4.6 fazem uso de funções vetores bem como uma função para padronização de dados – qualquer uma das duas, `scale( )` ou `decostand ( )`. Enquanto `scale( )` tem uma sintaxe mais simples, `decostand( )` (uma função do pacote `vegan` (Oksanen et al. 2016)) é mais versátil, mas requer um vetor de dados numéricos (coluna) a ser colocado na forma de matriz. O site do livro fornece o roteiro necessário para rodar os dois procedimentos aplicados aos dados das pardocas de Bumpus do Exemplo 4.2. Esses são o teste de Levene, baseado na estatística T^2, e teste de Van Valen, baseado no teste t univariado para duas amostras.

A.5 Comparação de várias médias multivariadas

O R oferece a função `monova( )` para MANOVA, a qual é uma extensão da correspondente função R univariada `aov`. De fato, `manova( )` chama `aov( )` para cálculos, mas informação suplementar é também computada e disponibilizada como saída, incluindo matrizes de somas de quadrados e produtos cruzados, autovalores e estatísticas, como lambda da Wilks e teste de Pillai. Isso é descrito dizendo que `manova( )` produz um diferente objeto, uma das classes manova (veja mais detalhes na documentação R). A mais simples chamada a uma MANOVA de uma entrada no R é

```
manova.obj < - manova(mat ~ x, data = df)
```

Aqui, as variáveis respostas analisadas estão contidas na matriz `mat`, tomada da base dados `df` e as amostras a serem comparadas são os níveis do fator `x`. Uma vez que a saída da função `manova( )` é atribuída ao objeto `manova.obj`, qualquer teste estatístico disponível como resumo da MANOVA pode ser chamado com `summary.manova( )`. Como exemplo, os resultados do teste de Wilks podem ser obtidos com as instruções

```
summary.manova(manova.obj, test= "Wilks")
```

Opções para o argumento de `test=` são "Wilks" e " Pillai" (o padrão), "Hotelling-Lawley" e "Roy". As funções `manova` e `summary.manova` são aplicadas às comparações amostrais das caveiras egípcias no roteiro que está disponível no site do livro.

A.6 Teste da igualdade de várias matrizes de covariância

O test M de Box é realizado usando a função `BoxM()` encontrada no pacote chamado `biotools` (da Silva, 2015). Esta função usa a aproximação qui-quadrado em vez do procedimento descrito na Seção 4.8, a qual é baseada na distribuição F. Morrison (2004) apresenta os detalhes computacionais para essa aproximação qui-quadrado, a qual é aplicável sempre que o número de grupos e número de variáveis não ultrapassa quatro ou cinco e os tamanhos amostrais por grupo são iguais ou maiores do que 20. A aproximação F é mais adequada para maiores números de grupos e variáveis e pequeno tamanho amostral por grupo. As fórmulas para ambas as aproximações são ligadas, tal que não é difícil obter a estatística F aproximada da saída gerada pela função `BoxM()`. Um exemplo de cálculos desses dois testes, usados no Exemplo 4.3, está disponível no site deste livro.

Referências

Curran, J.M. (2013). Hotelling: Hotelling's T-squared test and variants. R package version 1.0-2. http://CRAN.R-project.org/package=Hotelling

da Silva, A.R. (2015). biotools: Tools for Biometry and Applied Statistics in Agricultural Science. R package version 2.1. http://CRAN.R-project.org/package=biotools

Morrison, D. (2004) *Multivariate Statistical Methods*. 4th Edn. Pacific Grove, CA: Duxbury.

Oksanen, J., Blanchet, F.G., Friendly, M., Kindt, R., Legendre, P., McGlinn, D., Minchin, P.R., et al. (2016). vegan: Community ecology package. R package version 2.4-0. http://CRAN.R-project.org/package=vegan

Capítulo 5

Medição e teste de distâncias multivariadas

5.1 Distâncias multivariadas

Muitos problemas multivariados podem ser vistos em termos de distâncias entre observações individuais, entre amostras de observações ou entre populações de observações. Por exemplo, considerando os dados na Tabela 1.4 sobre medidas de mandíbulas de cães, lobos, chacais, cuons e dingos, é sensível perguntar quão longe um desses grupos está dos outros seis grupos. A idéia então é que se dois animais têm médias similares das medidas da mandíbula, então eles estão próximos; se eles têm medidas médias bem diferentes, então estão distantes um do outro. Neste capítulo, este é o conceito de distância usado.

Um grande número de medidas de distância tem sido proposto e usado em análise multivariada. Somente algumas das mais comuns serão mencionadas aqui. Deve-se alertar que medir distâncias é um tópico em que um pouco de arbitrariedade parece inevitável.

Uma situação é que existem n objetos sendo considerados, com um número de medidas sendo tomadas sobre cada um deles, e as medidas são de dois tipos. Por exemplo, na Tabela 1.3, resultados são dados para quatro variáveis ambientais e seis frequências gênicas para 16 colônias de uma espécie de borboleta. Dois conjuntos de distâncias, ambiental e genética, podem então ser calculados entre as colônias. Uma questão interessante é, então, se há um relacionamento entre estes dois conjuntos de distâncias. O teste de Mantel (Seção 5.6) é útil neste contexto.

5.2 Distâncias entre observações individuais

Para começar, considere o caso mais simples no qual há n objetos, cada um dos quais tem valores para p variáveis, $X_1, X_2, ..., X_p$. Os valores para o objeto i podem então ser denotados por $x_{i1}, x_{i2}, ..., x_{ip}$, e aqueles para o objeto j por $x_{j1}, x_{j2}, ..., x_{jp}$. O problema é medir a distância entre estes dois objetos. Se existem apenas p = 2 variáveis, então os valores podem ser representados como mostrado na Figura 5.1. O teorema de Pitágoras diz então que o comprimento d_{ij} do segmento ligando o ponto para o objeto i ao ponto para o objeto j (a distância Euclidiana) é

$$d_{ij} = \left\{ (x_{i1} - x_{j1})^2 + (x_{i2} - x_{j2})^2 \right\}^{\frac{1}{2}}$$

Com p = 3 variáveis, os valores podem ser tomados como as coordenadas no espaço para marcar as posições dos indivíduos i e j (Figura 5.2). O teorema de Pitágoras então fornece a distância entre os dois pontos como sendo

$$d_{ij} = \left\{ (x_{i1} - x_{j1})^2 + (x_{i2} - x_{j2})^2 + (x_{i3} - x_{j3})^2 \right\}^{\frac{1}{2}}$$

Com mais do que três variáveis, não é possível usar valores das variáveis como as coordenadas para marcar pontos fisicamente. Entretanto, os casos de duas e três variáveis sugerem que a distância Euclidiana generalizada

$$d_{ij} = \left\{ \sum_{k=1}^{p} (x_{ik} - x_{jk})^2 \right\}^{\frac{1}{2}} \tag{5.1}$$

pode servir como uma medida satisfatória para muitos propósitos com p variáveis.

Da forma da Equação 5.1, está claro que se uma das variáveis medidas for muito mais variável do que as outras, então isso dominará o cálculo das

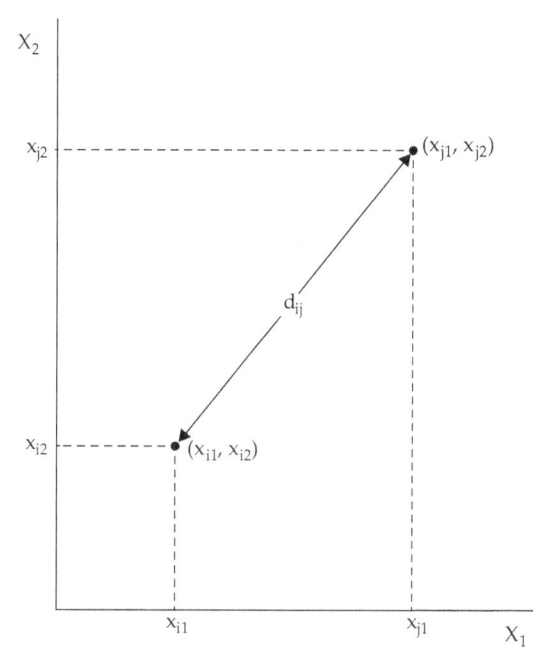

Figura 5.1 A distância Euclidiana entre objetos i e j com p = 2 variáveis.

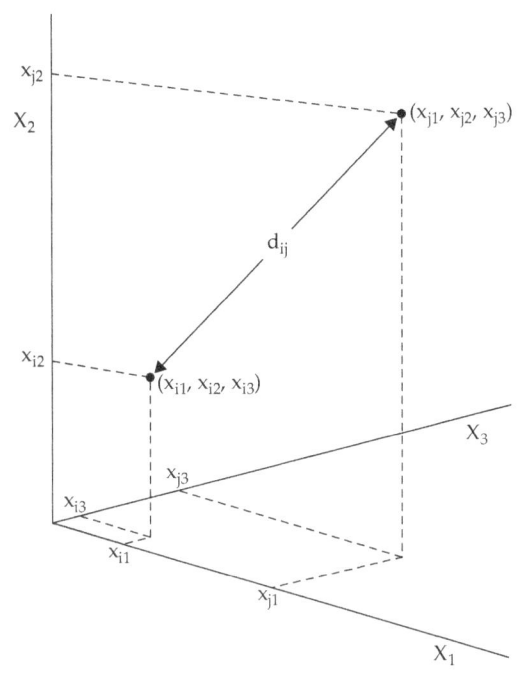

Figura 5.2 A distância Euclidiana entre objetos i e j com p = 3 variáveis.

distâncias. Por exemplo, para tomar um caso extremo, suponha que n homens estão sendo comparados, e que X_1 é sua estatura e as outras variáveis são dimensões dos dentes, com todas as medidas sendo em milímetros. Diferenças na estatura estarão então na ordem de talvez 20 ou 30 mm, enquanto que diferenças nas dimensões dos dentes estarão na ordem de 1 ou 2 mm. Os cálculos simples de d_{ij} fornecerão então distâncias entre indivíduos que são essencialmente diferenças somente de estatura, com diferenças nos dentes tendo efeitos desprezíveis.

Na prática, é usualmente desejável que todas as variáveis tenham aproximadamente a mesma influência no cálculo da distância. Isso pode ser obtido por um escalonamento preliminar dividindo cada variável pelo seu desvio padrão para os n indivíduos sendo comparados.

Exemplo 5.1 Distâncias entre cães e espécies relacionadas

Considere novamente os dados na Tabela 1.4 para medidas médias da mandíbula de sete grupos de cães tailandeses e espécies relacionadas. Podemos relembrar, do Capítulo 1, que a principal questão com estes dados é como os cães tailandeses pré-históricos estão relacionados com os outros grupos.

Tabela 5.1 Valores da variável padronizada calculados dos dados originais na Tabela 1.4

Grupo	X_1	X_2	X_3	X_4	X_5	X_6
Cão moderno	–0,46	–0,46	–0,68	–0,69	–0,45	–0,57
Chacal-dourado	–1,41	–1,79	–1,04	–1,29	–0,80	–1,21
Lobo chinês	1,78	1,48	1,70	1,80	1,55	1,50
Lobo indiano	0,60	0,55	0,96	0,69	1,17	0,88
Cuon	0,13	0,31	–0,04	0,00	–1,10	–0,37
Dingo	–0,52	0,03	–0,13	–0,17	0,03	0,61
Cão pré-histórico	–0,11	–0,12	–0,78	–0,34	–0,41	–0,83

Nota: X_1 = largura da mandíbula; X_2 = altura da mandíbula abaixo do primeiro molar; X_3 = comprimento do primeiro molar; X_4 = largura do primeiro molar; X_5 = comprimento do primeiro ao terceiro molar, inclusive; e X_6 = comprimento do primeiro ao quarto premolar, inclusive.

O primeiro passo no cálculo de distâncias é padronizar as medidas. Aqui isso será feito expressando-as como desvios das médias em unidades de desvios-padrão. Por exemplo, a primeira medida X_1 (largura) tem uma média de 10,486 mm e um desvio-padrão de 1,697 mm para os sete grupos. Os valores padronizados da variável são então calculados como: cão moderno, (9,7 – 10,486)/1,697 = –0,46; chacal-dourado, (8,1 – 10,486)/1,697 = –1,41; cão pré-histórico, (10,3 – 10,486)/1,697 = – 0,11; e assim por diante para os outros grupos de cães. Os valores padronizados para todas as variáveis são mostrados na Tabela 5.1.

Usando a Equação 5.1, as distâncias mostradas na Tabela 5.2 foram calculadas a partir das variáveis padronizadas. Está claro que os cães pré-históricos são bastante similares aos cães modernos da Tailândia porque a distância entre estes dois grupos (0,66) é de longe a menor distância na tabela inteira. Higham et al. (1980) concluíram de uma análise mais complicada que os cães modernos e pré-históricos são indistinguíveis.

5.3 Distâncias entre populações e amostras

Inúmeras medidas têm sido propostas para a distância entre populações multivariadas quando está disponível informação sobre médias, variâncias e covariâncias das populações. Duas medidas serão consideradas aqui.

Suponha que duas ou mais populações estejam disponíveis, e que distribuições multivariadas nestas populações sejam conhecidas para p variáveis X_1, X_2, ..., X_p. Seja a média da variável X_k na i-ésima população μ_{ki}, e assuma que a variância de X_k é V_k em todas as populações. Então Penrose (1953) propôs a medida relativamente simples

Tabela 5.2 Distâncias Euclidianas entre sete grupos caninos

	Cão moderno	Chacal-dourado	Lobo chinês	Lobo indiano	Cuon	Dingo	Cão pré-histórico
Cão moderno	—						
Chacal-dourado	1,91	—					
Lobo chinês	5,38	7,12	—				
Lobo indiano	3,38	5,06	2,14	—			
Cuon	1,51	3,19	4,57	2,91	—		
Dingo	1,56	3,18	4,21	2,20	1,67	—	
Cão pré-histórico	0,66	2,39	5,12	3,24	1,26	1,71	—

$$P_{ij} = \left\{ \sum_{k=1}^{p} (\mu_{ki} - \mu_{kj})^2 / (p \cdot V_k) \right\} \quad (5.2)$$

para a distância entre população i e população j.

Uma desvantagem da medida de Penrose é que ela não leva em conta as correlações entre as p variáveis. Isso significa que quando duas variáveis estão medindo essencialmente a mesma coisa e, portanto, são altamente correlacionadas, elas ainda contribuem individualmente com cerca de a mesma quantidade para as distâncias populacionais como uma terceira variável que não é correlacionada com todas as outras variáveis.

Uma medida que leva em consideração as correlações entre variáveis é a distância de Mahalanobis (1948)

$$D_{ij}^2 = \left\{ \sum_{r=1}^{p} \sum_{s=1}^{p} (\mu_{ri} - \mu_{rj}) \cdot v^{rs} \cdot (\mu_{si} - \mu_{sj}) \right\}, \quad (5.3)$$

em que v^{rs} é o elemento na r-ésima linha e s-ésima coluna da inversa da matriz de covariância populacional para as p variáveis. Essa é uma forma quadrática que também pode ser escrita como

$$D_{ij}^2 = (\mu_i - \mu_j)' V^{-1} (\mu_i - \mu_j),$$

em que

μ_i é o vetor de médias populacional para a i-ésima população, e
V é a matriz covariância populacional.

Esta medida requer a suposição de que V é a mesma para todas as populações.

Uma distância de Mahalanobis é também usada para medir a distância de uma única observação multivariada ao centro da população da qual veio a observação. Se $x_1, x_2, ..., x_p$ são os valores de $X_1, X_2, ..., X_p$ para os indivíduos, com correspondentes valores médios populacionais $\mu_1, \mu_2, ..., \mu_p$, então esta distância é

$$D^2 = \left\{ \sum_{r=1}^{p} \sum_{s=1}^{p} (x_r - \mu_r) \cdot v^{rs} \cdot (x_s - \mu_s) \right\}$$

$$= (x - \mu)' V^{-1} (x - \mu) \qquad (5.4)$$

em que
$x = (x_1, x_2, ..., x_p)$,
μ é o vetor de médias populacional,
V é a matriz de covariâncias populacional, e
v^{rs} é o elemento na r-ésima linha e s-ésima coluna da inversa de V.

O valor de D^2 pode ser pensado como um resíduo multivariado para a observação x, i.e., uma medida de quão longe a observação x está do centro das distribuições de todos os valores, levando em conta todas as variáveis sendo consideradas e suas covariâncias. Um resultado importante é que se a população que está sendo considerada tem distribuição normal multivariada, então os valores de D^2 seguirão uma distribuição qui-quadrado com p graus de liberdade (gl) se x vier desta distribuição. Um valor significativamente grande de D^2 significa que a correspondente observação é (a) um registro genuíno, mas improvável, (b) uma observação de outra distribuição, ou (c) um registro contendo algum erro. Observações com grandes resíduos de Mahalanobis devem ser então examinadas para ver se elas não foram apenas registradas erroneamente.

A Equação 5.2 à Equação 5.4 podem ser usadas com dados amostrais se estimativas das médias, variâncias e covariâncias populacionais são usadas no lugar dos verdadeiros valores. Neste caso, a matriz de covariâncias V envolvida na Equação 5.3 e na Equação 5.4 deve ser substituída pela estimativa combinada de todas as amostras disponíveis, como definido na Seção 4.8 para o teste M de Box.

Em princípio, a distância de Mahalanobis é superior à distância de Penrose porque ela usa informação sobre covariâncias. Entretanto, esta vantagem somente está presente quando as covariâncias são conhecidas com precisão. Quando as covariâncias apenas podem ser estimadas pobremente a partir de amostras pequenas, é provável que seja melhor usar a medida mais simples de Penrose. É difícil dizer precisamente o que significa uma amostra pequena neste contexto. Por certo não deverá haver problema com o uso de distâncias de Mahalanobis baseadas em uma matriz covariância estimada com uma amostra total de tamanho 100 ou mais.

Exemplo 5.2 Distâncias entre amostras de crânios egípcios

Para os dados das cinco amostras de crânios egípcios masculinos mostrados na Tabela 1.2, os vetores de médias e matrizes de covariâncias são mostrados na Tabela 5.3, como também a matriz de covariâncias combinada. Apesar de as cinco matrizes de covariâncias amostrais parecerem um pouco diferentes, foi mostrado no Exemplo 4.3 que as diferenças não são significantes.

A equação para medidas de distância de Penrose (Equação 5.2) pode agora ser calculada entre cada par de amostras. Existem p = 4 variáveis com variâncias que são estimadas por V_1 = 21,112, V_2 = 23,486, V_3 = 24,180 e V_4 = 10,154, sendo estas os termos diagonais na matriz de covariâncias combinada (Tabela 5.3). Os valores da média amostral dados nos vetores de $\bar{x}_1$ a $\bar{x}_5$ são estimativas das médias populacionais. Por exemplo, a distância entre a amostra 1 e a amostra 2 é calculada como

Tabela 5.3 Os vetores de médias e matrizes de covariâncias amostrais e a matriz de covariâncias amostral combinada para os dados dos crânios egípcios

Amostra		Vetor de média	Matrizes de covariâncias amostrais			
			X_1	X_2	X_3	X_4
1	X_1	131,37	26,31	4,15	0,45	7,25
	X_2	133,60	4,15	19,97	–0,79	0,39
	X_3	99,17	0,45	–0,79	34,63	–1,92
	X_4	50,53	7,25	0,39	–1,92	7,64
2	X_1	132,37	23,14	1,01	4,77	1,84
	X_2	132,70	1,01	21,60	3,37	5,62
	X_3	99,07	4,77	3,37	18,89	0,19
	X_4	50,23	1,84	5,62	0,19	8,74
3	X_1	134,47	12,12	0,79	–0,78	0,90
	X_2	133,80	0,79	24,79	3,59	–0,09
	X_3	96,03	–0,78	3,59	20,72	1,67
	X_4	50,57	0,90	–0,09	1,67	12,60
4	X_1	135,50	15,36	–5,53	–2,17	2,05
	X_2	132,30	–5,53	26,36	8,11	6,15
	X_3	94,53	–2,17	8,11	21,09	5,33
	X_4	51,97	2,05	6,15	5,33	7,96
5	X_1	136,17	28,63	–0,23	–1,88	–1,99
	X_2	130,33	–0,23	24,71	11,72	2,15
	X_3	93,50	–1,88	11,72	25,57	0,40
	X_4	51,37	–1,99	2,15	0,40	13,83
			Matriz de covariâncias combinada			
			21,112	0,038	0,078	2,010
			0,038	23,486	5,200	2,844
			0,078	5,200	24,180	1,134
			2,010	2,844	1,134	10,154

Nota: X_1 = largura máxima, X_2 = altura do basibregamático, X_3 = comprimento da basialveolar, X_4 = altura nasal.

$$P_{12} = (131{,}37 - 132{,}37)^2 / (4 \times 21{,}112) + (133{,}60 - 132{,}70)^2 / (4 \times 23{,}486)$$

$$+ (99{,}17 - 99{,}07)^2 / (4 \times 24{,}180) + (50{,}53 - 50{,}23)^2 / (4 \times 10{,}154)$$

$$= 0{,}023$$

Isso somente tem significado em comparação com as distâncias entre os outros pares de amostras. Calculando também estas, são fornecidas as distâncias mostradas na Tabela 5.4a.

Pode ser relembrado do Exemplo 4.3 que os valores médios mudam significantemente de amostra para amostra. As distâncias de Penrose mostram que as mudanças são cumulativas no tempo, com as amostras que estão mais próximas no tempo sendo relativamente similares, enquanto que as amostras que estão bastante separadas no tempo apresentam mais diferenças.

Retornando agora às distâncias de Mahalanobis, elas podem ser calculadas da Equação 5.3, com a matriz de covariâncias populacional **V** estimada pela matriz de covariâncias amostral combinada **C**. A matriz **C** é fornecida na Tabela 5.3, e a inversa é

$$\mathbf{C}^{-1} = \begin{bmatrix} 0{,}0483 & 0{,}0011 & 0{,}0001 & -0{,}0099 \\ 0{,}0011 & 0{,}0461 & -0{,}0094 & -0{,}0121 \\ 0{,}0001 & -0{,}0094 & 0{,}0435 & -0{,}0022 \\ -0{,}0099 & -0{,}0121 & -0{,}0022 & 0{,}1041 \end{bmatrix}$$

Tabela 5.4 Distâncias de Penrose e Mahalanobis entre pares de amostras de crânios egípcios

	Pré--dinástico primitivo	Pré--dinástico antigo	12ª-13ª dinastias	Ptolemaico	Romano
(a) Distâncias de Penrose					
Pré-dinástico primitivo	—				
Pré-dinástica antigo	0,023	—			
12ª-13ª Dinastias	0,216	0,163	—		
Ptolemaico	0,493	0,404	0,108	—	
Romano	0,736	0,583	0,244	0,066	—
(b) Distâncias de Mahalanobis					
Pré-dinástico primitivo	—				
Pré-dinástico antigo	0,091	—			
12ª-13ª Dinastias	0,903	0,729	—		
Ptolemaico	1,881	1,594	0,443	—	
Romano	2,697	2,176	0,911	0,219	—

Usando esta inversa e as médias amostrais, a distância de Mahalanobis da amostra 1 à amostra 2 é encontrada como sendo

$$D_{12}^2 = (131{,}37 - 132{,}37)0{,}0483(131{,}37 - 132{,}37)$$
$$+ (131{,}37 - 132{,}37)0{,}0011(133{,}60 - 132{,}70)$$
$$+ \ldots - (50{,}53 - 50{,}23)0{,}0022(99{,}17 - 99{,}07)$$
$$+ (50{,}53 - 50{,}23)0{,}1041(50{,}53 - 50{,}23)$$
$$= 0{,}091$$

Calculando as outras distâncias entre amostras da mesma maneira, é fornecida a matriz de distâncias mostrada na Tabela 5.4b.

Uma comparação entre estas distâncias e as distâncias de Penrose mostra uma concordância muito boa. As distâncias de Mahalanobis são três ou quatro vezes maiores do que as distâncias de Penrose. Entretanto, as distâncias relativas entre amostras são quase as mesmas para ambas as medidas. Por exemplo, a medida de Penrose sugere que a distância da amostra do pré-dinástico primitivo à amostra romana é 0,736/0,023 = 32,0 vezes maior que a distância da amostra do pré-dinástico primitivo ao pré-dinástico antigo. A correspondente razão para a medida de Mahalanobis é 2,697/0,091 = 29,6.

5.4 Distâncias baseadas em proporções

Uma situação particular que ocorre algumas vezes é que as variáveis sendo usadas para medir a distância entre populações ou amostras são proporções que somam um. Por exemplo, os animais de uma certa espécie podem ser classificados em K classes genéticas. Uma colônia pode então ter proporções p_1 de classe 1, p_2 de classe 2, até p_k de classe K, enquanto que uma segunda colônia tem proporções q_1 de classe 1, q_2 de classe 2, até q_k de classe K. A questão que surge é quão grande é a extensão da diferença genética entre as duas colônias.

Vários índices de distâncias têm sido propostos com este tipo de dados de proporção. Por exemplo,

$$d_1 = \sum_{i=1}^{K} |p_i - q_j| / 2, \tag{5.5}$$

a qual é a metade da soma das diferenças absolutas de proporções, é uma possibilidade. Este índice toma o valor um quando não há sobreposição de classes e o valor zero quando $p_i = q_i$ para todo i. Outra possibilidade é

$$d_2 = 1 - \sum_{i=1}^{K} p_i\, q_i \Big/ \left\{ \sum_{i=1}^{K} p_i{}^2 \sum q_i{}^2 \right\}^{1/2} \tag{5.6}$$

a qual novamente varia de um (não sobreposição) a zero (proporções iguais).

Uma vez que d_1 e d_2 variam de zero a um, segue que $1 - d_1$ e $1 - d_2$ são medidas de similaridade entre os casos sendo comparados. De fato, é em termos de similaridades que os índices são frequentemente usados. Por exemplo,

$$s_1 = 1 - d_1 = \sum |p_i - q_i|/2$$

é muitas vezes usado como uma medida do nicho sobreposto entre duas espécies, onde p_i é a fração de recursos usados pela espécie 1 que são do tipo i e q_i é a fração de recursos usados pela espécie 2 que são do tipo i. Então, $s_1 = 0$ indica que as duas espécies usam recursos completamente diferentes, e $s_1 = 1$ indica que as duas espécies usam exatamente os mesmos recursos.

Uma medida de similaridade pode também ser construída de qualquer medida de distância D que varia de zero a infinito. Tomando S = 1/D, temos uma similaridade que varia de infinito para dois itens sem distância entre eles, até zero para dois objetos que estão infinitamente distantes. Alternativamente, 1/(1 + D) varia de 1 quando D = 0, até 0 quando D é infinito.

5.5 Dados presença-ausência

Outra situação comum é aquela na qual a similaridade ou distância entre dois itens precisa ser baseada em uma lista de suas presenças e ausências. Por exemplo, pode haver interesse na similaridade entre duas espécies de plantas em termos de suas distribuições em dez locais. Os dados podem então tomar a forma mostrada na Tabela 5.5. Tais dados são muitas vezes resumidos como mostrado na Tabela 5.6 como contagem do número de vezes que ambas as espécies estão presentes (a), somente uma espécie está presente (b e c), ou ambas as espécies estão ausentes (d). Assim, para os dados na Tabela 5.5, a = 3, b = 3, c = 3 e d = 1.

Nesta situação, algumas das medidas de similaridade comumente usadas são:

Índice de empates simples = $(a + d)/n$

Índice de Ochiai = $a / \{(a+b)(a+c)\}^{½}$

Tabela 5.5 Presenças e ausências de duas espécies em dez locais

Local	1	2	3	4	5	6	7	8	9	10
Espécie 1	0	0	1	1	1	0	1	1	1	0
Espécie 2	1	1	1	1	0	0	0	0	1	1

Nota: 1 = presença, 0 = ausência.

Tabela 5.6 Dados de presença e ausência obtidos para duas espécies em n locais

	Espécie 2		
Espécie 1	Presente	Ausente	Total
Presente	a	b	a + b
Ausente	c	d	c + d
Total	a + c	b + d	N

Índice de Dice-Sorensen = 2a / (2a + b + c)

e

Índice de Jaccard = a/(a + b + c)

Estes índices todos variam de zero (nenhuma similaridade) a um (similaridade completa), de modo que medidas complementares de distâncias podem ser calculadas subtraindo os índices de similaridade de um. Estes e outros índices são revisados por Gower e Legendre (1986), enquanto que Jackson et al. (1989) comparam os resultados do uso de diferentes índices com várias análises multivariadas das presenças e ausências de 25 espécies de peixes em 52 lagos.

Tem havido algum debate sobre se o número de ausências conjuntas (d) deveria ser usado no cálculo por causa do perigo de concluir que duas espécies são similares simplesmente porque elas estão, ambas, ausentes de muitos locais. Este é certamente um ponto válido em muitas situações, e ele sugere que o índice de empates simples deve ser usado com cautela.

5.6 *O teste de aleatorização de Mantel*

Um teste útil para comparar duas matrizes de distâncias ou similaridades foi introduzido por Mantel (1967) como uma solução para o problema de detectar aglomeração de doenças no espaço e no tempo; i.e., se casos de uma doença que ocorre próxima no espaço também tendem a estar próximos no tempo.

Para compreender a natureza do procedimento, o seguinte exemplo simples deve ajudar. Suponha que quatro objetos estejam sendo estudados, e que dois conjuntos de variáveis foram medidos para cada um deles. O primeiro conjunto de variáveis pode então ser usado para construir uma matriz 4 × 4 na qual a entrada na i-ésima linha e j-ésima coluna é uma medida da distância entre o objeto i e o objeto j, baseada nestas variáveis. A matriz de distâncias poderia ser, por exemplo,

$$M = \begin{bmatrix} m_{11} & m_{12} & m_{13} & m_{14} \\ m_{21} & m_{22} & m_{23} & m_{24} \\ m_{31} & m_{32} & m_{33} & m_{34} \\ m_{41} & m_{42} & m_{43} & m_{44} \end{bmatrix} = \begin{bmatrix} 0,0 & 1,0 & 1,4 & 0,9 \\ 1,0 & 0,0 & 1,1 & 1,6 \\ 1,4 & 1,1 & 0,0 & 0,7 \\ 0,9 & 1,6 & 0,7 & 0,0 \end{bmatrix}$$

Esta é uma matriz simétrica porque, por exemplo, a distância do objeto 2 ao objeto 3 precisa ser a mesma que a distância do objeto 3 ao objeto 2 (1,1 unidade). Elementos na diagonal são zero porque representam distâncias dos objetos a eles mesmos.

O segundo conjunto de variáveis pode também ser usado para construir uma matriz de distâncias entre os objetos. Para o exemplo, esta será tomada como

$$E = \begin{bmatrix} e_{11} & e_{12} & e_{13} & e_{14} \\ e_{21} & e_{22} & e_{23} & e_{24} \\ e_{31} & e_{32} & e_{33} & e_{34} \\ e_{41} & e_{42} & e_{43} & e_{44} \end{bmatrix} = \begin{bmatrix} 0,0 & 0,5 & 0,8 & 0,6 \\ 0,5 & 0,0 & 0,5 & 0,9 \\ 0,8 & 0,5 & 0,0 & 0,4 \\ 0,6 & 0,9 & 0,4 & 0,0 \end{bmatrix}$$

Assim como M, esta é simétrica, com zeros ao longo da diagonal.

O teste de Mantel trata de avaliar se os elementos em M e E mostram alguma correlação significativa. O teste estatístico que é usado é algumas vezes a correlação entre os elementos correspondentes das duas matrizes (combinando m_{11} com e_{11}, m_{12} com e_{12}, etc.), ou a simples soma dos produtos destes elementos pareados. Para o caso geral de matrizes n × n, a última estatística é então

$$Z = \sum_{i=2}^{n} \left\{ \sum_{j=1}^{i-1} m_{ij} \cdot e_{ij} \right\} \qquad (5.7)$$

Esta estatística é calculada e comparada com a distribuição de Z que é obtida tomando os objetos em uma ordem aleatória para uma das matrizes, razão pela qual ele é chamado de um teste de aleatorização.

Para o teste de aleatorização, a matriz M pode ser deixada como está. Uma ordem aleatória pode então ser escolhida para os objetos da matriz E. Por exemplo, suponha que uma ordenação aleatória de objetos seja 3, 2, 4, 1. Isto então dá uma matriz E aleatorizada de

$$E_R = \begin{bmatrix} 0{,}0 & 0{,}5 & 0{,}4 & 0{,}8 \\ 0{,}5 & 0{,}0 & 0{,}9 & 0{,}5 \\ 0{,}4 & 0{,}9 & 0{,}0 & 0{,}6 \\ 0{,}8 & 0{,}5 & 0{,}6 & 0{,}0 \end{bmatrix}$$

A entrada na linha 1 e coluna 2 é 0,5, a distância entre os objetos 3 e 2; a entrada na linha 1 e coluna 3 é 0,4, a distância entre os objetos 3 e 4; e assim por diante. Um valor Z pode ser calculado usando **M** e E_R. Repetindo esse procedimento usando diferentes ordens aleatórias dos objetos para E_R, obtemos a distribuição aleatorizada de Z. Uma verificação pode então ser feita para ver se o valor observado Z é um valor típico dessa distribuição.

A ideia básica aqui é que se as duas medidas de distâncias são bastante não relacionadas, então a matriz **E** será exatamente como uma das matrizes aleatoriamente ordenadas E_R. Portanto, o valor observado Z será um valor Z aleatorizado típico. Por outro lado, se as duas medidas de distâncias têm uma correlação positiva, então o valor observado Z tenderá a ser baixo quando comparado com a distribuição aleatorizada.

Com n objetos, existem n! (fatorial de n) possíveis ordenações diferentes dos números dos objetos. Existem, portanto, n! possíveis aleatorizações dos elementos de **E**, alguns dos quais poderiam dar os mesmos valores Z. Portanto, no exemplo com quatro objetos, a distribuição aleatorizada de Z tem 4! = 24 valores igualmente prováveis. Não é muito difícil calcular todos eles. Casos mais realísticos poderiam envolver, digamos, 15 objetos, caso em que o número de possíveis valores de Z é 15! $\approx 1{,}3 \times 10^{12}$. Enumerar todos eles torna-se então impraticável, e há duas possíveis abordagens para executar o teste de Mantel. Um grande número de matrizes aleatorizadas E_R podem ser geradas em um computador, e a distribuição resultante dos valores de Z pode ser usada no lugar da verdadeira distribuição aleatorizada. Alternativamente, a média, E(Z), e a variância, Var(Z), da distribuição aleatorizada de Z pode ser calculada, e

$$g = \{Z - E(Z)\} / \text{Var}(Z)$$

pode ser tratada como uma variável normal padrão. Mantel (1967) forneceu fórmulas para a média e a variância de Z no caso da hipótese nula de não correlação entre as medidas de distâncias. Existe, no entanto, alguma dúvida sobre a validade da aproximação normal para a estatística de teste q (Mielke, 1978). Dada a pronta disponibilidade de computadores, parece então melhor realizar aleatorizações do que se basear nesta aproximação.

A estatística de teste Z da Equação 5.7 é a soma dos produtos dos elementos nas partes abaixo da diagonal das matrizes **M** e **E**. A única razão para usar esta particular estatística é que as equações de Mantel para a média e a variância estão disponibilizadas. Entretanto, se for decidido determinar significância por computador e aleatorizações, não há nenhuma razão particular por que o teste estatístico não deva ser mudado. De fato, valores de Z não são particularmente informativos exceto em comparação com a média e a variância aleatorizadas. É possível, portanto, que seja mais útil tomar a correlação r_{ME} entre os elementos abaixo da diagonal de **M** e **E** como a estatística teste ao invés de Z. Com matrizes n × n, existem n(n − 1)/2 termos abaixo da diagonal, os quais são colocados aos pares como (m_{21}, e_{21}), (m_{31}, e_{31}), (m_{32}, e_{32}) e assim por diante. Sua correlação é calculada da maneira usual, como explicado na Seção 2.7.

A correlação r_{ME} tem a interpretação usual em termos do relacionamento entre as duas medidas de distâncias. Assim r varia no domínio de −1 a +1, com r = −1 indicando uma correlação negativa perfeita, r = 0 indicando nenhuma correlação e r = +1 indicando uma correlação positiva perfeita. A significância ou não dos dados será a mesma para as estatísticas de teste Z e r porque, de fato, há um relacionamento linear simples entre eles.

Exemplo 5.3 Mais sobre distâncias entre amostras de crânios egípcios

Retornando aos dados dos crânios egípcios, podemos questionar se as distâncias dadas na Tabela 5.4, baseadas em quatro medidas de crânios, são significantemente relacionadas às diferenças no tempo entre as cinco amostras. Esse certamente parece ser o caso, mas uma resposta definitiva é fornecida pelo teste de Mantel.

Os períodos de amostragem são aproximadamente 4000 a.C. (pré--dinástico primitivo), 3300 a.C. (pré-dinástico antigo), 1850 a.C. (12ª e 13ª dinastias), 200 a.C. (Ptolemaico) e 150 d.C. (Romano). A comparação de medidas de distância de Penrose com diferenças de tempo (em milhares de anos) fornece então as matrizes de distâncias diagonais inferiores entre as amostras que são apresentadas na Tabela 5.7. A correlação entre os elementos destas matrizes é 0,954. Parece, portanto, que as distâncias concordam muito bem.

Existem 5! = 120 maneiras possíveis de reordenar as cinco amostras para uma das duas matrizes; consequentemente, existem 120 elementos na distribuição de aleatorização para a correlação. Destas, uma é a correlação observada de 0,954 e outra é uma correlação maior. Segue que a correlação observada é significantemente alta ao nível de (2/120)100% = 1,7%, e há evidência de um relacionamento entre as duas matrizes de distâncias. Um teste unilateral é apropriado porque não há razão para que as amostras de crânios devam se tornar mais similares à medida que se tornam mais afastadas no tempo.

A matriz de correlação entre distâncias de Mahalanobis e distâncias no tempo é 0,964. Isso é significantemente grande ao nível de 1,7% quando comparada com a distribuição de aleatorização.

Tabela 5.7 Distâncias de Penrose baseadas em medidas de crânios e diferenças de tempo (milhares de anos) para cinco amostras de crânios egípcios

Distâncias de Penrose					Distâncias no tempo				
—					—				
0,023	—				0,70	—			
0,216	0,163	—			2,15	1,45	—		
0,493	0,404	0,108	—		3,80	3,10	1,65	—	
0,736	0,583	0,244	0,066	—	4,15	3,45	2,00	0,35	—

5.7 Programas computacionais

Os cálculos de distâncias e medidas de similaridades são os primeiros passos na análise multivariada de dados usando a análise de agrupamento e métodos de ordenação. Por essa razão, é frequentemente mais fácil fazer o cálculo dessas medidas usando programas computacionais que são projetados para estes métodos. Contudo, as opções de agrupamento e ordenação de pacotes estatísticos mais gerais podem ser usadas, ou o código R descrito no apêndice deste capítulo. Programas de computadores para testes de Mantel sobre matrizes de distância e similaridades estão disponíveis no site http://www.west-inc.com/computer-programs/, e estes testes podem também serem executados usando o código R descrito no apêndice deste capítulo.

5.8 Discussão e leitura adicional

O uso de diferentes medidas de distâncias e similaridades é objeto de contínuo debate, indicando uma falta de concordância sobre o que é o melhor sob diferentes circunstâncias. O problema é que nenhuma medida é perfeita, e as conclusões de uma análise podem depender até certo ponto de qual entre várias medidas razoáveis é usada. A situação depende muito de qual é o propósito para calcular as distâncias e similaridades, assim como da natureza dos dados disponíveis.

A utilidade do método de aleatorização de Mantel para testar uma associação entre duas matrizes de distâncias ou similaridades tem levado a inúmeras propostas de métodos para analisar relacionamentos entre três ou mais de tais matrizes. Estas foram revistas por Manly (2007). Até o momento, o principal problema não resolvido nesta área está relacionado com a questão de como levar em consideração apropriadamente os efeitos da correlação espacial quando, como muitas vezes é o caso, os itens entre os quais são medidas distâncias e similaridades tendem a ser similares quando estão relativamente próximos no espaço.

Recentemente, Peres-Neto e Jackson (2001) sugeriram que a comparação entre duas matrizes de distâncias usando um método chamado análise de Procrustes é melhor do que o uso do teste de Mantel. A análise de Procrustes foi desenvolvida por Gower (1971) como uma maneira de ver quão bem duas configurações de dados podem ser combinadas após manipulações apropriadas. Peres-Neto e Jackson propõem um teste de aleatorização para acessar se o emparelhamento que pode ser obtido com duas matrizes de distâncias é significantemente melhor do que o esperado pelo acaso.

Exercícios

Considere os dados na Tabela 1.3.
1. Padronize as variáveis ambientais (altitude, precipitação anual, temperatura máxima anual e temperatura mínima anual) para médias zero e desvios padrão um, e calcule distâncias euclidianas entre todos os pares de colônias usando Equação 5.1 para obter uma matriz de distâncias ambiental.
2. Use as frequências gênicas Pgi, convertidas a proporções, para calcular as distâncias genéticas entre as colônias usando a Equação 5.5.
3. Execute um teste de aleatorização matricial de Mantel para determinar se existe um relacionamento positivo significativo entre as distâncias ambientais e genéticas e relate suas conclusões.
4. Explique por que um relacionamento positivo significativo em um teste de aleatorização em uma situação como esta poderia ser o resultado de correlações espaciais entre os dados para colônias próximas, e não da composição genética de colônias.

Referências

Gower, J.C. (1971). Statistical methods for comparing different multivariate analyses of the same data. In *Mathematics in the Archaeological and Historical Sciences* (eds F.R. Hodson, D.G. Kendall and P. Tautu), pp. 138–49. Edinburgh: Edinburgh University Press.

Gower, J.C. and Legendre, P. (1986). Metric and non-metric properties of dissimilarity coefficients. *Journal of Classification* 5: 5–48.

Higham, C.F.W., Kijngam, A. and Manly, B.F.J. (1980). Analysis of prehistoric canid remains from Thailand. *Journal of Archaeological Science* 7: 149–65.

Jackson, D.A., Somers, K.M. and Harvey, H.H. (1989). Similarity coefficients: Measures of co-occurrence and association or simply measures of co-occurrence. *American Naturalist* 133: 436–53.

Mahalanobis, P.C. (1948). Historic note on the D2-statistic. *Sankhya* 9: 237.

Manly, B.F.J. (2007). *Randomization, Bootstrap and Monte Carlo Methods in Biology*. 3rd Edn. London: Chapman and Hall.

Mantel, N. (1967). The detection of disease clustering and a generalized regression approach. *Cancer Research* 27: 209–20.

Mielke, P.W. (1978). Classification and appropriate inferences for Mantel and Varland's nonparametric multivariate analysis technique. *Biometrics* 34: 272–82.

Penrose, L.W. (1953). Distance, size and shape. *Annals of Eugenics* 18: 337–43.

Peres-Neto, P.R. and Jackson, D.A. (2001). How well do multivariate data sets match? The advantages of a Procrustean superimposition approach over a Mantel test. *Oecologia* 129: 169–78.

Apêndice: Medidas de distância multivariada no R

A.1 Cálculo de medidas de distância

A principal função em R para cálculo de distância é `dist( )`, da qual o usuário pode escolher entre seis medidas de distâncias, o padrão sendo a distância Euclidiana. Os argumentos mais comuns para `dist( )` são uma matriz numérica ou uma base de dados, e são computadas distâncias entre pares de linhas. Se distâncias entre colunas são de interesse, o operador de transposição `t( )`, descrito no apêndice do Capítulo 2, deve ser aplicado. Opções adicionais estão disponíveis para formatar a saída da matriz de distância calculada, por exemplo, mostrando somente a matriz triangular superior ou inferior.

A rotina R que precisa obter as distâncias Euclidianas entre cães e espécies relacionadas (Exemplo 5.1) é fornecida no material complementar no site do livro (loja.grupoa.com.br). De acordo com o procedimento visto naquele exemplo, primeiramente as variáveis são padronizadas usando `scale( )` ou com a função `decostand( )` encontrada no pacote vegan (Oksanen, et al., 2016), e então `dist( )` é aplicada aos dados padronizados. De fato, vegan fornece duas outras funções (vegdist e designdist) com medidas de distâncias adicionais, algumas delas especiais para dados binários, como descrito a seguir.

Para o cálculo da distância de Penrose, nenhuma função especial do R ou pacote está diretamente disponível. Por outro lado, uma função R específica para cálculo da distância de Mahalanobis está disponível, chamada `D2.dist( )`. Uma rotina R para produzir as distâncias de Penrose e Mahalanobis entre pares de amostras de crânio egípcios, como na Tabela 5.4, pode ser encontrada no site do livro. Esta rotina tira proveito da disponibilidade imediata da matriz de covariância combinada estimada produzida pela função `BoxM( )` do pacote biotools, como descrito no apêndice do Capítulo 4, como um passo prévio no cálculo das distâncias de Penrose e Mahalanobis.

Distâncias baseadas em proporções não estão disponíveis em pacotes padrão do R. Para implementar no R cálculos do índice de distância d_1 como dado na Equação 5.5, o usuário pode decidir primeiro obter o índice de similaridade associado $s_1 = 1 - d_1$, como descrito na Seção 5.4, como uma medida de nicho sobreposto entre duas espécies. Ecologistas nomeiam este índice de *índice de similaridade proporcional de Czekanowski*, e ele pode ser acessado do pacote rInSp, usando a função `PSicalc( )` (Zaccarelli et al., 2013), ou com EcoSimR, usando a função `czeckanowski( )` (Gotelli et al., 2015). A distância d_2 (como definida pela Equação 5.6) é conhecida em ecologia como *índice de nichos sobrepostos de Pianka*; foi implementada no pacote spaa (Zhang 2016), como a função `niche.overlap( )`, assumindo que a função é aplicada às colunas de uma matriz de dados de comunidade. A d_2 pode ser computada com a função `piankabio( )` localizada no pacote pgirmess (Giraudoux 2016), e a versão de similaridade desse índice, $s_2 = 1 - d_2$ está presente com a função `pianka( )` no pacote EcoSimR( ).

No caso de distâncias binárias multivariadas no R, o usuário pode fazer uso das opções disponíveis em diferentes pacotes, iniciando no pacote padrão, `stats`, e alguns outros, como `ade4` (Dray and Dufour, 2007) ou `vegan` (Oksanen et al., 2016). Desse modo, a função `dist( )` permite o cálculo da distância de Jaccard de forma $d_J = 1 - s_J$, em que s_J é o índice de similaridade de Jaccard definido na Seção 5.5:

```
dist(data, method="binary")
```

Aqui, `data` é um objeto de dados (matriz ou base de dados) contendo números binários ou negativos, tal que elementos não nulos são convertidos em uns e elementos nulos são mantido intactos. Distâncias de Jaccard também estão em `vegan` (Oksanen et al., 2016), como função `vegdist( )`, e em `ade4` (Dray and Dufour, 2007). Neste último pacote, estão disponíveis dez distâncias diferentes para dados binários, todas elas da forma $d = \sqrt{(1-s)}$, em que s é um coeficiente de similaridade. Portanto, para computar o índice de similaridade em `ade4`, como aqueles mostrados na Seção 5.5, o usuário deve primeiro chamar a distância d correspondente e então computar o índice de similaridade como $s = 1 - d^2$.

A.2 O teste de aleatorização de Mantel

O pacote `vegan` (Oksanen et al., 2016) oferece a função `mantel` para o cálculo da estatística de Mantel e seu correspondente teste de significância de aleatorização. A expressão mais simples para chamar a função mantel é `mantel(xdis,ydis)`.

O usuário pode incluir o argumento `permutations=` se o número de elementos na distribuição de aleatorização para a correlação for muito grande. Este não é o caso para o Exemplo 5.3, no qual o número de todas as permutações possíveis é somente 5! = 120.

O teste de Mantel também está disponível no pacote `ade4` (Dray and Dufour, 2007) por meio da função `mantel.test`. Uma rotina contendo as funções `mantel` e `mantel.test` foi criada e aplicada na análise dos dados de crânios egípcios (Exemplo 5.3), e essa rotina pode ser encontrada no site deste livro.

Referências

Dray, S. and Dufour, A.B. (2007). The ade4 package: Implementing the duality diagram for ecologists. *Journal of Statistical Software* 22(4): 1–20.

Giraudoux, P. (2016). pgirmess: Data analysis in ecology. R package version 1.6.4. https://CRAN.R-project.org/package=pgirmess

Gotelli, N.J., Hart, E.M. and Ellison, A.M. (2015). EcoSimR: Null model analysis for ecological data. R package version 0.1.0. http://github.com/gotellilab/EcoSimR

Oksanen, J., Blanchet, F.G., Friendly, M., Kindt, R., Legendre, P., McGlinn, D., Minchin, P.R., et al. (2016). vegan: Community ecology package. R package version 2.4-0. http://CRAN.R-project.org/package=vegan

Zaccarelli, N., Mancinelli G. and Bolnick, D.I. (2013). RInSp: An R package for the analysis of individual specialisation in resource use. *Methods in Ecology and Evolution* 4(11): 1018–23.

Zhang, J. (2016). spaa: SPecies Association Analysis. R package version 0.2.2. https://CRAN.R-project.org/package=spaa

Capítulo 6
Análise de componentes principais

6.1 *Definição de componentes principais*

A técnica de análise de componentes principais foi inicialmente descrita por Karl Pearson (1901). Ele aparentemente acreditou que era a solução correta para alguns dos problemas de interesse para biométricos naquele tempo, apesar de ter proposto um método prático de cálculo para duas ou três variáveis apenas. Uma descrição de métodos computacionais práticos veio muito mais tarde, feita por Hotelling (1933). Mesmo então, os cálculos eram extremamente amedrontadores para mais do que poucas variáveis porque tinham que ser feitos à mão. Somente após os computadores eletrônicos terem se tornado disponíveis generalizadamente é que a técnica de componentes principais alcançou amplo uso.

A análise de componentes principais é um dos métodos multivariados mais simples. O objetivo da análise é tomar p variáveis $X_1, X_2, ..., X_p$ e encontrar combinações destas para produzir índices $Z_1, Z_2, ..., Z_p$ que sejam não correlacionados na ordem de sua importância, e que descrevam a variação nos dados. A falta de correlação significa que os índices estão medindo diferentes "dimensões" dos dados, e a ordem é tal que $Var(Z_1) \geq Var(Z_2) \geq ... \geq Var(Z_p)$, em que $Var(Z_i)$ denota a variância de Z_i. Os índices Z são, então, os componentes principais. Ao fazer uma análise de componentes principais, há sempre a esperança de que as variâncias da maioria dos índices serão tão baixas a ponto de serem desprezíveis. Neste caso, a maior parte da variação no conjunto de dados completos pode ser descrita adequadamente pelas poucas variáveis Z com variâncias que não são desprezíveis, e algum grau de economia é então alcançado.

A análise de componentes principais nem sempre funciona, no sentido de que um grande número de variáveis originais é reduzido a um pequeno número de variáveis transformadas. De fato, se as variáveis originais são não correlacionadas, então a análise não chega a nada. Os melhores resultados são obtidos quando as variáveis originais são altamente correlacionadas, positiva ou negativamente. Se este é o caso, então é bastante concebível que 20 ou mais variáveis originais possam ser adequadamente representadas por duas ou três componentes principais. Se este estado desejável de relações de fato ocorre, então os componentes principais importantes serão de algum interesse como medidas das dimensões subjacente aos dados. Será também relevante saber que

Tabela 6.1 Correlações entre as cinco medidas do corpo de pardocas calculadas dos dados da Tabela 1.1

	X_1	X_2	X_3	X_4	X_5
X_1, comprimento total	1,000	—			
X_2, extensão alar	0,735	1,000	—		
X_3, comprimento do bico e cabeça	0,662	0,674	1,000	—	
X_4, comprimento do úmero	0,645	0,769	0,763	1,000	—
X_5, comprimento da quilha do esterno	0,605	0,529	0,526	0,607	1,000

Nota: Somente a parte inferior da tabela é mostrada porque a correlação entre X_i e X_j é a mesma que a correlação entre X_j e X_i.

há uma boa quantidade de redundância nas variáveis originais, com a maioria delas medindo coisas semelhantes.

Antes de descrever os cálculos envolvidos em uma análise de componentes principais, vale a pena olhar brevemente o resultado da análise quando ela é aplicada aos dados na Tabela 1.1 em cinco medidas do corpo de 49 pardocas. Detalhes da análise são dados no Exemplo 6.1. Neste caso, as cinco medidas são altamente correlacionadas, como mostrado na Tabela 6.1. Este é, portanto, um bom material para a análise em questão. Acontece que o primeiro componente principal tem uma variância de 3,62, enquanto que todos os outros componentes têm variâncias muito menores (0,53, 0,39, 0,30 e 0,16). Isso significa que o primeiro componente principal é visivelmente o mais importante dos cinco componentes para representar a variação nas medidas dos 49 pássaros. O primeiro componente é calculado sendo

$$Z_1 = 0{,}45\,X_1 + 0{,}46\,X_2 + 0{,}45\,X_3 + 0{,}47\,X_4 + 0{,}40\,X_5$$

em que X_1 a X_5 denotam as medidas na Tabela 1.1 em ordem, após elas terem sido padronizadas para ter médias zero e desvios-padrão unitários.

Claramente, Z_1 é essencialmente uma média das medidas padronizadas do corpo, e ela pode ser pensada como um simples índice de tamanho. A análise dada no Exemplo 6.1, portanto, leva à conclusão que muitas das diferenças entre os 49 pássaros são um problema de tamanho (e não de forma).

6.2 Procedimento para uma análise de componentes principais

Uma análise de componentes principais começa com dados de p variáveis para n indivíduos, como indicado na Tabela 6.2. O primeiro componente principal é então a combinação linear das variáveis $X_1, X_2, ..., X_p$:

$$Z_1 = a_{11}\,X_1 + a_{12}\,X_2 + a_{1p}\,X_p$$

Tabela 6.2 A forma dos dados para uma análise de componentes principais, com variáveis de X_1 a X_p e observações em n casos

Caso	X_1	X_2	...	X_p
1	X_{11}	X_{12}	...	X_{1p}
2	X_{21}	X_{22}	...	X_{2p}
.	.	.	...	.
n	X_{n1}	X_{n2}	...	X_{np}

que varia tanto quanto possível para os indivíduos, sujeitos à condição de que

$$a_{11}^2 + a_{12}^2 + ... + a_{1p}^2 = 1$$

Assim Var(Z_1), a variância de Z_1, é tão grande quanto possível dada esta restrição sobre as constantes a_{1j}. A restrição é introduzida porque se isso não for feito, então Var(Z_1) pode ser aumentada fazendo simplesmente crescer qualquer um dos valores a_{1j}.

O segundo componente principal

$$Z_2 = a_{21}X_1 + a_{22}X_2 + ... + a_{2p}X_p$$

é escolhido de modo que Var(Z_2) seja tão grande quanto possível, sujeito à restrição de que

$$a_{21}^2 + a_{22}^2 + ... + a_{2p}^2 = 1$$

e também à condição de que Z_1 e Z_2 tenham correlação zero para os dados. O terceiro componente principal,

$$Z_3 = a_{31}X_1 + a_{32}X_2 + ... + a_{3p}X_p$$

é tal que a Var(Z_3) seja tão grande quanto possível, sujeita à restrição de que

$$a_{31}^2 + a_{32}^2 + ... + a_{3p}^2 = 1$$

e também que Z_3 seja não correlacionada com ambas, Z_1 e Z_2. Posteriores componentes principais são definidos continuando da mesma maneira. Se existem p variáveis, então existirão no máximo p componentes principais.

Para se usar os resultados de uma análise de componentes principais, não é necessário saber como as equações, para os componentes principais, são obtidas. Entretanto, é útil entender a natureza das equações. De fato, uma análise de componentes principais envolve encontrar os autovalores de uma matriz de covariâncias amostral.

Os cálculos da matriz de covariâncias amostral foram descritos nas Seções 2.6 e 2.7. A matriz de covariâncias é simétrica e tem a forma:

$$C = \begin{bmatrix} c_{11} & c_{12} & \cdots & c_{1p} \\ c_{21} & c_{22} & \cdots & c_{2p} \\ \cdot & \cdot & & \cdot \\ \cdot & \cdot & & \cdot \\ \cdot & \cdot & & \cdot \\ c_{p1} & c_{p2} & \cdots & c_{pp} \end{bmatrix}$$

em que o elemento c_{ii} na diagonal é a variância de X_i, e os termos fora da diagonal $c_{ij} = c_{ji}$ são a covariância entre as variáveis X_i e X_j.

As variâncias dos componentes principais são os autovalores da matriz **C**. Existem p destes autovalores, alguns dos quais podem ser zero. Autovalores negativos não são possíveis para uma matriz de covariâncias. Assumindo que os autovalores estão ordenados como $\lambda_1 \geq \lambda_2 \geq \ldots \geq \lambda_p \geq 0$, então λ_i corresponde ao i-ésimo componente principal

$$Z_i = a_{i1}X_1 + a_{i2}X_2 + \ldots + a_{ip}X_p$$

Em particular, Var(Z_i) = λ_i, e as constantes a_{i1}, a_{i2}, ..., a_{ip} são os elementos do correspondente autovetor, escalonado de modo que

$$a_{i1}^2 + a_{i2}^2 + \ldots + a_{ip}^2 = 1$$

Uma propriedade importante dos autovalores é que a soma deles é igual à soma dos elementos da diagonal (o traço) da matriz **C**. Isto é,

$$\lambda_1 + \lambda_2 + \ldots + \lambda_p = c_{11} + c_{22} + \ldots + c_{pp}$$

Porque c_{ii} é a variância de X_i e λ_i é a variância de Z_i, isso significa que a soma das variâncias dos componentes principais é igual à soma das variâncias das variáveis originais. Portanto, em certo sentido, os componentes principais contam com toda a variação nos dados originais.

A fim de evitar uma ou duas variáveis tendo uma indevida influência nos componentes principais, é usual codificar as variáveis X_1, X_2, ..., X_p para terem médias zero e variâncias um no início de uma análise. A matriz **C** então toma a forma

Capítulo 6 – Análise de componentes principais

$$C = \begin{bmatrix} 1 & c_{12} & \cdots & c_{1p} \\ c_{21} & 1 & \cdots & c_{2p} \\ \cdot & \cdot & & \cdot \\ \cdot & \cdot & & \cdot \\ c_{p1} & c_{p2} & \cdots & 1 \end{bmatrix}$$

em que $c_{ij} = c_{ji}$ é a correlação entre X_i e X_j. Em outras palavras, a análise de componentes principais é feita sobre a matriz de correlação. Neste caso, a soma dos termos da diagonal, e, portanto, a soma dos autovalores, é igual a p, o número de variáveis X.

Os passos em uma análise de componentes principais podem agora ser estabelecidos:

1. Comece codificando as variáveis X_1, X_2, ..., X_p para terem médias zero e variâncias unitárias. Isso é usual, mas é omitido em alguns casos em que se assume que a importância das variáveis é refletida em suas variâncias.
2. Calcule a matriz de covariâncias **C**. Esta é uma matriz de correlações se o passo 1 foi feito.
3. Encontre os autovalores λ_1, λ_2, ..., λ_p e os correspondentes autovetores $\mathbf{a}_1$, $\mathbf{a}_2$, ..., $\mathbf{a}_p$. Os coeficientes do i-ésimo componente principal são então os elementos de $\mathbf{a}_i$, enquanto que λ_i é sua variância.
4. Descarte qualquer componente que explique somente uma pequena proporção da variação nos dados. Por exemplo, começando com 20 variáveis, pode ser obtido que os primeiros três componentes expliquem 90% da variância total. Com base nisso, os outros 17 componentes podem ser razoavelmente ignorados.

Exemplo 6.1 Medidas do corpo de pardocas

Alguma menção já foi feita ao que acontece quando uma análise de componentes principais é feita sobre os dados de cinco medidas do corpo de 49 pardocas (Tabela 1.1). Este exemplo é considerado agora em mais detalhes.

É apropriado começar com o passo 1 das quatro partes da análise que acabou de ser descrita. A padronização das medidas assegura que todas elas têm o mesmo peso na análise. Omitir a padronização significaria que as variáveis X_1 e X_2, as que mais variam nos 49 pássaros, tenderiam a dominar os componentes principais.

A matriz de covariâncias para as variáveis padronizadas é a matriz de correlações. Esta já foi dada na forma diagonal inferior na Tabela 6.1. Os autovalores desta matriz são encontrados como sendo 3,616, 0,532, 0,386, 0,302 e 0,165. Estes somam 5,000, a soma dos termos da diagonal na matriz de correlação. Os autovetores correspondentes são mostrados na Tabela

Tabela 6.3 Os autovalores e autovetores da matriz de correlação para cinco medidas em 49 pardocas

		Autovetores (coeficientes para os componentes principais)				
Componente	Autovalor	X_1	X_2	X_3	X_4	X_5
1	3,616	0,452	0,462	0,451	0,471	0,398
2	0,532	–0,051	0,300	0,325	0,185	–0,877
3	0,386	0,691	0,341	–0,455	–0,411	–0,179
4	0,302	–0,420	0,548	–0,606	0,388	0,069
5	0,165	0,374	–0,530	–0,343	0,652	–0,192

Nota: Os autovalores são as variâncias dos componentes principais. Os autovetores dão os coeficientes das variáveis X padronizadas usadas para calcular os componentes principais.

6.3, padronizados de modo que a soma dos quadrados dos coeficientes seja um para cada um deles. Estes autovetores então fornecem os coeficientes dos componentes principais.

O autovalor para um componente principal indica o quanto de variância ele contém do total de variâncias de 5,000. Assim o primeiro componente principal explica (3,616/5,000)100% = 72,3% da variância total. Similarmente, os outros componentes principais em ordem contam por 10,6%, 7,7%, 6,0% e 3,3%, respectivamente, da variância total. Claramente, o primeiro componente é de longe mais importante do que qualquer um dos outros.

Outra maneira de olhar a importância relativa de componentes principais é em termos de suas variâncias em comparação com as variâncias das variáveis originais. Após a padronização, as variáveis originais têm variância 1,0. O primeiro componente principal tem, portanto, uma variância de 3,616 das variáveis originais. Entretanto, o segundo componente principal tem uma variância de somente 0,532 das variáveis originais, enquanto que os outros componentes principais explicam ainda menos variação. Isso confirma a importância do primeiro componente principal em comparação com os outros.

O primeiro componente principal é

$$Z_1 = 0{,}452X_1 + 0{,}462X_2 + 0{,}451X_3 + 0{,}471X_4 + 0{,}398X_5$$

em que X_1 a X_5 são as variáveis padronizadas. Os coeficientes das variáveis X são aproximadamente iguais, e este é claramente um índice do tamanho das pardocas. Parece, portanto, que em torno de 72,3% da variação nos dados estão relacionados a diferenças de tamanho entre as pardocas.

O segundo componente principal é

$$Z_2 = -0{,}051\,X_1 + 0{,}300\,X_2 + 0{,}325\,X_3 + 0{,}185\,X_4 - 0{,}877\,X_5$$

Este é principalmente um contraste entre variáveis X_2 (extensão alar), X_3 (comprimento do bico e cabeça) e X_4 (comprimento do úmero) de um lado, e variável X_5 (comprimento da quilha do esterno) de outro. É o mesmo que dizer que Z_2 será alto se X_2, X_3 e X_4 forem altos, mas X_5 for baixo. Por outro lado, Z_2 será baixo se X_2, X_3 e X_4 forem baixos, mas X_5 for alto. Portanto Z_2 representa uma diferença de forma entre pardocas. O baixo coeficiente de X_1 (comprimento total) significa que o valor desta variável não afeta muito Z_2. Os outros componentes principais podem ser interpretados de uma maneira similar. Eles representam portanto outros aspectos de diferenças de forma.

Os valores dos componentes principais podem ser úteis para análises posteriores. Eles são calculados de maneira óbvia das variáveis padronizadas. Assim, para o primeiro pássaro, os valores das variáveis são x_1 = 156, x_2 = 245, x_3 = 31,6, x_4 = 18,5 e x_5 = 20,5. Estes são padronizados para x_1 = (156 − 157,980)/3,654 = −0,542, x_2 = (245 − 241,327)/5,068 = 0,725, x_3 = (31,6 − 31,459)/0,795 = 0,177, x_4 = (18,5 − 18,469)/0,564 = 0,055 e x_5 = (20,5 − 20,827)/0,991 = −0,330, em que em cada caso a média da variável para os 49 pássaros foi subtraída e uma divisão foi feita pelo desvio-padrão amostral para os 49 pássaros. O valor do primeiro componente principal para o primeiro pássaro é, portanto,

$$Z_1 = 0{,}452 \times (-0{,}542) + 0{,}462 \times 0{,}725 + 0{,}451 \times 0{,}177 + 0{,}471 \times 0{,}055$$
$$+ 0{,}398 \times (-0{,}330)$$
$$= 0{,}064$$

O segundo componente principal para o mesmo pássaro é

$$Z_2 = -0{,}051 \times (-0{,}542) + 0{,}300 \times 0{,}725 + 0{,}325 \times 0{,}177 + 0{,}185 \times 0{,}055$$
$$- 0{,}877 \times (-0{,}330)$$
$$= 0{,}602$$

Os outros componentes principais podem ser calculados de maneira similar.

Os pássaros sendo considerados foram pegos após uma forte tempestade. Os primeiros 21 deles se recuperaram, os outros 28 morreram. Uma questão de interesse é, portanto, se os sobreviventes e não sobreviventes apresentam alguma diferença. Foi mostrado no Exemplo 4.1 que não há evidência de qualquer diferença nos valores médios. No entanto, no Exemplo 4.2, foi mostrado que os sobreviventes parecem ter sido menos variáveis do que os não sobreviventes. A situação será agora considerada em termos dos componentes principais.

As médias e os desvios-padrão dos cinco componentes principais são mostrados na Tabela 6.4 separadamente para sobreviventes e não sobreviventes. Nenhuma das diferenças de médias entre sobreviventes e não sobreviventes é significante dos testes t, e nenhuma das diferenças de des-

Tabela 6.4 Comparação entre sobreviventes e não sobreviventes em termos de médias e desvios-padrão de componentes principais

Componente principal	Média		Desvio-padrão	
	Sobreviventes	Não sobreviventes	Sobreviventes	Não sobreviventes
1	–0,100	0,075	1,506	2,176
2	0,004	–0,003	0,684	0,776
3	–0,140	0,105	0,522	0,677
4	0,073	–0,055	0,563	0,543
5	0,023	–0,017	0,411	0,408

vio-padrão é significante nos testes F. No entanto, o teste de Levene sobre desvios de medianas (descrito no Capítulo 4) dá somente uma diferença significante entre a variação do componente principal 1 para sobreviventes e não sobreviventes em um teste unilateral ao nível de 5%. A suposição para o teste unilateral é que, se alguns, não sobreviventes eram mais variáveis do que os sobreviventes. A variação não é significantemente diferente para sobreviventes e não sobreviventes com o teste de Levene em outros componentes principais. Como o componente principal 1 mede tamanho de uma maneira geral, parece que a seleção estabilizadora pode ter agido contra pássaros muito grandes e muito pequenos.

A Figura 6.1 mostra uma representação dos valores dos 49 pássaros para os primeiros dois componentes principais, os quais entre eles expli-

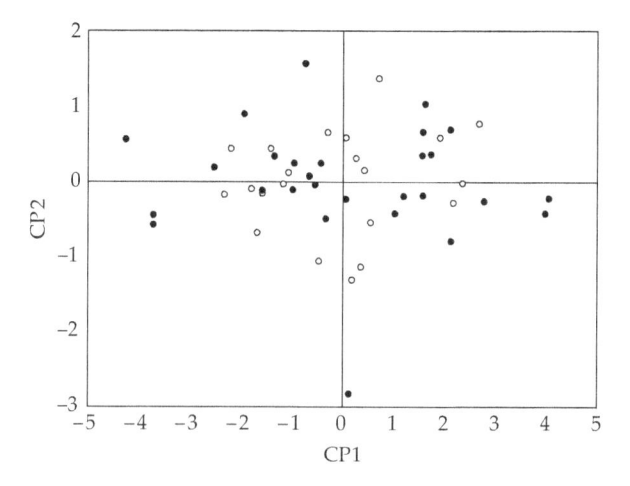

Figura 6.1 Representação de 49 pardocas contra valores para os dois primeiros componentes principais, CP1 e CP2 (O = sobrevivente, ● = não sobrevivente).

cam 82,9% da variação nos dados. A figura mostra claramente como pássaros com valores extremos para o primeiro componente principal não sobreviveram. De fato, há uma sugestão de que isso foi verdade para o componente principal 2 também.

É importante nos apercebermos que alguns programas computacionais podem dar os componentes principais como mostrado com este exemplo, mas com os sinais dos coeficientes das medidas do corpo trocados. Por exemplo, Z_2 pode ser mostrado como

$$Z_2 = 0{,}051X_1 - 0{,}300X_2 - 0{,}325X_3 - 0{,}185X_4 + 0{,}877X_5$$

Isso não é um erro. O componente principal está ainda medindo exatamente o mesmo aspecto dos dados, mas na direção oposta.

Exemplo 6.2   Emprego nos países europeus

Como um segundo exemplo de uma análise de componentes principais, considere os dados na Tabela 1.5 sobre porcentagens de pessoas empregadas em nove setores industriais na Europa. A matriz de correlações para as nove variáveis é mostrada na Tabela 6.5. De um modo geral, os valores nesta matriz não são particularmente altos, o que indica que vários componentes principais serão requeridos para explicar a variação nos dados.

Os autovalores da matriz de correlações, com porcentagens do total de 9,000 entre parênteses, são 3,112 (34,6%), 1,809 (20,1%), 1,496 (16,6%), 1,063 (11,8%), 0,710 (7,9%), 0,311 (3,5%), 0,293 (3,3%), 0,204 (2,3%) e 0,000 (0,0%). O último autovalor é zero porque a soma das nove variáveis sendo analisadas é 100% antes da padronização. O componente principal correspon-

Tabela 6.5   A matriz de correlação para porcentagens de empregados em nove grupos industriais em 30 países na Europa na forma diagonal inferior, calculada dos dados na Tabela 1.5

	AGR	MIN	FAB	FEA	CON	SER	FIN	SSP	TC
AGR	1,000	—							
MIN	0,316	1,000	—						
FAB	−0,254	−0,672	1,000	—					
FEA	−0,382	−0,387	0,388	1,000	—				
CON	−0,349	−0,129	−0,034	0,165	1,000	—			
SER	−0,605	−0,407	−0,033	0,155	0,473	1,000	—		
FIN	−0,176	−0,248	−0,274	0,094	−0,018	0,379	1,000	—	
SSP	−0,811	−0,316	0,050	0,238	0,072	0,388	0,166	1,000	—
TC	−0,487	0,045	0,243	0,105	−0,055	−0,085	−0,391	0,475	1,000

Nota: As variáveis são as porcentagens de empregados em AGR, agricultura, florestal e pesca; MIN, mineração e exploração de pedreiras; FAB, fabricação; FEA, fornecimento de energia e água; CON, construção; SER, serviços; FIN, finança; SSP, serviços sociais e pessoais; TC, transporte e comunicações.

dente a este autovalor tem o valor zero para todos os países, então tem uma variância zero. Se qualquer combinação linear das variáveis originais em uma análise de componentes principais for constante, isso resulta necessariamente em um dos autovalores ser zero.

Este exemplo não é simples como o anterior. O primeiro componente principal explica somente 35% da variação nos dados, e quatro componentes são necessários para contar por 83% da variação. É uma questão de julgamento sobre quantos componentes são importantes. Pode ser argumentado que somente os primeiros quatro deveriam ser considerados porque estes são aqueles com autovalores maiores do que 1. Até certo ponto, a escolha do número de componentes que são importantes dependerá do uso que está sendo feito deles. Para o presente exemplo, assumiremos que um número pequeno de índices é requerido a fim de apresentar os principais aspectos das diferenças entre os países, e por simplicidade somente os primeiros dois componentes serão examinados posteriormente. Juntos, explicam aproximadamente 55% da variação nos dados originais.

O primeiro componente é

$$Z_1 = 0{,}51(\text{AGR}) + 0{,}37(\text{MIN}) - 0{,}25(\text{FAB}) - 0{,}31(\text{FEA}) - 0{,}22(\text{CON})$$
$$-0{,}38(\text{SER}) - 0{,}13(\text{FIN}) - 0{,}42(\text{SSP}) - 0{,}21(\text{TC})$$

em que as abreviações para as variáveis são as definidas na Tabela 6.5. Como a análise foi feita sobre a matriz de correlações, as variáveis nesta equação são as porcentagens originais após cada uma ter sido padronizada para ter uma média zero e um desvio-padrão um. Dos coeficientes de Z_1, pode ser visto que ele é um contraste entre os números engajados em AGR (agricultura, florestal e pesca) e MIN (mineração e exploração de pedreiras) *versus* os números engajados em outras ocupações.

O segundo componente é

$$Z_2 = -0{,}02(\text{AGR}) + 0{,}00(\text{MIN}) + 0{,}43(\text{FAB}) + 0{,}11(\text{FEA}) - 0{,}24(\text{CON})$$
$$- 0{,}41(\text{SER}) - 0{,}55(\text{FIN}) + 0{,}05(\text{SSP}) + 0{,}52(\text{TC})$$

o qual primeiramente contrasta os números para FAB (fabricação) e TC (transporte e comunicações) com os números em CON (construção), SER (indústrias e serviços) e FIN (finança).

A Figura 6.2 mostra uma representação dos 30 países contra seus valores para Z_1 e Z_2. A figura é certamente bastante significativa em termos do que é conhecido sobre os países. Muitas das democracias do Leste estão agrupadas com valores levemente negativos para Z_1 e valores para Z_2 entre cerca de mais ou menos um. Gibraltar e Albânia se destacam como tendo padrão de empregos bastante distinto, enquanto que os países restantes caem em uma banda variando da antiga Iugoslávia ($Z_1 = -1{,}2$, $Z_2 = 2{,}2$) à Turquia ($Z_1 = 3{,}2$, $Z_2 = -0{,}3$).

Como no exemplo prévio, é possível que alguns programas computacionais produzam os componentes principais mostrados aqui, mas com os sinais dos coeficientes das variáveis originais trocados. Os componentes

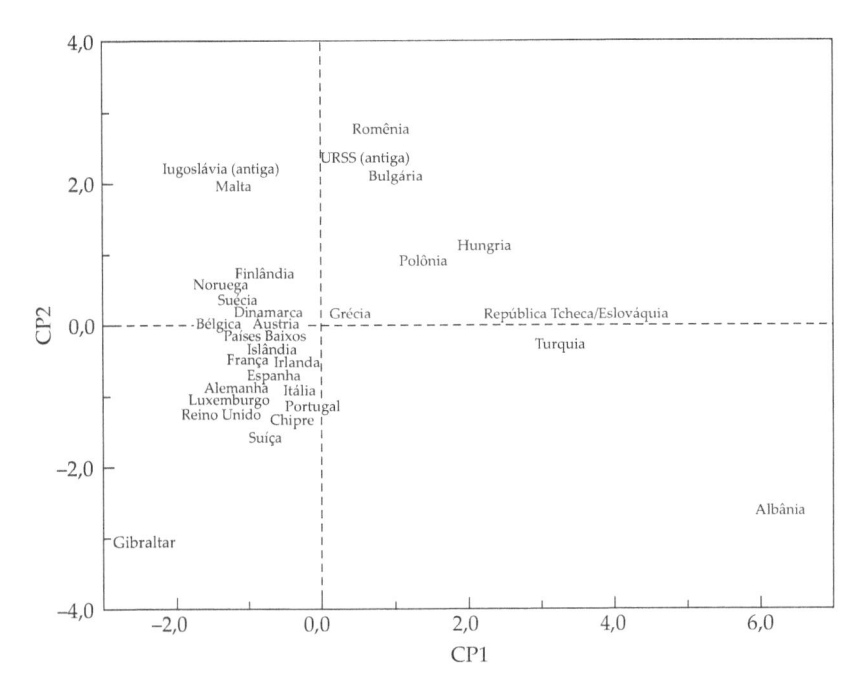

Figura 6.2 Países europeus representados contra os primeiros dois componentes principais para variáveis de emprego.

ainda medem os mesmos aspectos dos dados, mas com os valores alto e baixo trocados.

6.3 Programas de computador

O apêndice deste capítulo fornece o código R para executar uma análise de componentes principais, a qual é comum em muitos pacotes estatísticos padrão, uma vez que este é um dos tipos mais comuns de análise multivariada em uso. Quando a análise não for mencionada como uma opção, ainda pode ser possível fazer os cálculos requeridos como um tipo especial de análise de fatores (como explicado no Capítulo 7). Neste caso, será necessário cuidado para assegurar que não haja confusão entre os componentes principais e os fatores, que são os componentes principais escalonados para terem variâncias unitárias.

Essa confusão também pode ocorrer com alguns programas que afirmam estar executando uma análise de componentes principais. Em vez de fornecer os valores dos componentes principais (com variâncias iguais aos autovalores), eles fornecem valores dos componentes principais escalonados para terem variância um.

6.4 Leitura adicional

A análise de componentes principais é abordada em quase todos os textos sobre análise multivariada, e em grande detalhe por Jolliffe (1986) e Jackson (1991). Cientistas sociais podem também considerar a monografia mais curta de Dunteman (1989) como sendo útil.

Tabela 6.6 Medidas tomadas sobre 25 taças pré-históricas da Tailândia (cm)

Taças	X_1	X_2	X_3	X_4	X_5	X_6
1	13	21	23	14	7	8
2	14	14	24	19	5	9
3	19	23	24	20	6	12
4	17	18	16	16	11	8
5	19	20	16	16	10	7
6	12	20	24	17	6	9
7	12	19	22	16	6	10
8	12	22	25	15	7	7
9	11	15	17	11	6	5
10	11	13	14	11	7	4
11	12	20	25	18	5	12
12	13	21	23	15	9	8
13	12	15	19	12	5	6
14	13	22	26	17	7	10
15	14	22	26	15	7	9
16	14	19	20	17	5	10
17	15	16	15	15	9	7
18	19	21	20	16	9	10
19	12	20	26	16	7	10
20	17	20	27	18	6	14
21	13	20	27	17	6	9
22	9	9	10	7	4	3
23	8	8	7	5	2	2
24	9	9	8	4	2	2
25	12	19	27	18	5	12

Nota: As variáveis estão definidas na Figura 6.3. Os dados foram atenciosamente fornecidos pelo Professor C.F.W. Higham da Universidade de OTAGO, Nova Zelândia.

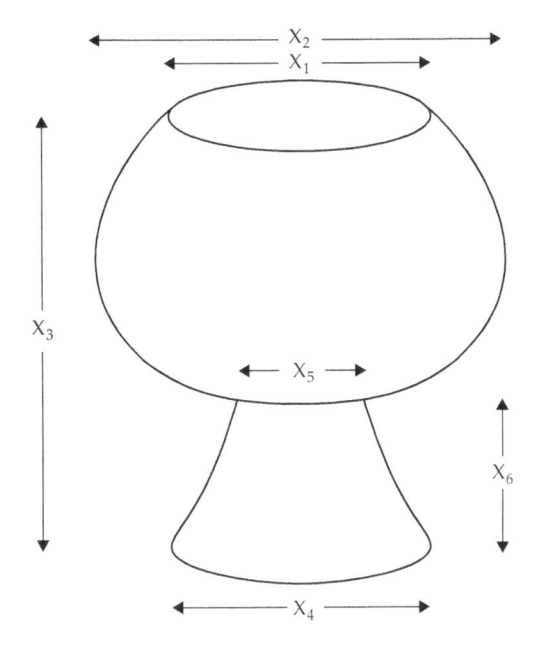

Figura 6.3 Medidas feitas em taças de cerâmica da Tailândia.

Exercícios

1. A Tabela 6.6 mostra seis medidas sobre cada uma das 25 taças de cerâmica escavadas de lugares pré-históricos na Tailândia, com a Figura 6.3 ilustrando a forma típica e a natureza das medidas. A principal questão de interesse para estes dados diz respeito a similaridades e diferenças entre as taças, com questões óbvias sendo:

    É possível apresentar os dados graficamente para mostrar como as taças são relacionadas, e se sim, há qualquer agrupamento óbvio de taças similares? Existem taças que sejam particularmente incomuns?

    Execute uma análise de componentes principais e veja se os valores dos componentes principais ajudam a responder a essas questões.

    Um ponto que necessita de consideração neste exercício é a extensão para a qual diferenças entre taças são decorrentes de diferenças de forma, e não de diferenças de tamanho. Pode muito bem ser considerado que duas taças com quase a mesma forma, mas com tamanhos muito diferentes, sejam realmente similares. O problema de separação de diferenças de tamanho e forma tem gerado uma considerável literatura científica que não será considerada aqui. No entanto, pode ser observado que uma maneira de remover os efeitos de tamanho envolve dividir as medidas de um vaso pela altura total do corpo ou da taça. Altenativamente, as medidas de uma taça

podem ser expressas como uma proporção da soma de todas as medidas da taça. Estes tipos de padronização de variáveis irão claramente assegurar que os valores dos dados são similares para duas taças com a mesma forma, mas com diferentes tamanhos.
2. A Tabela 6.7 mostra estimativas do consumo médio de proteínas de diferentes fontes de alimentos para os habitantes de 25 países europeus como publicado por Weber (1973). Use a análise de componentes principais para investigar o relacionamento entre os países com base nestas variáveis.

Referências

Dunteman, G.H. (1989), *Principal Components Analysis*, Sage Publications, Newbury Park, CA.

Hotelling, H. (1933), Analysis of a complex of statistical variables into principal components, *J. Educational Psychol.*, 24, 417–441; 498–520.

Jackson, J.E. (1991), *A User's Guide to Principal Components*, Wiley, New York.

Jolliffe, I.T. (2002), *Principal Component Analysis*, 2nd ed., Springer, New York.

Pearson, K. (1901), On lines and planes of closest fit to a system of points in space, *Philos. Mag.*, 2, 557–572.

Weber, A. (1973), *Agrarpolitik im Spannungsfeld der Internationalen Ernährungspolitik*, Institut für Agrapolitik und Marktlehre, Kiel, Germany.

Tabela 6.7 Consumo de proteína (g por pessoa por dia) em 25 países europeus

País	Carne vermelha	Carne branca	Ovos	Leite	Peixe	Cereais	Carboidratos	Grãos, nozes e sementes oleaginosas	Frutas e vegetais	Total
Albânia	10	1	1	9	0,0	42	1	6	2	72
Áustria	9	14	4	20	2,0	28	4	1	4	86
Bélgica	14	9	4	18	5,0	27	6	2	4	89
Bulgária	8	6	2	8	1,0	57	1	4	4	91
Tchecoslováquia	10	11	3	13	2,0	34	5	1	4	83
Dinamarca	11	11	4	25	10,0	22	5	1	2	91
Alemanha Ocidental	8	12	4	11	5,0	25	7	1	4	77
Finlândia	10	5	3	34	6,0	26	5	1	1	91
França	18	10	3	20	6,0	28	5	2	7	99
Grécia	10	3	3	18	6,0	42	2	8	7	99
Hungria	5	12	3	10	0,0	40	4	5	4	83
Irlanda	14	10	5	26	2,0	24	6	2	3	92
Itália	9	5	3	14	3,0	37	2	4	7	84
Países Baixos	10	14	4	23	3,0	22	4	2	4	86
Noruega	9	5	3	23	10,0	23	5	2	3	83
Polônia	7	10	3	19	3,0	36	6	2	7	93
Portugal	6	4	1	5	14,0	27	6	5	8	76
Romênia	6	6	2	11	1,0	50	3	5	3	87
Espanha	7	3	3	9	7,0	29	6	6	7	77
Suécia	10	8	4	25	8,0	20	4	1	2	82
Suíça	13	10	3	24	2,0	26	3	2	5	88
Reino Unido	17	6	5	21	4,0	24	5	3	3	88
URSS	9	5	2	17	3,0	44	6	3	3	92
Alemanha Oriental	11	13	4	19	3,0	19	5	2	4	80
Iugoslávia	4	5	1	10	1,0	56	3	6	3	89

Fonte: Weber, A. (1973), Agrarpolitik im Spannungsfeld der Internationalen Ernährungspolitik, Institut für Agropolitik und Marktlehre, Kiel, Germany.

Apêndice: Análise de componentes principais (PCA) no R

A instalação padrão do R fornece dois métodos computacionais para análise de componentes principais, realizada por duas funções, `princomp( )` e `prcomp( )`, as quais são carregadas cada vez que o R for chamado. O primeiro usa um algoritmo que segue de perto o procedimento descrito na Seção 6.2, baseado no cálculo de autovalores da matriz de correlação ou matriz de covariância se esta for requerida. Na terminologia da álgebra de matriz, esta técnica é conhecida como a *decomposição espectral da matriz de covariância ou correlação*. Por outro lado, `prcomp( )` aplica um método chamado de *decomposição em valor singular* (SVD) (Anton, 2013), um procedimento geral de fatoração de matriz, útil para tratar matrizes que são singulares ou quase singulares. A aplicação de SVD à análise de componente principal é apoiada por dois fatos: primeiro, que os valores singulares não nulos de qualquer matriz real $\mathbf{M}$ são a raiz quadrada dos autovalores não nulos de $\mathbf{MM}^T$ e $\mathbf{M}^T\mathbf{M}$, o produto de uma matriz por sua transporta e vice-versa; segundo, que as matrizes de covariância ou de correlação podem ser expressas como a multiplicação dessas duas matrizes. Em geral, `princomp( )` e `prcomp( )` produzem resultados similares. Entretanto, a implementação do algoritmo SVD é mais preciso de um ponto de vista numérico. Assim, é preferível `prcomp( )` ou qualquer outra função R para análise de componente principal baseado no procedimento SVD.

Rotinas em R com comentários são fornecidas no site deste livro como auxílio computacional para obter os resultados do Exemplo 6.1, a análise dos dados de pardocas de Bumpus, e Exemplo 6.2, a análise dos dados de emprego em países europeus. O comando básico utilizado nesses exemplos é

```
pca.results<-prcomp(data, scale=TRUE,…)
```

A opção `scale=TRUE` significa que os componentes principais são computados sobre a matriz de correlação. Vale a pena notar que o objeto `pca.results` produzido por `prcomp( )` contém os valores singulares da matriz de correlação ou de covariância. Esses valores, identificados com o cabeçalho *Standard Deviation*, são revelados quando a função `print(pca.results)` é executada. Os autovalores são simplesmente esses desvios-padrão ao quadrado. Além dos valores singulares, os autovetores e os valores de cada componente principal, um gráfico bidimensional resumo da PCA pode ser construído por meio da função `plot( )`, como os gráficos mostrados nas Figuras 6.1 e 6.2. Também é possível produzir uma variação do gráfico para os dois primeiros componentes principais por meio do comando `biplot(pca.results)`. Um biplot é um resumo gráfico da PCA na qual os dois primeiros componentes principais, plotados como pontos, são simultaneamente mostrados com uma projeção das variáveis no espaço reduzido bidimensional, plotados como setas. Veja Gower and Hand (1996) para mais detalhes.

Vários pacotes R oferecem funções para análise de componentes principais em adição a `princomp` e `prcompr`. Uma lista de alguns destes pacotes e funções é apresentada aqui. O usuário pode escolher baseado na descrição fornecida por cada pacote nos correspondentes arquivos de ajuda ou manuais.

Pacote	Funções para PCA	Referências
`stats`	`princomp()`	documentação do R (R Core Team 2016)
`stats`	`prcomp()`	documentação do R (R Core Team 2016)
`FactoMineR`	`PCA()`	Le et al. (2008)
`ade4`	`dudi.pca()`	Dray and Dufour (2007)
`vegan`	`rda()`	Oksanen et al. (2016)
`amap`	`acp()`	Lucas (2014)

Referências

Anton, H. (2013). *Elementary Linear Algebra*. 11th Edn. New York: Wiley.

Dray, S. and Dufour, A.B. (2007). The ade4 package: Implementing the duality diagram for ecologists. *Journal of Statistical Software* 22(4): 1–20.

Gower, J.C. and Hand, D.J. (1996). Biplots. *Monographs on Statistics and Applied Probability*. London: Chapman & Hall.

Le, S., Josse, J. and Husson, F. (2008). FactoMineR: An R package for multivariate analysis. *Journal of Statistical Software* 25(1): 1–18.

Lucas, A. (2014). amap: Another Multidimensional Analysis Package. R package version 0.8-14. https://CRAN.R-project.org/package=amap

Oksanen, J., Blanchet, F.G., Friendly, M., Kindt, R., Legendre, P., McGlinn, D., Minchin, P.R., et al. (2016). vegan: Community Ecology Package. R package version 2.4-0. http://CRAN.R--project.org/package=vegan

R Core Team (2016). R: *A Language and Environment for Statistical Computing*. Vienna: R Foundation for Statistical Computing. https://www.r-project.org/

Capítulo 7

Análise de fatores

7.1 O modelo de análise de fatores

A análise de fatores tem objetivos similares àqueles da análise de componentes principais. A ideia básica é que pode ser possível descrever um conjunto de p variáveis $X_1, X_2, ..., X_p$ em termos de um número menor de índices ou fatores e, no processo, obter uma melhor compreensão do relacionamento destas variáveis. Há, no entanto, uma diferença importante. A análise de componentes principais não é baseada em um modelo estatístico particular, enquanto que a análise de fatores é baseada em um modelo.

O desenvolvimento inicial de análise de fatores é o resultado do trabalho de Charles Spearman. Enquanto estudava correlações entre escores de testes de estudantes de vários tipos, ele notou que muitas correlações observadas poderiam estar contidas em um modelo simples (Spearman, 1904). Por exemplo, em um caso ele obteve a matriz de correlações mostrada na Tabela 7.1, para meninos de uma escola preparatória e seus escores em testes em clássicos, francês, inglês, matemática, discriminação de tom e música. Ele notou que esta matriz tinha a interessante propriedade de que quaisquer duas linhas eram quase proporcionais se as diagonais fossem ignoradas. Então para as linhas clássicos e inglês na Tabela 7.1, há razões:

$$\frac{0,83}{0,67} \approx \frac{0,70}{0,64} \approx \frac{0,66}{0,54} \approx \frac{0,63}{0,51} \approx 1,2$$

Baseado nesta observação, Spearman sugeriu que os seis escores de testes fossem descritos pela equação

$$X_i = a_i F + e_i$$

em que
  X_i é o i-ésimo escore depois de ele ter sido padronizado para ter uma média zero e um desvio-padrão um para todos os meninos.
  a_i é uma constante;
  F é um valor "fator", o qual tem média zero e desvio-padrão um para todos os meninos; e
  e_i é a parte de X_i que é específica para o i-ésimo teste somente.

Tabela 7.1 Correlações entre escores de testes para meninos em uma escola preparatória

	Clássicos	Francês	Inglês	Matemática	Discriminação de tom	Música
Clássicos	1,00	0,83	0,78	0,70	0,66	0,63
Francês	0,83	1,00	0,67	0,67	0,65	0,57
Inglês	0,78	0,67	1,00	0,64	0,54	0,51
Matemática	0,70	0,67	0,64	1,00	0,45	0,51
Discriminação de tom	0,66	0,65	0,54	0,45	1,00	0,40
Música	0,63	0,57	0,51	0,51	0,40	1,00

Fonte: Dados de Spearman, C. (1904), *Am. J. Psychol.*, 15, 201-293.

Spearman mostrou que uma razão constante entre as linhas de uma matriz de correlações segue como uma consequência destas suposições, e que, portanto, este é um modelo plausível para os dados.

Além das razões de correlações constantes, segue também que a variância de X_i é dada por

$$\begin{aligned} \operatorname{Var}(X_i) &= \operatorname{Var}(a_i F + e_i) \\ &= \operatorname{Var}(a_i F) + \operatorname{Var}(e_i) \\ &= a_i^2 \operatorname{Var}(F) + \operatorname{Var}(e_i) \\ &= a_i^2 + \operatorname{Var}(e_i) \end{aligned}$$

porque a_i é uma constante, F e e_i são consideradas independentes e a variância de F é assumida como unitária. Também, porque $\operatorname{Var}(X_i) = 1$,

$$1 = a_i^2 + \operatorname{Var}(e_i)$$

Portanto, a constante a_i, a qual é chamada de *carga do fator*, é tal que seu quadrado é a proporção da variância de X_i que está contida no fator.

Com base no seu trabalho, Spearman formulou sua teoria de dois fatores de testes mentais. De acordo com esta teoria, cada resultado do teste é composto de duas partes, uma que é comum a todos os testes (inteligência geral) e outra que é específica para o teste. Isso dá o modelo de análise de fatores geral, o qual estabelece que

$$X_i = a_{i1} F_1 + a_{i2} F_2 + \ldots + a_{im} F_m + e_i$$

em que
 X_i é o i-ésimo escore do teste com média zero e variância unitária;
 a_{i1} a a_{im} são as cargas dos fatores para o i-ésimo teste;
 F_1 a F_m são m fatores comuns não correlacionados, cada um com média zero e variância unitária; e
 e_i é um fator específico somente para o i-ésimo teste que é não correlacionado com qualquer dos fatores comuns e tem média zero.

Com este modelo,

$$\operatorname{Var}(X_i) = 1 = a_{i1}^2 \operatorname{Var}(F_1) + a_{i2}^2 \operatorname{Var}(F_2) + \ldots + a_{im}^2 \operatorname{Var}(F_m) + \operatorname{Var}(e_i)$$

$$= a_{i1}^2 + a_{i2}^2 + \ldots + a_{im}^2 + \operatorname{Var}(e_i)$$

em que
 $a_{i1}^2 + a_{i2}^2 + \ldots + a_{im}^2$ é chamado de *comunalidade* de X_i (a parte de sua variância que é relacionada aos fatores comuns), e
 $\operatorname{Var}(e_i)$ é chamada de *especificidade* de X_i (a parte de sua variância que não é relacionada aos fatores comuns).

Pode também ser mostrado que a correlação entre X_i e X_j é

$$r_{ij} = a_{i1}a_{j1} + a_{i2}a_{j2} + \ldots + a_{im}a_{jm}$$

Portanto, dois escores de teste podem somente ser altamente correlacionados se eles tiverem altas cargas nos mesmos fatores. Além disso, como a comunalidade não pode exceder um, é preciso que $-1 \leq a_{ij} \leq +1$.

7.2 Procedimento para uma análise de fatores

Os dados para uma análise de fatores têm a mesma forma como para uma análise de componentes principais. Isto é, há p variáveis com valores para n indivíduos, como mostrado na Tabela 6.2.

Há três estágios para uma análise de fatores. Para começar, cargas de fatores provisórios a_{ij} são determinadas. Uma abordagem começa com uma análise de componentes principais e negligencia os componentes principais após os primeiros m, os quais são então tomados como os m fatores. Os fatores encontrados desta maneira são não correlacionados entre si, e são também não correlacionados com os fatores específicos. No entanto, os fatores específicos não são não correlacionados entre si, o que significa que uma das suposições do modelo de análise fatorial não é válida. Isso pode não ser um problema, desde que as comunalidades sejam altas.

Qualquer que seja a maneira como as cargas de fatores provisórios são determinadas, é possível mostrar que eles não são únicos. Se $F_1, F_2, \ldots, F_m$ são os fatores provisórios, então as combinações lineares deles da forma

$$F^*_1 = d_{11}F_1 + d_{12}F_2 + \ldots + d_{1m}F_m$$

$$F^*_2 = d_{21}F_1 + d_{22}F_2 + \ldots + d_{2m}F_m$$

.

.

.

$$F^*_m = d_{m1}F_1 + d_{m2}F_2 + \ldots + d_{mm}F_m$$

podem ser construídos de modo a serem não correlacionados e explicar os dados tão bem quanto os fatores provisórios. De fato, há uma infinidade de soluções alternativas para o modelo de análise de fatores. Isso leva ao segundo estágio na análise, o qual é chamado de *rotação de fator*. Neste estágio, os fatores provisórios são transformados a fim de encontrar novos fatores que sejam mais fáceis de interpretar. Girar ou transformar neste contexto significa essencialmente escolher os valores d_{ij} nas equações já vistas.

O último estágio de uma análise envolve calcular os escores dos fatores. Estes são os valores dos fatores rotacionados F_1^*, F_2^*, ..., F_m^* para cada um dos n indivíduos para os quais os dados estão disponíveis.

Geralmente, o número de fatores (m) depende do analista, apesar de algumas vezes poder ser sugerido pela natureza dos dados. Quando uma análise de componentes principais é usada para encontrar uma solução provisória, uma regra rústica envolve escolher m como sendo o número de autovalores maiores do que a unidade na matriz de correlações dos escores do teste. A lógica aqui é a mesma que foi explicada no capítulo anterior sobre análise de componentes principais. Um fator associado com um autovalor menor que a unidade responde por menos variação nos dados do que os escores de teste originais. Em geral, aumentando m aumentamos as comunalidades das variáveis. Entretanto, comunalidades não são alteradas por rotação de fator.

A rotação de fatores pode ser ortogonal ou oblíqua. Com rotação ortogonal, os novos fatores são não correlacionados, como os fatores provisórios. Com rotação oblíqua, os novos fatores são correlacionados. Qualquer que seja o tipo de rotação usada, é desejável que as cargas de fator para os novos fatores sejam ou próximas de zero ou muito diferentes de zero. Um a_{ij} próximo de zero significa que X_i não é fortemente relacionado com o fator F_j. Um grande valor positivo ou negativo de a_{ij} significa que X_i é determinado em grande parte por F_j. Se cada escore de teste é fortemente relacionado com alguns fatores, mas não relacionado com outros, então isso torna os fatores mais fáceis de serem identificados do que o seria em outro caso.

Um método de rotação de fatores ortogonal que é muitas vezes usado é chamado de *rotação varimax*. Este é baseado na suposição de que a interpretabilidade do fator j pode ser medida pela variância dos quadrados de suas cargas de fator, i.e., a variância de a_{1j}^2, a_{2j}^2, ..., a_{mj}^2. Se esta variância é grande, então os valores a_{ij} tendem a ser ou próximos de zero ou próximos da unidade. A rotação varimax, portanto, maximiza a soma destas variâncias para todos os fatores. Kaiser primeiro sugeriu esta abordagem. Mais tarde, ele modificou-a levemente, normalizando as cargas de fator antes de maximizar as variâncias de seus quadrados, porque isso parece dar melhores resultados (Kaiser, 1958). A rotação varimax pode, portanto, ser aplicada com ou sem a normalização de Kaiser. Inúmeros outros métodos de rotação ortogonal têm sido propostos. Entretanto, rotação varimax parece ser uma boa abordagem padrão.

Algumas vezes, analistas de fatores são preparados para desistir da ideia de os fatores serem não correlacionados a fim de tornar as cargas de fator tão simples quanto possível. Uma rotação oblíqua pode então dar uma melhor solução do que uma ortogonal. Novamente, há numerosos métodos disponíveis para fazer a rotação oblíqua.

Um método para calcular os escores de fator para indivíduos, baseado nos componentes principais, é descrito na próxima seção. Existem outros métodos disponíveis, de modo que aquele escolhido para uso dependerá do pacote computacional ou código do R que está sendo usado na análise.

7.3 Análise de fatores por componentes principais

Foi observado anteriormente que uma maneira de fazer uma análise de fatores é começar com uma análise de componentes principais e usar os primeiros componentes principais como fatores não rotacionados. Isso tem a vantagem da simplicidade, apesar de que, devido aos fatores específicos $e_1, e_2, ..., e_p$ serem correlacionados, o modelo de análise de fatores não é muito correto. Algumas vezes, analistas de fatores fazem primeiro uma análise de fatores de componentes principais e, só então, tentam outra abordagem.

O método para encontrar os fatores não rotacionados é como segue. Com p variáveis, haverá o mesmo número de componentes principais. Estes são combinações lineares das variáveis originais

$$Z_1 = b_{11}X_1 + b_{12}X_2 + ... + b_{1p}X_p$$
$$Z_2 = b_{21}X_1 + b_{22}X_2 + ... + b_{2p}X_p$$
$$\vdots$$
$$Z_p = b_{p1}X_1 + b_{p2}X_2 + ... + b_{pp}X_p \qquad (7.1)$$

em que os valores b_{ij} são dados pelos autovetores da matriz de correlações. Esta transformação dos valores X para valores Z é ortogonal, de modo que o relacionamento inverso é simplesmente

$$X_1 = b_{11}Z_1 + b_{21}Z_2 + ... + b_{p1}Z_p$$
$$X_2 = b_{12}Z_1 + b_{22}Z_2 + ... + b_{p2}Z_p$$
$$\vdots$$
$$X_p = b_{1p}Z_1 + b_{2p}Z_2 + ... + b_{pp}Z_p$$

Para uma análise de fatores, somente m das componentes principais são retidas, assim as últimas equações se tornam

$$X_1 = b_{11}Z_1 + b_{21}Z_2 + \ldots + b_{m1}Z_m + e_1$$
$$X_2 = b_{12}Z_1 + b_{22}Z_2 + \ldots + b_{m2}Z_m + e_2$$
.
.
.
$$X_p = b_{1p}Z_1 + b_{2p}Z_2 + \ldots + b_{mp}Z_m + e_p$$

em que e_i é uma combinação linear dos componentes principais Z_{m+1} a Z_p. Tudo que é preciso ser feito agora é escalonar os componentes principais Z_1, Z_2, ..., Z_m para terem variâncias unitárias, como requerido pelos fatores. Para fazer isso, Z_i precisa ser dividido pelo seu desvio-padrão, o qual é $\sqrt{\lambda_i}$, a raiz quadrada do correspondente autovalor na matriz de correlações. As equações então se tornam

$$X_1 = \sqrt{\lambda_1}b_{11}F_1 + \sqrt{\lambda_2}b_{21}F_2 + \ldots + \sqrt{\lambda_m}b_{m1}F_m + e_1$$
$$X_2 = \sqrt{\lambda_1}b_{12}F_1 + \sqrt{\lambda_2}b_{22}F_2 + \ldots + \sqrt{\lambda_m}b_{m2}F_m + e_2$$
.
.
.
$$X_p = \sqrt{\lambda_1}b_{1p}F_1 + \sqrt{\lambda_2}b_{2p}F_2 + \ldots + \sqrt{\lambda_m}b_{mp}F_m + e_p$$

em que $F_i = Z_i/\sqrt{\lambda_i}$. O modelo de fatores não rotacionado é então

$$X_1 = a_{11}F_1 + a_{12}F_2 + \ldots + a_{1m}F_m + e_1$$
$$X_2 = a_{21}F_1 + a_{22}F_2 + \ldots + a_{2m}F_m + e_2$$
.
.
.
$$X_p = a_{p1}F_1 + a_{p2}F_2 + \ldots + a_{pm}F_m + e_p \quad (7.2)$$

em que $a_{ij} = \sqrt{\lambda_j}b_{ji}$.

Após uma rotação varimax ou outro tipo de rotação, uma nova solução tem a forma

$$X_1 = g_{11}F^*_1 + g_{12}F^*_2 + \ldots + g_{1m}F^*_m + e_1$$
$$X_2 = g_{21}F^*_1 + g_{22}F^*_2 + \ldots + g_{2m}F^*_m + e_2$$
.
.
.
$$X_p = g_{p1}F^*_1 + g_{p2}F^*_2 + \ldots + g_{pm}F^*_m + e_p \qquad (7.3)$$

em que F^*_i representa o novo i-ésimo fator.

Os valores do i-ésimo fator não rotacionado são justamente os valores do i--ésimo componente principal após eles terem sido escalonados para terem uma variância um. Os valores dos fatores rotacionados são mais complicados de se obter, mas pode-se observar que estes são dados pela equação matricial

$$\mathbf{F^* = XG(G'G)^{-1}} \qquad (7.4)$$

em que

F* é uma matriz n × m contendo os valores para os m fatores rotacionados em suas colunas, com uma linha para cada uma das n linhas originais de dados;

X é a matriz n × p dos dados originais para p variáveis e n observações, após codificar as variáveis X_1 a X_p para terem média zero e variância um; e

G é a matriz p × m das cargas de fatores rotacionados dados pela Equação 7.3.

7.4 Uso de um programa de análise de fatores para fazer análise de componentes principais

Visto que muitos programas computacionais para análise de fatores permitem a opção de usar componentes principais como fatores iniciais, é possível usar os programas para fazer análise de componentes principais. Tudo o que precisa ser feito é extrair o mesmo número de fatores quanto de variáveis e não fazer nenhuma rotação. As cargas de fator serão, então, como as dadas pela Equação 7.2, com m = p e $e_1 = e_2 = \ldots = e_p = 0$. Os componentes principais são dados pela Equação 7.1, com $b_{ij} = a_{ji}/\lambda_i$, em que λ_i é o i-ésimo autovalor.

Exemplo 7.1 Emprego em países europeus

No Exemplo 6.2, uma análise de componentes principais foi implementada nos dados sobre porcentagens de pessoas empregadas em nove grupos de indústrias em 30 países na Europa para os anos de 1989 a 1995 (Tabela 1.5). É interessante continuar o exame destes dados usando um modelo de análise de fatores.

A matriz de correlações para as nove variáveis de porcentagem é dada na Tabela 6.5, e os autovalores e autovetores desta matriz de correlações são mostrados na Tabela 7.2. Há quatro autovalores maiores do que a unidade, de modo que a "regra do polegar" sugere que quatro fatores deveriam ser considerados. Isso é o que será feito aqui.

Os autovetores na Tabela 7.2 fornecem os coeficientes das variáveis X para a Equação 7.1. Estes são transformados em cargas de fator para quatro fatores, usando a Equação 7.2, para dar o modelo

$$X_1 = \mathbf{+0{,}90} \cdot F_1 - 0{,}03 \cdot F_2 - 0{,}34 \cdot F_3 + 0{,}02 \cdot F_4 + e_1 (0{,}93)$$

$$X_2 = \mathbf{+0{,}66} \cdot F_1 - 0{,}00 \cdot F_2 + \mathbf{0{,}63} \cdot F_3 + 0{,}12 \cdot F_4 + e_2 (0{,}85)$$

$$X_3 = -0{,}43 \cdot F_1 + \mathbf{0{,}58} \cdot F_2 - \mathbf{0{,}61} \cdot F_3 + 0{,}06 \cdot F_4 + e_3 (0{,}91)$$

$$X_4 = \mathbf{-0{,}56} \cdot F_1 + 0{,}15 \cdot F_2 - 0{,}36 \cdot F_3 + 0{,}02 \cdot F_4 + e_4 (0{,}46)$$

$$X_5 = -0{,}39 \cdot F_1 - 0{,}33 \cdot F_2 + 0{,}09 \cdot F_3 + \mathbf{0{,}81} \cdot F_4 + e_5 (0{,}92)$$

$$X_6 = \mathbf{-0{,}67} \cdot F_1 - \mathbf{0{,}55} \cdot F_2 + 0{,}08 \cdot F_3 + 0{,}17 \cdot F_4 + e_6 (0{,}79)$$

$$X_7 = -0{,}23 \cdot F_1 - \mathbf{0{,}74} \cdot F_2 - 0{,}12 \cdot F_3 - \mathbf{0{,}50} \cdot F_4 + e_7 (0{,}87)$$

$$X_8 = \mathbf{-0{,}76} \cdot F_1 + 0{,}07 \cdot F_2 + 0{,}44 \cdot F_3 - 0{,}03 \cdot F_4 + e_8 (0{,}88)$$

$$X_9 = +0{,}36 \cdot F_1 + \mathbf{0{,}69} \cdot F_2 + \mathbf{0{,}50} \cdot F_3 - 0{,}04 \cdot F_4 + e_9 (0{,}87)$$

Aqui, os valores entre parênteses são as comunalidades. Por exemplo, a comunalidade para a variável X_1 é $(0{,}90)^2 + (-0{,}03)^2 + (-0{,}34)^2 + (0{,}02)^2 = 0{,}93$. As comunalidades são bastante altas para todas as variáveis exceto X_4 (FEA, fornecimento de energia e água). Grande parte da variância para as outras oito variáveis originais está, portanto, contida nos quatro fatores comuns.

Cargas de fator que são 0,50 ou mais (ignorando o sinal) estão em negrito nas equações acima. Estas cargas grandes ou moderadas indicam como as variáveis estão relacionadas com os fatores. Pode ser visto que X_1 é quase inteiramente explicada pelo fator 1 sozinho; X_2 é uma mistura do fator 1 e do fator 3; X_3 é explicada pelo fator 2 e fator 3; etc. Uma indesejável propriedade desta escolha de fatores é que cinco das nove varáveis X são fortemente relacionadas a dois dos fatores, o que sugere que uma rotação de fatores pode fornecer um modelo mais simples para os dados.

Uma rotação varimax com normalização de Kaiser foi executada. Isso produziu o modelo

Tabela 7.2 Autovalores e autovetores para dados de emprego europeu da Tabela 1.5

	Autovetores								
	X_1	X_2	X_3	X_4	X_5	X_6	X_7	X_8	X_9
Autovalores	AGR	MIN	FAB	FEA	CON	SER	FIN	SSP	TC
3,111	0,512	0,375	−0,246	−0,315	−0,222	−0,382	−0,131	−0,428	−0,205
1,809	−0,024	0,000	0,432	0,109	−0,242	−0,408	−0,553	0,055	0,516
1,495	−0,278	0,516	−0,503	−0,292	0,071	0,064	−0,096	0,360	0,413
1,063	0,016	0,113	0,058	0,023	0,783	0,169	−0,489	−0,317	−0,042
0,705	0,025	−0,345	0,231	−0,854	−0,064	0,269	−0,133	0,046	0,023
0,311	−0,045	0,203	−0,028	0,208	−0,503	0,674	−0,399	−0,167	−0,136
0,293	0,166	−0,212	−0,238	0,065	0,014	−0,165	−0,463	0,619	−0,492
0,203	0,539	−0,447	−0,431	0,157	0,030	0,203	−0,026	−0,045	0,504
0,000	−0,582	−0,419	−0,447	−0,030	−0,129	−0,245	−0,191	−0,410	−0,061

Nota: As variáveis são as porcentagens de empregados em nove grupos de indústrias: AGR, agricultura, florestal e pesca; MIN, mineração e exploração de pedreiras; FAB, fabricação; FEA, fornecimento de energia e água; CON, construção; SER, serviços; FIN, finanças; SSP, serviços social e pessoal; TC, transporte e comunicações.

$X_1 = +\mathbf{0{,}85} \cdot F_1 + 0{,}10 \cdot F_2 + 0{,}27 \cdot F_3 - 0{,}36 \cdot F_4 + e_1$

$X_2 = +0{,}11 \cdot F_1 + 0{,}30 \cdot F_2 + \mathbf{0{,}86} \cdot F_3 - 0{,}10 \cdot F_4 + e_2$

$X_3 = -0{,}03 \cdot F_1 + 0{,}32 \cdot F_2 - \mathbf{0{,}89} \cdot F_3 - 0{,}09 \cdot F_4 + e_3$

$X_4 = -0{,}19 \cdot F_1 - 0{,}04 \cdot F_2 - \mathbf{0{,}64} \cdot F_3 + 0{,}14 \cdot F_4 + e_4$

$X_5 = -0{,}02 \cdot F_1 + 0{,}08 \cdot F_2 - 0{,}04 \cdot F_3 + \mathbf{0{,}95} \cdot F_4 + e_5$

$X_6 = -0{,}35 \cdot F_1 - 0{,}48 \cdot F_2 - 0{,}15 \cdot F_3 + \mathbf{0{,}65} \cdot F_4 + e_6$

$X_7 = -0{,}08 \cdot F_1 - \mathbf{0{,}93} \cdot F_2 + 0{,}00 \cdot F_3 - 0{,}01 \cdot F_4 + e_7$

$X_8 = -\mathbf{0{,}91} \cdot F_1 - 0{,}17 \cdot F_2 - 0{,}12 \cdot F_3 - 0{,}04 \cdot F_4 + e_8$

$X_9 = -\mathbf{0{,}73} \cdot F_1 + \mathbf{0{,}57} \cdot F_2 - 0{,}03 \cdot F_3 - 0{,}14 \cdot F_4 + e_9$

As comunalidades não mudaram, e os fatores são ainda não correlacionados. No entanto, esta é uma solução um pouco melhor do que a anterior, pois somente X_9 é apreciavelmente dependente de mais do que um fator.

Neste estágio, é usual tentar colocar rótulos aos fatores. É honesto dizer que isso muitas vezes requer um grau de criatividade e imaginação! No presente caso, não é muito difícil, sendo baseado somente nas cargas mais altas.

O fator 1 tem uma carga positiva alta para X_1 (agricultura, florestal e pesca) e cargas negativas altas para X_8 (serviços sociais e pessoais) e X_9 (transporte e comunicações). Ele, portanto, mede o quanto de pessoas estão empregadas em agricultura em vez de em serviços e comunicações. Ele pode ser chamado de "indústrias rurais em contraste com serviço social e comunicação".

O fator 2 tem cargas negativas altas para X_7 (finança) e um coeficiente bastante alto para X_9 (transporte e comunicações). Este pode ser chamado de "falta de indústrias de finanças".

O fator 3 tem uma carga positiva alta para X_2 (mineração e exploração de pedreiras), uma carga negativa alta para X_3 (fabricação) e uma carga negativa moderadamente alta para X_4 (suprimento de energia). Este pode ser chamado de "mineração em contraste com fabricação".

Finalmente, o fator 4 tem uma carga positiva alta para X_5 (construção) e uma carga positiva moderadamente alta para X_6 (indústrias de serviços). "Indústrias de construção e de serviços" parece ser um rótulo justo neste caso.

A matriz **G** da Equação 7.3 e Equação 7.4 é dada pelas cargas de fator mostradas acima. Por exemplo, $g_{11} = 0{,}85$ e $g_{12} = 0{,}10$, para duas casas decimais. Usando estas cargas e executando os cálculos da matriz mostrados na Equação 7.4, são fornecidos os valores para os escores de fator para cada um dos 30 países no conjunto de dados originais. Estes escores de fator são mostrados na Tabela 7.3.

Tabela 7.3 Escores de fatores rotacionados para 30 países europeus

País	Fator 1	Fator 2	Fator 3	Fator 4
Bélgica	–0,97	–0,56	–0,10	–0,48
Dinamarca	–0,89	–0,47	–0,03	–0,67
França	–0,56	–0,78	–0,15	–0,25
Alemanha	0,05	–0,57	–0,47	0,58
Grécia	0,48	0,19	–0,23	0,02
Irlanda	0,28	–0,60	–0,36	0,03
Itália	0,25	–0,13	0,17	1,00
Luxemburgo	–0,46	–0,36	0,02	0,92
Países Baixos	–1,36	–1,56	–0,03	–2,09
Portugal	0,66	–0,45	–0,37	0,64
Espanha	0,23	–0,11	–0,09	0,93
Reino Unido	–0,50	–1,14	–0,35	–0,04
Áustria	0,18	0,05	–0,71	0,56
Finlândia	–0,78	–0,20	–0,21	–0,52
Islândia	–0,18	–0,04	–0,06	0,46
Noruega	–1,36	–0,17	0,20	–0,42
Suécia	–1,20	–0,52	0,04	–0,74
Suíça	0,12	–0,67	0,01	0,65
Albânia	3,16	–1,82	1,76	–1,78
Bulgária	0,47	1,56	–0,57	–0,65
República Tcheca/Eslováquia	–0,26	1,45	3,12	0,44
Hungria	–1,05	1,70	2,82	–0,15
Polônia	0,97	0,71	–0,37	–0,42
Romênia	1,11	1,73	–1,69	–0,81
URSS (antiga)	0,08	2,09	–0,11	0,14
Iugoslávia (antiga)	0,13	1,48	–1,70	0,17
Cingapura	0,46	–0,32	0,03	1,08
Gibraltar	–0,05	–1,05	0,08	3,26
Malta	–1,17	0,49	–0,79	–1,31
Turquia	2,15	0,07	0,15	–0,56

Nota: Fator 1 é indústrias rurais em contraste com indústrias de serviços sociais e comunicação; fator 2 é falta de indústrias de finanças; fator 3 é mineração em contraste com fabricação e fator 4 é indústrias de construção.

Do estudo dos escores de fator, pode ser visto que os valores para o fator 1 enfatizam a importância das indústrias rurais mais do que serviços e comunicações na Albânia e na Turquia. Os valores para o fator 2 indicam que a Bulgária, a Hungria, a Romênia e a URSS (antiga) tinham poucas pessoas empregadas em finança, mas os Países Baixos e a Albânia tinham grandes números de empregados nesta área. Os valores para o fator 3 contrastam a Albânia e as repúblicas Tcheca/Eslováquia – com altos níveis de mineração ante os de fabricação – com a Romênia e a Iugoslávia, onde o inverso é verdadeiro. Finalmente, os valores para o fator 4 contrastam Gibraltar, com altos números na construção e na indústrias de serviços, com os Países Baixos e a Albânia, onde isso está longe de ser o caso.

Seria possível e razoável continuar a análise deste conjunto de dados, tentando modelos com menos fatores e diferentes métodos de extração de fatores. Entretanto, a abordagem geral foi suficientemente descrita aqui, e então o exemplo será deixado neste ponto.

Deve ser lembrado por qualquer um que queira reproduzir a análise acima que pacotes estatísticos diferentes podem fornecer os autovetores mostrados na Tabela 7.2, exceto que todos os coeficientes têm seus sinais invertidos. Um sinal invertido também pode ocorrer por meio de uma rotação de fatores, de modo que cargas para um fator rotacionado são o oposto do que é mostrado anteriormente. Sinais inversos como estes apenas invertem a interpretação do fator concernente. Por exemplo, se as cargas para o fator 1 rotacionados forem o oposto daquelas mostradas anteriormente, então os resultados seriam interpretados como serviços sociais e pessoais e como transporte e comunicações em contraste com indústrias rurais.

7.5 Opções em análises

Programas computacionais para análise de fatores, incluindo diferentes códigos R, frequentemente permitem muitas diferentes opções, o que provavelmente é bastante confuso para o novato nesta área. Tipicamente pode haver quatro ou cinco métodos para a extração inicial de fatores e em torno do mesmo número de métodos para rotação destes fatores (incluindo não rotação). Isso então resulta na ordem de 20 diferentes tipos de análise de fatores que podem ser executadas, com resultados que serão diferentes, pelo menos até certo ponto.

Há também a questão do número de fatores a extrair. Muitos pacotes farão uma escolha automática, mas isso pode ser aceitável ou não. A possibilidade de tentar números diferentes de fatores aumenta, portanto, ainda mais as escolhas para uma análise.

No geral, é provavelmente melhor evitar o uso de muitas opções quando se está praticando pela primeira vez a análise de fatores. O uso de componentes principais como sendo fatores iniciais com rotação varimax, como usado no exemplo deste capítulo, é um começo razoável com qualquer conjunto de dados. O método de máxima verossimilhança para extração de fatores é uma boa abordagem no princípio, e isso também pode ser tentado se a opção estiver disponível no pacote computacional que está sendo usado.

7.6 A importância da análise de fatores

A análise de fatores é quase uma arte, e ela não é certamente tão objetiva como muitos métodos estatísticos. Por essa razão, alguns estatísticos são céticos sobre a sua importância. Por exemplo, Chatfield and Collins (1986) listam seis problemas com análise de fatores e concluem que "análise de fatores não deveria ser usada em muitas situações práticas". Da mesma forma, Seber (2004) observa, com um resultado de estudos de simulação, que mesmo se o modelo de fatores postulado for correto, a chance de recuperá-lo usando métodos disponíveis não é alta.

Por outro lado, a análise de fatores é largamente usada para analisar dados e, sem dúvida, continuará a ser largamente usada no futuro. A razão para isso é que os usuários consideram os resultados úteis para ganhar compreensão da estrutura dos dados multivariados. Portanto, se ela for pensada como uma ferramenta puramente descritiva, com limitações que são compreendidas, então ela precisa tomar seu lugar como um dos métodos multivariados importantes. O que deve ser evitado é executar uma análise de fatores em uma única amostra pequena que não possa ser replicada e então assumir que os fatores obtidos devem representar variáveis subjacentes que existem no mundo real.

7.7 Discussão e leitura adicional

A análise de fatores é discutida em muitos textos sobre análise multivariada, apesar de, como observado anteriormente, o tópico algumas vezes não ser apresentado entusiasticamente (Chatfield e Collins, 1986; Seber, 2004). Textos recentes são geralmente mais positivos. Por exemplo, Rencher (2002) discute a extensão da validade da análise de fatores bem como por que ela muitas vezes não funciona. Ele observa que há muitos conjuntos de dados cuja análise de fatores não deveria ser usada, mas outros em que o método é útil.

A análise de fatores como discutida neste capítulo é frequentemente referida como *análise de fatores exploratória* porque ela inicia sem nenhuma suposição sobre o número de fatores que existem ou a natureza destes fatores. A este respeito, ela difere do que é chamado *análise de fatores confirmatória*, a qual requer que o número de fatores e a estrutura de fatores seja especificada inicialmente. Desta maneira, análise de fatores confirmatória pode ser usada para testar teorias sobre a estrutura dos dados.

A análise de fatores confirmatória é mais complicada de ser implementada do que a análise de fatores exploratória. Os detalhes são descritos por Bernstein et al. (1988, Capítulo 7) e Tabachnick e Fidell (2013). A análise de fatores confirmatória é um caso especial de modelagem de equação estrutural, a qual é coberta no Capítulo 14 do segundo livro.

Exercícios

Usando o Exemplo 7.1 como um modelo, execute uma análise de fatores dos dados na Tabela 6.7 sobre consumo de proteína de dez diferentes fontes de alimento para os habitantes de 25 países europeus. Identifique os fatores importantes descrevendo as variáveis observadas e examine os relacionamentos entre os países com respeito a tais fatores.

Referências

Bernstein, I.H. (1988). *Applied Multivariate Analysis*. Berlin: Springer.

Chatfield, C. and Collins, A.J. (1986). *Introduction to Multivariate Analysis*. London: Chapman and Hall.

Kaiser, H.F. (1958). The varimax criterion for analytic rotation in factor analysis. *Psychometrika* 23: 187–200.

Rencher, A.C. (2002). *Methods of Multivariate Statistics*. 2nd Edn. New York: Wiley.

Seber, G.A.F. (2004). *Multivariate Observations*. New York: Wiley.

Spearman, C. (1904). "General intelligence", objectively determined and measured. *American Journal of Psychology* 15: 201–93.

Tabachnick, B.G. and Fidell, L.S. (2013). *Using Multivariate Statistics*. 6th Edn. Boston, MA: Pearson.

Apêndice: Análise de fatores no R

No padrão do pacote `stats`, o R oferece a função `factanal( )` como um método de máxima verossimilhança para extrair fatores, um tópico apontado brevemente na Seção 7.5. Portanto, análise de fator ML também é considerada a análise de fator padrão no R. Entretanto, na Seção 7.5, também foi enfatizado que existem diferentes procedimentos em análise de fatores, cada procedimento associado a um algoritmo particular. Os pesquisadores de psicometria têm mostrado grande interesse em aplicar a amplitude de algoritmos para análise de fatores. Isso explica por que o pacote R `psych`, criado e mantido por Revelle (2016a), vem sendo considerado a principal ferramenta para aplicações de psicometria dentre vários métodos multivariados, incluindo a análise de fatores.

O pacote `psych` oferece a função `fa`, da qual o usuário pode escolher um dos cinco métodos da análise de fatores (resíduo mínimo, eixo principal, mínimos quadrados ponderados, mínimos quadrados generalizados e análise de fatores por máxima verossimilhança). Mesmo assim, nenhuma dessas opções segue exatamente o algoritmo descrito na Seção 7.3, que usa uma análise de componentes principais (PCA) para produzir fatores iniciais, seguida por uma rotação varimax e cálculos dos escores dos fatores (também conhecidos como escores de Bartlett) usando a Equação 7.4. Não é difícil executar muitos desses passos da análise de fatores PCA com o conjunto de funções do R já consideradas em capítulos anteriores (p.ex., `prcomp`, multiplicação de matrizes e inversão de matriz). O passo particular que completa esse algoritmo, rotação varimax com normalização de Kaiser, pode ser realizado com a função `varimax( )` implementada no pacote stats. Entretanto, esta forma de fazer a análise de fatores PCA pode ser evitada com `principal( )`, outra função no pacote `psych`. Embora esta função seja considerada apenas para fazer uma PCA, sua saída é organizada de tal forma que as cargas dos componentes são mais adequadas para uma análise de fatores típica, mostrando os melhores fatores m. O desenvolvedor do `psych` argumenta que a presença de `principal( )` em seu pacote como uma escolha para análise de fatores, em adição ao algoritmo executado pela função `fa( )`, é porque "psicólogos normalmente usam PCA de uma maneira similar à análise de fatores e, portanto, a função principal produz saída que talvez seja mais compreensível que aquela produzida pelo `princomp` no pacote `stats`" (Revelle, 2016b). O comando requerido para reproduzir a análise de fatores descrita no Capítulo 7 é então

```
principal (data, nfactors = 4, rotate = "varimax").
```

No site deste livro (loja.grupoa.com.br), o leitor encontrará duas rotinas R escritas para executar a análise de fatores realizada para o Exemplo 7.1. Uma rotina faz os cálculos de uma forma mais rápida por meio da função `principal( )`. A segunda rotina faz uso da função `prcomp( )` e `varimax( )`. Foi escrita por propósitos instrutivos, tal que o leitor pode seguir em detalhes a aplicação das Equações 7.1 a 7.4 neste capítulo.

Referências

Revelle, W. (2016a). *PSYCH: Procedures for Personality and Psychological Research*. Evanston, IL: Northwestern University. http://CRAN.R-project.org/package=psych. Version = 1.6.6.

Revelle, W. (2016b). *An Overview of the psych Package: Vignette of psych Procedures for Psychological, Psychometric, and Personality Research*. https://cran.fhcrc.org/web/packages/psych/

Capítulo 8
Análise de função discriminante

8.1 O problema da separação de grupos

O problema ao qual se direciona a análise de função discriminante trata de avaliar o quanto é possível separar dois ou mais grupos de indivíduos, sendo dadas medidas para estes indivíduos em várias variáveis. Por exemplo, com os dados na Tabela 1.1 sobre cinco medidas do corpo de 21 pardais sobreviventes e 28 não sobreviventes, é interessante considerar se é possível usar as medidas do corpo para separar sobreviventes e não sobreviventes. Também, para os dados mostrados na Tabela 1.2 sobre quatro dimensões de crânios egípcios para amostras de cinco períodos de tempo, é razoável considerar se as medidas podem ser usadas para atribuir crânios a diferentes períodos de tempo.

No caso geral, haverá m amostras aleatórias de diferentes grupos com tamanhos n_1, n_2, ..., n_m, e valores estarão disponíveis para p variáveis X_1, X_2, ..., X_p para cada membro de amostra. Então os dados para uma análise de função discriminante tomam a forma mostrada na Tabela 8.1. Os dados para uma análise de função discriminante não necessitam ser padronizados para ter médias zero e variâncias unitárias antes de começar a análise. Isso porque o resultado de uma análise de função discriminante não é afetado de nenhuma forma importante pelo escalonamento de variáveis individuais.

8.2 Discriminação usando distâncias de Mahalanobis

Uma abordagem para discriminação é baseada em distâncias de Mahalanobis, como definidas na Seção 5.3. Os vetores de médias para as m amostras podem ser pensados como estimativas dos verdadeiros vetores de médias para os grupos. As distâncias de Mahalanobis dos casos individuais aos centros dos grupos podem então ser calculadas, e cada indivíduo pode ser alocado ao grupo ao qual ele está mais próximo. Este pode ser ou não o grupo do qual o indivíduo de fato provém, assim a porcentagem de alocações corretas é uma indicação de quão bem podem ser separados grupos, usando as variáveis disponíveis.

Este procedimento é mais precisamente definido como segue. Seja

$$\bar{x}_i' = (\bar{x}_{1i}, \bar{x}_{2i}, \ldots, \bar{x}_{pi})'$$

Tabela 8.1 A forma dos dados para uma análise de função discriminante com m grupos com tamanhos possivelmente diferentes e com p variáveis medidas em cada caso individual

Caso	X_1	X_2	...	X_p	Grupo
1	x_{111}	x_{112}	...	x_{11p}	1
2	x_{211}	x_{212}	...	x_{21p}	1
⋮	⋮	⋮	⋮	⋮	⋮
n_1	$x_{n_1 11}$	$x_{n_1 12}$	...	$x_{n_1 1p}$	1
1	x_{121}	x_{122}	...	x_{12p}	2
2	x_{221}	x_{222}	...	x_{22p}	2
⋮	⋮	⋮	⋮	⋮	⋮
n_2	$x_{n_2 21}$	$x_{n_2 22}$	...	$x_{n_2 2p}$	2
⋮	⋮	⋮	⋮	⋮	⋮
1	x_{1m1}	x_{1m2}	...	x_{1mp}	m
2	x_{2m1}	x_{2m2}	...	x_{2mp}	m
⋮	⋮	⋮	⋮	⋮	⋮
n_m	$x_{n_m m1}$	$x_{n_m m2}$	...	$x_{n_m mp}$	m

o vetor de valores médios para a amostra do i-ésimo grupo; seja C_i a matriz de covariâncias para a mesma amostra; e seja C a matriz de covariâncias amostral combinada, em que tais vetores e matrizes são calculados como explicado na Seção 2.7. Então a distância de Mahalanobis de uma observação $x' = (x_1, x_2, ..., x_p)'$ ao centro do grupo i é estimada como sendo

$$D_i^2 = (x - \bar{x}_i)'C^{-1}(x - \bar{x}_i)$$

$$\sum_{r=1}^{p} \sum_{s=1}^{p} (x_r - \bar{x}_{ri})c^{rs}(x_s - \bar{x}_{si}) \qquad (8.1)$$

em que c^{rs} é o elemento na r-ésima linha e s-ésima coluna de C^{-1}. A observação x é então alocada ao grupo para o qual D_i^2 tem o menor valor.

8.3 Funções discriminantes canônicas

Algumas vezes é útil ser capaz de determinar funções das variáveis $X_1, X_2, ..., X_p$ que em algum sentido separam os m grupos tanto quanto possível. A mais simples abordagem então envolve tomar uma combinação linear das variáveis X

$$Z = a_1 X_1 + a_2 X_2 + ... + a_p X_p$$

para este fim. Grupos podem ser bem separados usando Z se o valor médio desta variável muda consideravelmente de grupo para grupo, com os valores dentro do grupo sendo razoavelmente constantes.

Uma maneira de determinar os coeficientes a_1, a_2, ..., a_p no índice envolve escolhê-los de modo a maximizar a razão F para uma análise de variância de um fator. Assim, se houver um total de N indivíduos em todos os grupos, uma análise de variância nos valores de Z toma a forma mostrada na Tabela 8.2. Portanto, uma função adequada para separar os grupos pode ser definida como a combinação linear para a qual a razão F M_B/M_W é tão grande quanto possível, como primeiro sugerido por Fisher (1936).

Quando esta abordagem é usada, pode ser possível determinar várias combinações lineares para separar grupos. Em geral, o número disponível, s, é o menor entre p e m − 1. As combinações lineares são referidas como funções discriminantes canônicas.

A primeira função,

$$Z_1 = a_{11}X_1 + a_{12}X_2 + \ldots + a_{1p}X_p$$

dá a razão F máxima possível para uma análise de variância de um fator para a variação dentro e entre grupos. Se há mais do que uma função, então a segunda delas,

$$Z_2 = a_{21}X_1 + a_{22}X_2 + \ldots + a_{2p}X_p$$

dá a razão F máxima possível em uma análise de variância de um fator sujeita à condição de que não há correlação entre Z_1 e Z_2 dentro dos grupos. Funções adicionais são definidas da mesma maneira. Então a i-ésima função discriminante canônica,

$$Z_i = a_{i1}X_1 + a_{i2}X_2 + \ldots + a_{ip}X_p$$

é a combinação linear para a qual a razão F em uma análise de variância é maximizada, sujeita a Z_i ser não correlacionada com Z_1, Z_2, ..., e Z_{i-1} dentro dos grupos.

Encontrar os coeficientes das funções discriminantes canônicas vem a ser um problema de autovalor. A matriz de somas de quadrados e produtos cruzados dentro da amostra, W, e a matriz amostral total de somas de quadrados

Tabela 8.2 Uma análise de variância nos índices Z

Fonte de variação	Graus de liberdade	Quadrado médio	Razão F
Entre grupos	m − 1	M_B	M_B/M_W
Dentro dos grupos	N − m	M_W	—
	N − 1	—	—

e produtos cruzados, **T**, são calculadas como descrito na Seção 4.7. Destas, a matriz entre grupos

$$B = T - W$$

pode ser determinada. A seguir, os autovalores e autovetores da matriz $W^{-1}B$ têm de ser encontrados. Se os autovalores são $\lambda_1 > \lambda_2 > ... > \lambda_s$, então λ_i é a razão da soma dos quadrados entre grupos e da soma dos quadrados dentro dos grupos para a i-ésima combinação linear, Z_i, enquanto que os elementos do correspondente autovetor, $a'_i = (a_{i1}, a_{i2}, ..., a_{ip})$, são os coeficientes das variáveis X para este índice.

As funções discriminantes canônicas $Z_1, Z_2, ..., Z_s$ são combinações lineares das variáveis originais escolhidas de tal maneira que Z_1 reflete diferenças de grupo tanto quanto possível, Z_2 captura tanto quanto possível as diferenças de grupo não apresentadas por Z_1, Z_3 captura tanto quanto possível as diferenças de grupo não apresentadas por Z_1 e Z_2, etc. A expectativa é que as primeiras poucas funções sejam suficientes para contar por quase todas as importantes diferenças de grupo. Em particular, se somente a primeira ou duas funções forem necessárias para este propósito, então é possível uma representação gráfica simples do relacionamento entre os vários grupos representando os valores destas funções para os indivíduos da amostra.

8.4 Testes de significância

Vários testes de significância são úteis conjuntamente a uma análise de função discriminante. Em particular, o teste T^2 da Seção 4.3 pode ser usado para testar por uma diferença significante entre os valores médios para qualquer par de grupos, enquanto que um dos testes descritos na Seção 4.7 pode ser usado para testar por diferenças significantes globais entre as médias para os m grupos.

Além disso, um teste é algumas vezes proposto para testar se a média da função discriminante Z_j difere significantemente de grupo para grupo. Este é baseado nos autovalores individuais da matriz $W^{-1}B$. Por exemplo, algumas vezes, a estatística

$$\varphi_j^2 = \{N - 1 - (p+m)/2\} \log_e (1 + \lambda_j)$$

é usada, em que N é o número total de observações em todos os grupos. Essa estatística é então testada contra a distribuição qui-quadrado com p + m − 2j graus de liberdade (gl), e um valor significantemente grande é considerado por fornecer evidência de que os valores médios populacionais de Z_j variam de grupo para grupo. Alternativamente, a soma $\varphi_j^2 + \varphi_{j+1}^2 + ... + \varphi_s^2$ é algumas vezes usada para testar por diferenças de grupo relacionadas às funções discriminante de Z_j a Z_s. Esta é testada contra a distribuição qui-quadrado, com o gl sendo a soma daqueles associados com os termos componentes. Outros testes de uma natureza similar são também usados.

Infelizmente, estes testes são um tanto suspeitos porque a j-ésima função discriminante na população pode não aparecer como a j-ésima função discriminante na amostra por causa de erros amostrais. Por exemplo, a primeira função discriminante estimada (correspondente ao maior autovalor para a matriz amostral $W^{-1}B$) pode, na realidade, corresponder à segunda função discriminante para a população que está sendo amostrada. Simulações indicam que isso pode prejudicar seriamente os testes qui-quadrados descritos anteriormente. Portanto, parece que os testes não deveriam se apoiar sobre quantas das funções discriminantes obtidas representam diferenças reais de grupo. Veja Harris (2001) para uma discussão prolongada das dificuldades cercando estes testes e maneiras alternativas para examinar a natureza das diferenças de grupo.

Um tipo útil de teste que é válido, pelo menos para grandes amostras, envolve calcular a distância de Mahalanobis de cada uma das observações ao vetor médio para o grupo contendo a observação, como discutido na Seção 5.3. Estas distâncias devem seguir aproximadamente distribuições qui-quadrado com p graus de liberdade. Portanto, se uma observação estiver significativamente longe do centro de seu grupo em comparação com a distribuição qui-quadrado, então isso coloca em questão se a observação realmente veio daquele grupo.

8.5 Suposições

Os métodos discutidos até então neste capítulo são baseados em duas suposições. Primeira, para todos os métodos, a matriz de covariâncias dentro do grupo populacional deve ser a mesma para todos os grupos. Segunda, para testes de significância, os dados devem ter distribuição normal multivariada dentro dos grupos.

Em geral, parece que a análise multivariada que assume normalidade pode ser bastante prejudicada se esta suposição não for correta. Isso contrasta com a situação de análises univariadas como regressão e análise de variância, as quais são geralmente bastante robustas para esta suposição. Entretanto, uma falha de uma ou ambas as suposições não significa necessariamente que uma análise de função discriminante é uma perda de tempo. Por exemplo, pode muito bem acontecer de ser possível excelente discriminação em dados de distribuições não normais, apesar de poder não ser simples estabelecer a significância estatística das diferenças de grupo. Além do mais, métodos de discriminação que não requerem as suposições de normalidade e igualdade de matrizes de covariâncias populacionais estão disponíveis, como discutido na Seção 8.12.

Exemplo 8.1 Comparação de amostras de crânios egípcios

Este exemplo se refere à comparação dos valores para quatro medidas em crânios egípcios masculinos para cinco amostras variando em idade do período pré-dinástico primitivo (cerca de 4000 a.C.) ao período romano (cerca de 150 d.C.). Os dados são mostrados na Tabela 1.2, e já foi estabelecido que os valores médios diferem significantemente de amostra para amostra (Exemplo 4.3), com as diferenças tendendo a crescer com a diferença de tempo entre amostras (Exemplo 5.3).

As matrizes de somas de quadrados e produtos cruzados dentro da amostra e amostra total são calculadas como descrito na Seção 4.7. Elas são obtidas como sendo:

$$W = \begin{bmatrix} 3061{,}67 & 5{,}33 & 11{,}47 & 291{,}30 \\ 5{,}33 & 3405{,}27 & 754{,}00 & 412{,}53 \\ 11{,}47 & 754{,}00 & 3505{,}97 & 164{,}33 \\ 291{,}30 & 412{,}53 & 164{,}33 & 1472{,}13 \end{bmatrix}$$

e

$$T = \begin{bmatrix} 3563{,}89 & -222{,}81 & -615{,}16 & 426{,}73 \\ -222{,}81 & 3635{,}17 & 1046{,}28 & 346{,}47 \\ -615{,}16 & 1046{,}28 & 4309{,}27 & -16{,}40 \\ 426{,}73 & 346{,}47 & -16{,}40 & 1533{,}33 \end{bmatrix}$$

A matriz entre amostras é, portanto,

$$B = T - W = \begin{bmatrix} 502{,}83 & -228{,}15 & -626{,}63 & 135{,}43 \\ -228{,}15 & 229{,}91 & 292{,}28 & -66{,}07 \\ -626{,}63 & 292{,}28 & 803{,}30 & -180{,}73 \\ 135{,}43 & -66{,}07 & -180{,}73 & 61{,}30 \end{bmatrix}$$

Os autovalores de $W^{-1}B$ obtidos são $\lambda_1 = 0{,}437$, $\lambda_2 = 0{,}035$, $\lambda_3 = 0{,}015$ e $\lambda_4 = 0{,}002$, e as funções discriminantes canônicas correspondentes são

$$Z_1 = -0{,}0107X_1 + 0{,}0040X_2 + 0{,}0119X_3 - 0{,}0068X_4$$

$$Z_2 = 0{,}0031X_1 + 0{,}0168X_2 - 0{,}0046X_3 - 0{,}0022X_4 \quad (8.2)$$

$$Z_3 = -0{,}0068X_1 + 0{,}0010X_2 + 0{,}0000X_3 + 0{,}0247X_4$$

e

$$Z_4 = 0{,}0126X_1 - 0{,}0001X_2 + 0{,}0112X_3 + 0{,}0054X_4$$

Uma vez que λ_1 é muito maior do que os outros autovalores, é aparente que a maior parte das diferenças de amostras são descritas somente por Z_1.

As variáveis X na Equação 8.2 são os valores como mostrados na Tabela 1.2 sem padronização. A natureza das variáveis é ilustrada na Fig. 1.1, da qual pode ser visto que grandes valores de Z_1 correspondem a crânios altos, mas estreitos, com longos maxilares e alturas nasais curtas.

Os valores Z_1 para crânios individuais são calculados da maneira óbvia. Por exemplo, o primeiro crânio na amostra do pré-dinástico primitivo tem $X_1 = 131$ mm, $X_2 = 138$ mm, $X_3 = 89$ mm e $X_4 = 49$ mm. Portanto, para este crânio,

$$Z_1 = -0{,}0107 \times 131 + 0{,}0040 \times 138 + 0{,}0119 \times 89 - 0{,}0068 \times 49 = -0{,}124$$

As médias e os desvios-padrão encontrados para os valores de Z_1 para as cinco amostras são mostrados na Tabela 8.3. Pode ser visto que a média de Z_1 se tornou mais baixa ao longo do tempo, indicando uma tendência para crânios mais curtos, mais largos com maxilares curtos, mas relativamente grandes alturas nasais. Isto é, no entanto, uma mudança média. Se os 150 crânios são alocados às amostras das quais eles estão mais próximos de acordo com a função distância de Mahalanobis da Equação 8.1, então somente 51 deles (34%) são alocados às amostras às quais eles realmente pertencem (Tabela 8.4). Assim, apesar desta análise de função discriminante ter tido sucesso em pontuar as mudanças nas dimensões médias dos

Tabela 8.3 Médias e desvios-padrão para a função discriminante Z_1 com cinco amostras de crânios egípcios

Amostra	Média	Desvio-padrão
Pré-dinástico primitivo	−0,029	0,097
Pré-dinástico antigo	−0,043	0,071
12ª e 13ª dinastias	−0,099	0,075
Ptolemaico	−0,143	0,080
Romano	−0,167	0,095

Tabela 8.4 Resultados obtidos quando 150 crânios egípcios são alocados aos grupos para os quais eles têm a distância de Mahalanobis mínima

Origem do grupo	Número do grupo alocado					Total
	1	2	3	4	5	
1	12	8	4	4	2	30
2	10	8	5	4	3	30
3	4	4	15	2	5	30
4	3	3	7	5	12	30
5	2	4	4	9	11	30

crânios ao longo do tempo, ela não produziu um método satisfatório para estimar a idade dos crânios individuais.

Exemplo 8.2 Discriminação entre grupos de países europeus

Os dados mostrados na Tabela 1.5 sobre as porcentagens de empregados em nove grupos de indústrias em 30 países europeus já foram examinados pela análise de componentes principais e pela análise de fatores (Exemplos 6.2 e 7.1). Aqui, eles serão considerados do ponto de vista do quanto é possível discriminar grupos de países com base no padrão de empregos. Em particular, existiram quatro grupos naturais no período em que os dados foram coletados. Estes foram: (1) os países da União Europeia (UE): Bélgica, Dinamarca, França, Alemanha, Grécia, Irlanda, Itália, Luxemburgo, Países Baixos, Portugal, Espanha e Reino Unido; (2) os países da Área Europeia de Livre Comércio (AELC): Áustria, Finlândia, Islândia, Noruega, Suécia e Suíça; (3) os países do leste europeu: Albânia, Bulgária, República Tcheca/Eslováquia, Hungria, Polônia, Romênia, a antiga URSS e a antiga Iugoslávia; (4) os outros países, Chipre, Gibraltar, Malta e Turquia. Estes quatro grupos podem ser usados como uma base para uma análise de função discriminante. O teste lambda de Wilks (Seção 4.7) dá um resultado altamente significativo (p < 0,001), então há uma clara evidência de que, globalmente, esses grupos são significativos.

Sem considerar erros de arredondamento, as porcentagens nos nove grupos de indústrias somam 100% para cada um dos 30 países. Isso significa que qualquer uma das nove variáveis percentuais pode ser expressa como 100 menos as variáveis remanescentes. É, portanto, necessário omitir uma das variáveis a fim de implementar a análise. A última variável, a porcentagem empregada em transporte e comunicações, foi, portanto, omitida para a análise que será agora descrita.

O número de variáveis canônicas é três, neste exemplo, este sendo o mínimo entre o número de variáveis (p = 8) e o número de grupos menos um (m − 1 = 3). Estas variáveis canônicas são obtidas como sendo

$Z_1 = 0{,}427$ AGR $+ 0{,}295$ MIN $+ 0{,}359$ FAB $+ 0{,}339$ FEA $+ 0{,}222$ CON $+$

$0{,}688$ SER $+ 0{,}464$ FIN $+ 0{,}514$ SSP

$Z_2 = 0{,}674$ AGR $+ 0{,}579$ MIN $+ 0{,}550$ FAB $+ 1{,}576$ FEA $+ 0{,}682$ CON $+$

$0{,}658$ SER $+ 0{,}349$ FIN $+ 0{,}682$ SSP

$Z_3 = 0{,}732$ AGR $+ 0{,}889$ MIN $+ 0{,}873$ FAB $+ 0{,}410$ FEA $+ 0{,}524$ CON $+$

$0{,}895$ SER $+ 0{,}714$ FIN $+ 0{,}764$ SSP

Diferentes programas computacionais provavelmente têm como saídas estas variáveis canônicas com todos os sinais revertidos para os coeficientes de uma ou mais variáveis. Também pode ser desejável inverter os sinais de saída. De fato, com este exemplo, a saída do programa computacional tinha coeficientes negativos para todas as variáveis com Z_1 e Z_2. Os sinais foram, portanto, todos invertidos para tornar os coeficientes positivos. É importante notar que as porcentagens originais de empregados é que devem ser usadas nestas equações, no lugar destas porcentagens após elas terem sido padronizadas para ter médias zero e variâncias unitárias.

Os autovalores de $\mathbf{W}^{-1}\mathbf{B}$ correspondentes às três variáveis canônicas são $\lambda_1 = 5{,}349$, $\lambda_2 = 0{,}570$ e $\lambda_3 = 0{,}202$. A primeira variável canônica é, portanto, claramente a mais importante.

Visto que todos os coeficientes são positivos em todas as três variáveis canônicas, é difícil interpretar o que exatamente elas significam em termos das variáveis originais. É útil a este respeito considerar, em vez disso, as correlações entre variáveis originais e as variáveis canônicas, como mostrado na Tabela 8.5. Esta tabela inclui a variável original TC (transporte e comunicações) porque as correlações para esta variável são facilmente calculadas uma vez que os valores de Z_1 a Z_3 são conhecidos para todos os países europeus.

Pode ser visto que a primeira variável canônica tem correlações acima de 0,5 para SER (serviços), FIN (finança) e SSP (serviços social e pessoal), e uma correlação de –0,5 ou menos para AGR (agricultura, floresta e pesca) e MIN (mineração). Esta variável canônica, portanto, representa tipos de serviços de indústria em contraste com indústrias tradicionais. Não há realmente grandes correlações positivas ou negativas entre a segunda variável canônica e as variáveis originais. Entretanto, considerando as maiores correlações que existem, ela parece representar agricultura e construção, com ausência de transporte, comunicações e serviços financeiros. Finalmente, a terceira variável canônica também mostra nenhuma grande correlação, mas representa uma ausência de transporte, comunicação e construção.

Tabela 8.5 Correlações entre as porcentagens originais em diferentes grupos de empregos e as três variáveis canônicas

Grupo	Z_1	Z_2	Z_3
AGR	–0,50	0,37	0,09
MIN	–0,62	0,03	0,20
FAB	–0,02	–0,20	0,12
FEA	0,17	0,18	–0,23
CON	0,14	0,26	–0,34
SER	0,82	–0,01	0,08
FIN	0,61	–0,36	–0,09
SSP	0,56	–0,19	–0,28
TC	–0,22	–0,47	–0,41

Nota: AGR, agricultura, floresta e pesca; MIN, mineração e exploração de pedreiras; FAB, fabricação; FEA, fornecimento de energia e água; CON, construção; SER, serviços; FIN, finanças; SSP, serviços social e pessoal; TC, transporte e comunicações.

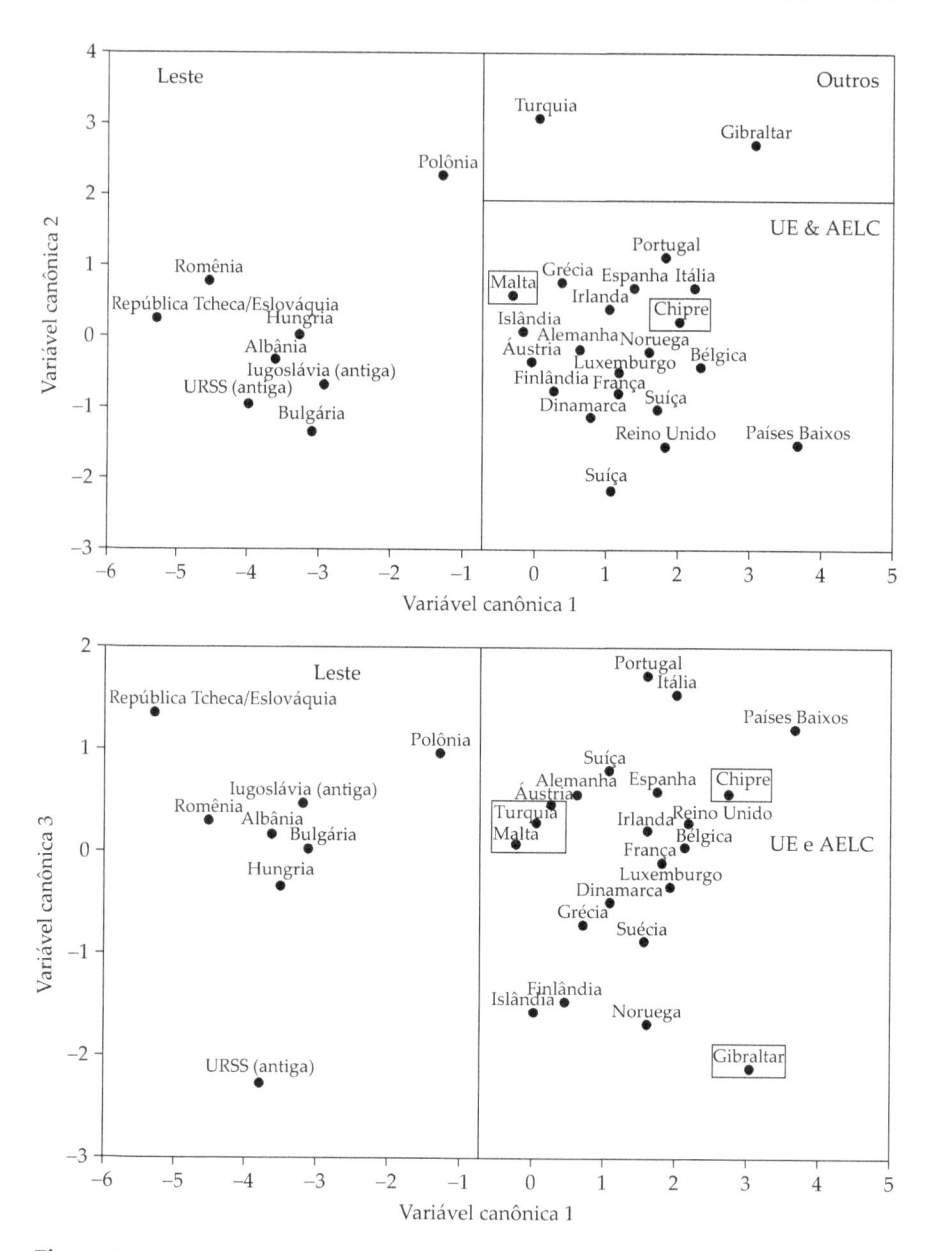

Figura 8.1 Representação de 30 países europeus contra seus valores para as primeiras três funções discriminantes canônicas. Pequenas caixas indicam países na outra categoria que não estão separados dos grupos UE e AELC.

Representações dos países contra seus valores para as variáveis canônicas são mostradas na Figura 8.1. A representação da segunda variável contra a primeira mostra uma clara distinção entre os países do leste no lado esquerdo e os outros grupos à direita. Não há clara separação entre os países da UE e da AELC, com Malta e Chipre estando no mesmo aglomerado. Turquia e Gibraltar do "outro" grupo de países aparecem no topo do lado direito. Pode ser claramente visto como a maior parte das separações ocorre com os valores horizontais para a primeira variável canônica. Com base na interpretação das variáveis canônicas dadas anteriormente, parece que nos países do leste há uma maior ênfase nas indústrias tradicionais do que em indústrias de serviços, enquanto que o oposto tende a ser verdadeiro para os outros países. Similarmente, Turquia e Gibraltar se posicionam fora por causa da maior ênfase em agricultura e construção do que em transporte, comunicações e serviços financeiros. Para Gibraltar, não há aparentemente ninguém engajado em agricultura, mas uma porcentagem muito alta em construção.

A representação da terceira variável canônica contra a primeira não mostra nenhuma real separação vertical da UE, AELC e outros grupos de países, apesar de haver alguns padrões óbvios, como os países escandinavos aparecendo juntos e próximos.

A análise de função discriminante foi bem-sucedida neste exemplo na separação dos países do leste dos outros, com menos sucesso na separação dos outros grupos. A separação é talvez mais clara do que a que foi obtida usando componentes principais, como mostrado na Figura 6.2.

8.6 Permitindo probabilidades a priori de membros de grupo

Programas computacionais frequentemente permitem muitas opções para uma análise de função discriminante. Uma situação é quando a probabilidade do elemento é inerentemente diferente para diferentes grupos. Por exemplo, se existem dois grupos, pode ser que se saiba que a maior parte dos indivíduos cai no grupo 1, enquanto que muito poucos caem no grupo 2. Neste caso, se um indivíduo deve ser alocado em um grupo, faz sentido viciar o procedimento de alocação em favor do grupo 1. Então o processo de alocar um indivíduo ao grupo do qual ele tem a menor distância de Mahalanobis deve ser modificado. Para permitir isso, alguns programas computacionais permitem que probabilidades *a priori* de membros do grupo sejam levadas em consideração na análise.

8.7 Análise de função discriminante passo a passo

Outra possível modificação da análise básica envolve implementá-la passo a passo. Neste caso, variáveis são adicionadas às funções discriminantes uma a uma até ser visto que adicionar variáveis extras não dá uma melhor discriminação significante. Há muitos diferentes critérios que podem ser usados para decidir quais variáveis incluir na análise e quais excluir.

Um problema com análise de função discriminante passo a passo é o vício que o procedimento introduz em testes de significância. Dadas suficientes variáveis, é quase certo que alguma combinação delas produzirá funções discriminantes significantes somente por acaso. Se uma análise passo a passo for implementada, então é aconselhável verificar sua validade tornando a colocá-la em funcionamento várias vezes, com uma alocação aleatória de indivíduos a grupos para ver como os resultados obtidos são significantes. Por exemplo, com os dados dos crânios egípcios, os 150 crânios poderiam ser alocados de forma completamente aleatória a cinco grupos de 30, a alocação sendo feita inúmeras vezes, e uma análise de função discriminante funcionando em cada conjunto aleatório de dados. Alguma ideia poderia então surgir da probabilidade de obter resultados significantes por meio somente do acaso.

Este tipo de análise de aleatorização para verificar uma análise de função discriminante é desnecessário em uma análise passo a passo padrão, desde que não haja razão para suspeitar das suposições por trás da análise. Poderia, entretanto, ser informativa nos casos em que os dados são claramente não normalmente distribuídos dentro dos grupos ou nos quais a matriz de covariâncias dentro do grupo não é a mesma para cada grupo. Por exemplo, Manly (2007, Exemplo 12.4) mostra uma situação na qual os resultados de uma análise de função discriminante padrão são claramente suspeitos pela comparação com os resultados de uma análise de aleatorização.

8.8 Classificação jackknife de indivíduos

Um momento de reflexão sugerirá que uma matriz de alocação como aquela mostrada na Tabela 8.4 deve tender a ter um vício em favor de alocar indivíduos ao grupo do qual ele realmente veio. Além disso, as médias dos grupos são determinadas das observações naquele grupo. Não é surpreendente que uma observação esteja mais próxima do centro de um grupo em que aquela observação ajudou na determinação daquele centro.

Para controlar este vício, alguns programas computacionais executam o que é chamada de *classificação jackknife* de observações. Esta envolve alocar cada indivíduo ao seu grupo mais próximo sem usar aqueles indivíduos para ajudar a determinar um centro de grupo. Desta maneira, qualquer vício na alocação é evitado. Na prática, frequentemente não há uma grande diferença entre a classificação simples e direta e a classificação jackknife, com a classificação jackknife usualmente dando um número levemente menor de alocações corretas.

8.9 Atribuição de indivíduos não agrupados a grupos

Alguns programas computacionais permitem a entrada dos valores dos dados para um número de indivíduos para os quais o verdadeiro grupo não é conhecido. É então possível atribuir estes indivíduos ao grupo do qual eles estão mais próximos, no sentido da distância de Mahalanobis, sob a suposição de que eles vieram de um dos m grupos que são amostrados. Obviamente, nestes casos não se saberá se a atribuição é correta. No entanto, os erros na alocação de indivíduos de grupos conhecidos são uma indicação de quão preciso o processo de atribuição provavelmente é. Por exemplo, os resultados mostrados na Tabela 8.4 indicam que alocar crânios egípcios a diferentes períodos de tempo usando dimensões de crânios, muito provavelmente, resultará em muitos erros.

8.10 Regressão logística

Uma abordabem bem diferente para discriminação entre dois grupos envolve fazer uso de regressão logística. A fim de explicar como isso é feito, o uso mais comum de regressão logística será brevemente revisto.

O contexto geral para regressão logística é que há m grupos a serem comparados, com o grupo i consistindo em n_i itens, dos quais λ_i exibem uma resposta positiva (um sucesso) e $n_i - \lambda_i$ exibem uma resposta negativa (um fracasso). A suposição feita então é que a probabilidade de um sucesso para um item no grupo i é dada por

$$\pi_i = \frac{\exp(\beta_0 + \beta_1 x_{i1} + \beta_2 x_{i2} + \ldots + \beta_p x_{ip})}{1 + \exp(\beta_0 + \beta_1 x_{i1} + \beta_2 x_{i2} + \ldots + \beta_p x_{ip})} \tag{8.3}$$

em que x_{ij} é o valor de alguma variável X_j que é a mesma para todos os itens no grupo. Desta maneira, as variáveis de X_1 a X_p podem influenciar a probabilidade de um sucesso, que assumimos como sendo a mesma para todos os itens no grupo, independentemente dos sucessos ou das falhas dos outros itens naquele ou em qualquer outro grupo. Similarmente, a probabilidade de uma falha é $1 - \pi_i$ para todos os itens no i-ésimo grupo. É permitido para alguns ou todos os grupos conter somente um item. De fato, alguns programas computacionais permitem que somente este seja o caso.

Não há nenhum problema em arbitrariamente escolher o que chamar de sucesso e o que chamar de fracasso. É fácil mostrar que reverter estas designações nos dados simplesmente resulta em todos os valores β e suas estimativas trocarem de sinal e, consequentemente, trocar π_i por $1 - \pi_i$.

A função que é usada para relacionar a probabilidade de um sucesso às variáveis X é chamada de *função logística*. Ao contrário da função de regressão múltipla padrão, a função logística força probabilidades estimadas a caírem dentro de um domínio de zero a um. É por essa razão que a regressão logística é mais sensível do que a regressão linear como um meio de modelar probabilidades.

Existem inúmeros programas computacionais disponíveis para ajustar a Equação 8.3 aos dados, i.e., para estimar os valores de β_0 a β_p, incluindo códigos do R, conforme discutido no apêndice deste capítulo.

No contexto de discriminação com duas amostras, há três diferentes tipos de situações que têm de ser considerados:

1. Os dados consistem em uma única amostra aleatória tomada de uma população de itens a qual é, ela mesma, dividida em duas partes. A aplicação da regressão logística é então direta, e a Equação 8.3 ajustada pode ser usada para dar uma estimativa da probabilidade de um item estar em uma parte da população (i.e., é um sucesso) como uma função dos valores que o item possui para as variáveis de X_1 a X_p. Além disso, a distribuição de probabilidades de sucesso para os itens amostrados é uma estimativa da distribuição destas probabilidades para a população inteira.
2. A amostragem separada é usada, onde uma amostra aleatória de tamanho n_1 é tomada da população de itens de um tipo (os sucessos), e uma amostra aleatória independente de tamanho n_2 é tomada da população de itens do segundo tipo (as falhas). A regressão logística pode ainda ser usada. Entretanto, a probabilidade estimada de um sucesso obtida da função estimada precisa ser interpretada em termos do esquema de amostragem e dos tamanhos das amostras usados.
3. Grupos de itens são escolhidos para terem valores particulares para as variáveis de X_1 a X_p, tal que os valores destas variáveis mudam de grupo para grupo. O número de sucessos em cada grupo é então observado. Neste caso, a equação de regressão logística estimada dá a probabilidade de um sucesso para um item, condicionada aos valores que o item possui para X_1 a X_p. A função estimada é, portanto, a mesma da situação 1, mas a distribuição amostral de probabilidades de um sucesso não é de maneira alguma uma estimativa da distribuição que seria encontrada na população combinada de itens que são sucessos ou fracassos.

Os seguintes exemplos ilustram as diferenças entre as situações 1 e 2, as quais são as que mais comumente ocorrem. A situação 3 é realmente apenas uma regressão logística padrão e não será considerada posteriormente aqui.

Exemplo 8.3 Pardocas sobreviventes de tempestade (reconsiderado)

Os dados na Tabela 1.1 consistem em valores para cinco variáveis morfológicas para 49 pardocas levadas em uma condição morimbunda ao laboratório de Hermon Bumpus na Universidade de Brown em Rhode Island após uma forte tempestade em 1898. Os primeiros 21 pássaros se recuperaram, e os 28 remanescentes morreram, e há algum interesse em saber se é possível discriminar entre estes dois grupos com base nas cinco medidas. Já foi mostrado que não há diferenças significantes entre os valores médios das variáveis para sobreviventes e não sobreviventes (Exemplo 4.1), apesar de os não sobreviventes poderem ter sido mais variáveis (Exemplo 4.2). Uma análise de componentes principais também confirmou os resultados de testes (Exemplo 6.1).

Esta é uma situação do tipo 1 se a suposição feita é de que os pássaros amostrados foram aleatoriamente selecionados da população de pardocas em alguma área próxima do laboratório de Bumpus. De fato, a suposição de amostragem aleatória é questionável porque não é claro como exatamente os pássaros foram coletados. Apesar disso, a suposição será feita para este exemplo.

A opção regressão logística em muitos pacotes computacionais padrão pode ser usada para ajustar o modelo

$$\pi_i = \frac{\exp(\beta_0 + \beta_1 x_{i1} + \beta_2 x_{i2} + \ldots + \beta_5 x_{i5})}{1 + \exp(\beta_0 + \beta_1 x_{i1} + \beta_2 x_{i2} + \ldots + \beta_5 x_{i5})}$$

em que

X_1 = comprimento total,
X_2 = extensão alar,
X_3 = comprimento do bico e cabeça,
X_4 = comprimento do úmero,
X_5 = comprimento do esterno (todos em mm), e
π_i denota a probabilidade do i-ésimo pássaro se recuperar da tempestade.

Um teste qui-quadrado para saber se as variáveis explicam significantemente a diferença entre sobreviventes e não sobreviventes dá o valor 2,85 com cinco graus de liberdade, o qual não é significantemente grande quando comparado com tabelas qui-quadrado. Não há, portanto, evidência a partir desta análise de que o *status* sobrevivente fosse relacionado às variáveis morfológicas. Valores estimados para β_0 até β_p são mostrados na Tabela 8.6, junto a erros padrão estimados e uma estatística qui-quadrado para testar se as estimativas individuais diferem significantemente de zero. Novamente, não há evidência de qualquer efeito significante.

Exemplo 8.4 Comparação de duas amostras de crânios egípcios

Como um exemplo de amostras separadas, no qual o tamanho da amostra nos dois grupos sendo comparados não é necessariamente relacionado de nenhuma maneira aos tamanhos populacionais respectivos, considere a comparação entre a primeira e a última amostra de crânios egípcios para as quais os dados são fornecidos na Tabela 1.2. A primeira amostra consiste em 30 crânios masculinos de túmulos na área de Tebas durante o período

Tabela 8.6 Estimativas do termo constante e dos coeficientes das variáveis X quando um modelo de regressão logística é ajustado aos dados dos sobreviventes de 49 pardocas

Variável	Estimativa de β	Erro padrão	Qui-quadrado	Valor-p
Constante	13,582	15,865	–	–
Comprimento total	–0,163	0,140	1,36	0,244
Extensão alar	–0,028	0,106	0,07	0,794
Comprimento do bico e cabeça	–0,084	0,629	0,02	0,894
Comprimento do úmero	1,062	1,023	1,08	0,299
Comprimento da quilha do esterno	0,072	0,417	0,03	0,864

Nota: O valor qui-quadrado é (estimativa de β/erro padrão)^2. O valor-p é a probabilidade de um valor deste tamanho de uma distribuição qui-quadrado com um grau de liberdade. Um valor-p pequeno (digamos menor do que 0,05) fornece evidência de que o verdadeiro valor do parâmetro concernente não é igual a zero.

pré-dinástico primitivo (cerca de 4000 a.C.) no Egito, e a última amostra consiste em 30 crânios masculinos de túmulos na mesma área durante o período Romano (cerca de 150 d.C.). Para cada crânio, estão disponíveis medidas para X_1 = largura máxima, X_2 = altura basibregamática, X_3 = comprimento do basialveolar e X_4 = altura nasal, todas em mm (Figura 1.1). Para o objetivo deste exemplo, assumiremos que as duas amostras foram efetivamente escolhidas aleatoriamente de suas respectivas populações, apesar de não haver maneira de saber quão realístico isso é.

Obviamente, os tamanhos iguais das amostras não indicam de maneira nenhuma que os tamanhos das populações nos dois períodos eram iguais. Os tamanhos são de fato completamente arbitrários porque muito mais crânios foram medidos de ambos os períodos, e um número desconhecido de crânios ou não se mantiveram intactos ou não foram encontrados. Portanto, se as duas amostras são colocadas juntas e tratadas como uma amostra de tamanho 60 para a estimativa de uma equação de regressão logística, então está claro que a probabilidade estimada de um crânio com certas dimensões ser do período pré-dinástico primitivo pode não estar realmente estimando a verdadeira probabilidade.

De fato, é difícil definir precisamente o que se entende por verdadeira probabilidade neste exemplo porque a população não é clara. Uma definição que funciona é que a probabilidade de um crânio com dimensões especificadas ser do período pré-dinástico é igual à proporção de todos os crânios com as dadas dimensões que são do período pré-dinástico, em uma população hipotética de todos os crânios masculinos, ou do período pré-dinástico ou do período romano, que poderiam ter sido recuperados por arqueologistas na região de Tebas.

Podemos mostrar (Seber, 2004, p. 312) que se uma regressão logística é implementada em uma amostra combinada para estimar o valor obtido na Equação 8.3, então a equação modificada

$$\pi_i = \frac{\exp\left(\beta_0 - \log_e\{(n_1P_2)/(n_2P_1)\} + \beta_1 x_{i1} + \beta_2 x_{i2} + \ldots + \beta_p x_{ip}\right)}{1 + \exp\left(\beta_0 - \log_e\{(n_1P_2)/(n_2P_1)\} + \beta_1 x_{i1} + \beta_2 x_{i2} + \ldots + \beta_p x_{ip}\right)} \quad (8.4)$$

é a que realmente dá a probabilidade de que um item com os valores X especificados seja um sucesso. Aqui, a Equação 8.4 difere da Equação 8.3 por causa do termo $\log_e\{(n_1P_2)/(n_2P_1)\}$ no numerador e no denominador, em que P_1 é a proporção de itens na população completa de sucessos e fracassos que são sucessos e $P_2 = 1 - P_1$ é a proporção da população que são falhas. Isso então significa que, para estimar a probabilidade de um item com os valores X especificados ser um sucesso, os valores para P_1 e P_2 precisam ser conhecidos ou podem, de alguma maneira, ser estimados separadamente dos dados da amostra, a fim de ajustar a equação de regressão logística estimada pelo fato de que os tamanhos das amostras n_1 e n_2 não são proporcionais às frequências populacionais de sucessos e fracassos. No exemplo que está sendo considerado, isso requer que estimativas das frequências relativas de crânios pré-dinásticos e romanos na área de Tebas precisem ser conhecidas a fim de serem capazes de estimar a probabilidade de um crânio ser pré-dinástico baseada nos valores que ele possui para as variáveis de X_1 a X_4.

Foi aplicada uma regressão logística aos dados combinados de 60 crânios pré-dinásticos e romanos, com um crânio pré-dinástico sendo tratado como um sucesso. O teste qui-quadrado resultante para testar o quanto um sucesso é relacionado às variáveis X é 27,13 com quatro graus de liberdade. Isto é significativamente grande ao nível de 0,1%, dando uma evidência muito forte de um relacionamento. As estimativas do termo constante e dos coeficientes das variáveis X são mostradas na Tabela 8.7. Pode ser visto que a estimativa de β_1 é significativamente diferente de zero ao nível em torno de 1%, e que β_3 é significativamente diferente de zero ao nível de 2%. Portanto, X_1 e X_3 parecem ser as variáveis importantes para discriminação entre os dois tipos de crânios.

A função ajustada pode ser usada para discriminar entre os dois grupos atribuindo valores para P_1 e $P_2 = 1 - P_1$ na Equação 8.4. Como já observado, é desejável que estes valores correspondessem a proporções populacionais de crânios pré-dinásticos e romanos. Entretanto, isso não é possível porque estas proporções não são conhecidas. Na prática, portanto, valores arbitrários precisam ser atribuídos. Por exemplo, suponha que P_1 e P_2 são iguais a 0,5. Então $\log_e\{(n_1P_2)/(n_2P_1)\} = \log_e(1) = 0$, porque $n_1 = n_2$, e a Equação 8.3 e a Equação 8.4 se tornam idênticas. A função logística, portanto, estima a probabilidade de um crânio ser pré-dinástico em uma população com frequências iguais de crânios pré-dinásticos e romanos.

Tabela 8.7 Estimativas do termo constante e dos coeficientes das variáveis X quando um modelo de regressão logística é ajustado aos dados em 30 crânios egípcios masculinos do período pré-dinástico e 30 do período romano

Variável	Estimativa de β	Erro padrão	Qui-quadrado	Valor-p
Constante	−6,732	13,081	—	—
Largura máxima	−0,202	0,075	7,13	0,008
Altura da basibregamática	0,129	0,079	2,66	0,103
Comprimento do basialveolar	0,177	0,073	5,84	0,016
Altura nasal	−0,008	0,104	0,01	0,939

Nota: O valor qui-quadrado é (estimativa de β/erro padrão)^2. O valor-p é a probabilidade de um valor deste tamanho de uma distribuição qui-quadrado com um grau de liberdade. Um valor-p pequeno (digamos menor do que 0,05) fornece evidência de que o verdadeiro valor do parâmetro concernente não é igual a zero.

O quanto a equação logística é efetiva para discriminação está indicado na Figura 8.2, a qual mostra os valores estimados de π_i para os 60 crânios da amostra. Há uma distinta diferença nas distribuições dos valores para as duas amostras, com a média para os crânios pré-dinásticos sendo em torno de 0,7 e a média para os crânios romanos sendo em torno de 0,3. Entretanto, há também uma considerável sobreposição entre as distribuições. Como resultado, se os crânios da amostra são classificados como sendo pré-dinásticos quando a equação logística dá um valor maior do que 0,5, ou como romano quando a equação dá um valor menor do que 0,5, então seis crânios pré-dinásticos são mal classificados como sendo romanos, e sete crânios romanos são mal classificados como sendo pré-dinásticos.

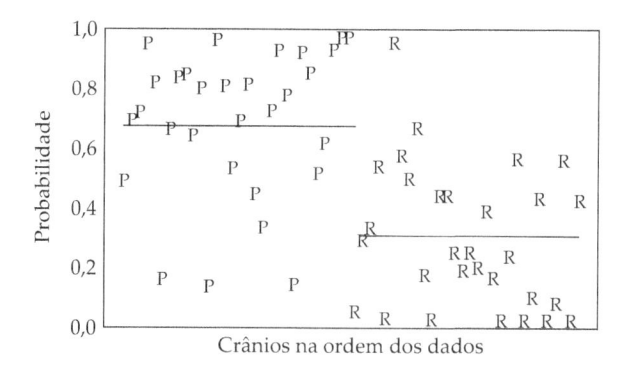

Figura 8.2 Valores de uma função de regressão logística ajustada, representados para 30 crânios pré-dinásticos (P) e 30 romanos (R). As linhas horizontais indicam a média das probabilidades de grupo.

8.11 Programas computacionais

Pacotes estatísticos maiores, incluindo o R (ver o apêndice deste capítulo), geralmente têm uma opção de função discriminante que aplica os métodos descritos nas Seções 8.2 a 8.5, baseada na suposição de normalidade da distribuição de dados. Por causa dos detalhes da ordem dos cálculos, da maneira que a saída é dada e da terminologia variando consideravelmente, pode ser necessário estudar com cuidado os manuais para determinar de forma precisa o que é feito por qualquer programa individual. A regressão logística está também amplamente disponível. Em alguns programas, há a restrição de assumir que todos os itens têm diferentes valores para as variáveis X. Entretanto, é mais comum permitir-se grupos de itens com mesmos valores de X.

8.12 Discussão e leitura adicional

A suposição de que amostras são de distribuições multivariadas com a mesma matriz de covariâncias a qual é requerida para o uso dos métodos descritos nas Seções 8.2 a 8.5 pode algumas vezes ser relaxada. Se assumimos que as amostras que estão sendo comparadas vêm de distribuições normais multivariadas com matrizes de covariância diferentes, então um método chamado de *análise de função discriminante quadrática* pode ser aplicado. Esta opção também está disponível em muitos pacotes computacionais. Veja Seber (2004, p. 297) para mais informação sobre este método e uma discussão de seu desempenho relativo à análise padrão de função discriminante linear.

A discriminação usando regressão logística foi descrita na Seção 8.10 em termos da comparação de dois grupos. Mais tratamentos detalhados deste método são fornecidos por Hosmer et al. (2013) e Collett (2002). O método pode também ser generalizado para discriminação entre mais do que dois grupos, se necessário, sob diversos nomes, incluindo *regressão multinomial*. Veja Hosmer et al. (2013, Capítulo 8) para mais detalhes. Este tipo de análise está agora se tornando uma opção padrão em pacotes computacionais.

Exercícios

1. Considere os dados na Tabela 4.5 para nove medidas de mandíbula em amostras de cinco diferentes grupos caninos. Implemente uma análise de função discriminante para ver quão bem é possível separar os grupos usando as medidas.
2. Ainda considerando os dados na Tabela 4.5, investigue cada grupo canino separadamente para ver se a regressão logística mostra uma diferença significante entre machos e fêmeas para aquelas medidas. Note que, em vista dos tamanhos pequenos de amostra disponíveis para cada grupo,

não é razoável esperar ajustar uma função logística envolvendo todas as nove variáveis, com boas estimativas de parâmetros. Portanto, deve-se levar em consideração o ajuste de funções usando somente um subconjunto das variáveis.

Referências

Collett, D. (2002). *Modelling Binary Data*. 2nd Edn. Boca Raton, FL: Chapman and Hall/CRC.

Fisher, R.A. (1936). The utilization of multiple measurements in taxonomic problems. *Annals of Eugenics* 7: 179–88.

Harris, R.J. (2001). *A Primer on Multivariate Statistics*. 2nd Edn. New York: Psychology.

Hosmer, D.W., Lemeshow, S., and Sturdivant, R.X. (2013). *Applied Logistic Regression*. 3rd Edn. New York: Wiley.

Manly, B.F.J. (2007). *Randomization, Bootstrap and Monte Carlo Methods in Biology*. 3rd Edn. Boca Raton, FL: Chapman and Hall/CRC.

Seber, G.A.F. (2004). *Multivariate Observations*. New York: Wiley-Interscience.

Apêndice: Análise função discriminante no R

A.1 Análise discriminante canônica no R

Do ponto de vista computacional, o método de funções discriminantes canônicas engloba a análise de autovalores de $W^{-1}B$ (com W e B definidas na Seção 8.3), uma tarefa que pode ser executada com a função R `eigen( )` (descrita no apêndice do Capítulo 2) e `manova` (descrita no apêndice do Capítulo 4). Esta estratégia é ilustrada para o Exemplo 8.1 (a comparação de amostras de crânios egípcios) com uma rotina R que pode ser baixada no site deste livro.

Uma alternativa para usar programação R é fornecida pela função `lda( )` (análise discriminante linear) incluída no pacote `MASS` (Venables and Ripley, 2002). Ela usa dois métodos diferentes de especificação de variáveis:

```
discan.object<-lda(group.f~ X1+X2+…,…)
```

ou

```
discan.object<-lda(Xmat, group.f,…)
```

No primeiro método, `group.f` é um fator de agrupamento e as variáveis `X1, X2,...` são as variáveis discriminadoras, lembrando-nos de que a análise discriminante envolve variáveis contínuas independentes e uma variável dependente categórica (isto é, a identificação `group.f`). A segunda opção assume que `Xmat` é uma matriz ou base de dados cujas colunas são as discriminadoras. É possível especificar probabilidades a membros de grupo em `lda( )` com a opção `prior`.

É importante notar que os coeficientes canônicos produzidos por `eigen( )` e `lda( )` diferem daqueles mostrados na Equação 8.2 porque o R escalona autovetores de várias formas. Por exemplo, `eigen( )` força cada autovetor a ter norma unitária. Essas variações não são importantes, uma vez que um conjunto de coeficientes pode ser calulado de outro conjunto com uma transformação linear apropriada. No caso da `lda`, os coeficientes canônicos são normalizados tal que a matriz de covariâncias dentro do grupo W é esférica (isto é, W é um múltiplo da matriz identidade I). De fato, o método `print` da `lda( )` não produz autovalores, produz valores singulares, os quais são a razão dos desvios-padrão entre e dentro de grupo das variáveis discriminantes lineares. Além disso, a saída da `lda( )` inclui a proporção do traço, a qual é a proporção contabilizada por cada autovalor de $W^{-1}B$ com relação à soma de todos os autovalores.

Essa proporção pode ser interpretada de forma equivalente como a variância entre grupo presente em cada eixo discriminante.

Quando `lda` é executada, o usuário pode escolher produzir uma tabela de classificação semelhante à Tabela 8.4 no Exemplo 8.1 por meio da função `predict`, usando

```
table(group.f, predict(discan.object)$class)
```

A função `predict( )` aceita um parâmetro adicional com o nome da base de dados, contendo novos dados a serem associados a um grupo particular baseado nas funções discriminantes canônicas. Vale a pena notar que `predict( )` não é necessária quando se considera classificação jackknife de indivíduos, a qual é um procedimento que pode ser produzido na `lda( )` com a opção `CV=TRUE`. Aqui, CV significa *validação*, outro nome dado em análise multivariada para o método de classificação jackknife. Um exemplo desse comando é

```
discan.object.cv <-lda(group.f~ X1+X2+..., CV =TRUE,...)
```

Aqui, o conteúdo do objeto `discan.object.cv` (uma lista) é diferente daquele gerado por `lda( )` com `CV=FALSE` (o padrão). Agora, `discan.object.cv` inclui o vetor `class`, e não é difícil construir uma tabela com membros originais de indivíduos e sua classificação jackknife baseada na análise discriminante. Veja um código exemplificando este procedimento no site do livro.

A função `lda( )` também inclui um método `plot`, o qual é útil para exibir uma, duas ou mais funções discriminantes lineares usando

```
plot(discan.object, dimen,...)
```

O resultado gráfico depende do parâmetro `dimen`, o número de dimensões escolhidas. Veja a documentação do R para mais detalhes.

Uma função alternativa e útil do R para visualização gráfica em análise discriminante canônica é oferecida por `candisc( )`, presente no pacote com o mesmo nome (Friendly and Fox, 2016). A função `candisc` usa um modelo linear multivariado como aquele produzido pela função `lm( )`. Ela gera sua própria escala dos autovetores, e seus métodos gráficos correspondentes permitem a exibição dos centroides ou das médias dos escores discriminantes para cada grupo. Os códigos R que contêm as funções `lda` e `candisc` estão disponíveis no site do livro, como auxílio computacional para análise discriminante descrita nos Exemplos 8.1 e 8.2.

A.2 Análise discriminante baseada na regressão logística no R

A regressão logística está disponível no R como uma opção de função `glm( )` para ajustar modelos lineares generalizados (Hilbe, 2009). Uma análise de regressão logística típica é escrita como

```
model.logistic <-glm
   (Y ~ X1 +X2 +..., family = binomial(link ="logit"),...)
```

em que

    Y   é uma variável resposta binária
    X1, X2, ... são variáveis explanatórias

Para usar a regressão logística na análise discriminante de duas amostras, é necessário apenas codificar uma amostra como 1 e a outra como 0 e associar estes valores binários a uma nova variável Y. As estimativas dos parâmetros de regressão logística podem ser obtidas com a função summary( )

```
summary(model.logistic)
```

Testes qui-quadrados para comparação de modelo também estão disponíveis por meio do comando anova( ). Assim,

```
anova(model.1, model.2, test="Chisq")
```

avalia se o ajuste do model.2 melhora em relação ao ajuste do model.1, assumindo que as variáveis no model.1 são um subconjunto das variáveis no model.2. Os testes qui-quadrados indicados nos exemplos da Seção 8.10 podem ser executados dessa forma, usando o R: model.1 é o modelo de intercepto (isto é, nenhuma variável) e model.2 inclui todas as discriminatórias de interesse. Códigos em R são fornecidos no site do livro (loja.grupoa.com.br) exemplificando o uso do glm e anova nos Exemplos 8.3 e 8.4.

As extensões da análise discriminante linear que estão descritas na Seção 8.7 e 8.12 estão disponíveis para o usuário R. A função stepclass localizada no pacote klaR (Weihs et al., 2005) é o que o R oferece para aqueles interessados em análise função discriminante stepwise, enquanto a função qda() no pacote MASS (Venables and Ripley, 2002) permite a separação de grupos usando análise discriminante quadrática. Finalmente, regressão politômica, a extensão da regressão logística de dois grupos para mais que dois grupos, está disponível por meio da função multinom() do pacote nnet (Venables and Ripley, 2002).

Referências

Friendly, M. and Fox, J. (2016). candisc: Visualizing Generalized Canonical Discriminant and Canonical Correlation Analysis. R package version 0.7-0. http://CRAN.R-project.org/package=candisc

Hilbe, J.M. (2009). *Logistic Regression Models*. Boca Raton, FL: Chapman and Hall/CRC.

Venables, W.N. and Ripley, B.D. (2002). *Modern Applied Statistics*. 4th Edn. New York: Springer.

Weihs, C., Ligges, U., Luebke, K., and Raabe, N. (2005). klaR analyzing German business cycles. In Baier, D., Decker, R., and Schmidt-Thieme, L. (eds). *Data Analysis and Decision Support*, pp. 335–43. Berlin: Springer.

Capítulo 9

Análise de agrupamentos

9.1 Usos de análise de agrupamentos

Suponha que exista uma amostra de n objetos, cada um dos quais tem um escore em p variáveis. Então a ideia de uma análise de agrupamentos é usar os valores das variáveis para planejar um esquema para agrupar os objetos em classes de modo que objetos similares estejam na mesma classe. O método usado precisa ser completamente numérico, e o número de classes não é usualmente conhecido. Este problema é claramente mais difícil do que o problema para uma análise de função discriminante que foi considerado no capítulo anterior, porque para começar com análise de função discriminante, os grupos são conhecidos.

Há muitas razões pelas quais uma análise de agrupamentos pode valer a pena. Pode ser uma questão de encontrar os verdadeiros grupos que presumimos realmente existirem. Por exemplo, em psiquiatria tem havido discordância sobre a classificação de pacientes depressivos, e a análise de agrupamentos tem sido usada para definir grupos objetivos. A análise de agrupamentos pode também ser útil para redução de dados. Por exemplo, um grande número de cidades pode potencialmente ser usado como teste de mercado para um novo produto, mas é somente viável usar algumas. Se colocarmos as cidades em um número pequeno de grupos de cidades similares, então um membro de cada grupo pode ser usado para o teste de mercado. Alternativamente, se a análise de agrupamentos gerar grupos inesperados, então isso poderia, em si mesmo, sugerir relacionamentos a serem investigados.

9.2 Tipos de análise de agrupamentos

Muitos algoritmos têm sido propostos para análise de agrupamentos. Aqui, a atenção será em grande parte restrita àqueles que seguem duas abordagens particulares. Primeiro, há técnicas hierárquicas que produzem um dendrograma, como mostrado na Figura 9.1. Estes métodos começam com o cálculo das distâncias de cada objeto a todos os outros objetos. Grupos são então formados por um processo de aglomeração ou divisão. Com aglomeração, todos os objetos começam sozinhos em grupos de um. Grupos próximos são então gradualmente fundidos até que finalmente todos os objetos estão em um mesmo grupo. Com divisão, todos os objetos começam em um único grupo.

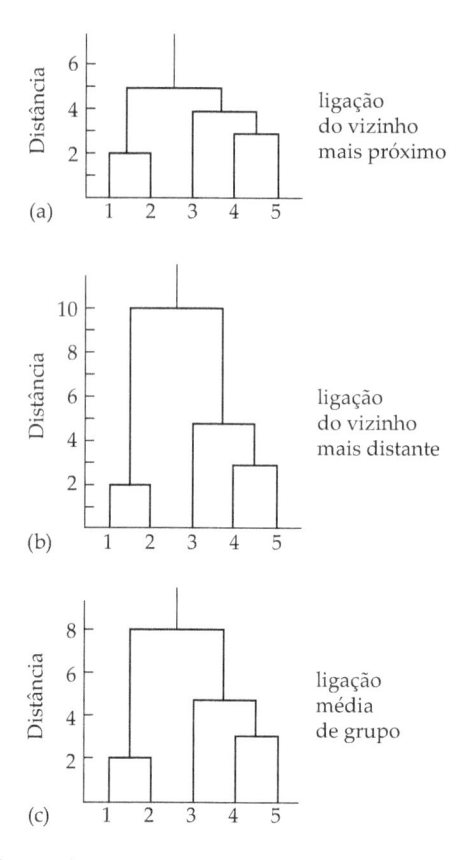

Figura 9.1 Exemplos de dendrogramas de análise de agrupamentos de cinco objetos.

A segunda abordagem para análise de agrupamentos envolve partição, com objetos podendo se mover para dentro e para fora de grupos em diferentes estágios da análise. Há muita variação nos algoritmos usados, mas a abordagem básica envolve primeiro escolher centros de grupos mais ou menos arbitrários, com objetos então alocados ao seu centro mais próximo. Novos centros são então calculados, sendo que estes representam as médias dos objetos nos grupos. Um objeto é então movido a um novo grupo se ele está mais próximo àquele centro de grupo do que do centro de seu presente grupo. Qualquer grupo que esteja próximo é fundido, grupos espalhados são partidos, etc., seguindo algumas regras definidas. O processo continua iterativamente até que seja obtida estabilidade com um número de grupos pré-determinado. Usualmente um domínio de valores é experimentado para o número final de grupos.

9.3 Métodos hierárquicos

Métodos hierárquicos de aglomeração começam com uma matriz de distâncias entre objetos. Todos os objetos começam sozinhos em grupos de tamanho um, e grupos que estão próximos se unem. Há várias maneiras de definir *próximo*. A mais simples é em termos de vizinhos mais próximos. Por exemplo, suponha que as distâncias entre cinco objetos são como mostradas na Tabela 9.1. Os cálculos para agrupamentos potenciais são, então, como mostrados na Tabela 9.2.

Grupos são fundidos a um dado nível de distância se um dos objetos em um grupo está àquela distância ou mais próximo de pelo menos um objeto do segundo grupo. A uma distância de 0, todos os cinco objetos estão em seu próprio grupo. A menor distância entre dois objetos é 2, entre o primeiro e segundo objetos. Portanto a um nível de distância 2, há quatro grupos (1,2), (3), (4) e (5). A próxima menor distância entre objetos é 3, entre os objetos 4 e 5. Portanto a uma distância de 3, há três grupos (1,2), (3) e (4,5). A próxima menor distância é 4, entre os objetos 3 e 4. Portanto, neste nível de distância, há dois grupos (1,2) e (3,4,5). Finalmente, a próxima menor distância é 5, entre 2 e 3 e entre os objetos 3 e 5. Neste nível, os dois grupos unem-se em um único grupo (1,2,3,4,5), e a análise está completa. O dendrograma mostrado na Figura 9.1a mostra como a aglomeração acontece.

Tabela 9.1 Uma matriz mostrando as distâncias entre cinco objetos

Objeto	Objeto				
	1	2	3	4	5
1	—				
2	2	—			
3	6	5	—		
4	10	9	4	—	
5	9	8	5	3	—

Nota: A distância é sempre zero entre um objeto e si mesmo, e a distância do objeto i ao objeto j é a mesma distância do objeto j ao objeto i.

Tabela 9.2 A fusão de grupos baseada em distâncias de vizinho mais próximo

Distância	Grupos
0	1, 2, 3, 4, 5
2	(1,2), 3, 4, 5
3	(1,2), 3, (4,5)
4	(1,2), (3,4,5)
5	(1,2,3,4,5)

Com a ligação de vizinho mais distante, dois grupos unem-se somente se os membros mais distantes dos dois grupos estão próximos o suficiente. Com os dados do exemplo, isso funciona como mostrado na Tabela 9.3.

O objeto 3 não se junta com os objetos 4 e 5 até a distância de nível 5 porque esta é a distância do objeto 3 dos mais distantes objetos 4 e 5. O dendrograma de vizinho mais distante é mostrado na Figura 9.1b.

Com a ligação média de grupo, dois grupos unem-se se a distância média entre eles for pequena o suficiente. Com os dados do exemplo, isso dá os resultados mostrados na Tabela 9.4. Por exemplo, os grupos (1,2) e (3,4,5) unem-se no nível de distância 7,8, pois esta é a distância média dos objetos 1 e 2 aos objetos 3, 4 e 5, as verdadeiras distâncias sendo de 1 a 3 = 6, 1 a 4 = 10, 1 a 5 = 9, 2 a 3 = 5, 2 a 4 = 9 e 2 a 5 = 8, com $(6 + 10 + 9 + 5 + 9 + 8)/9 = 7,8$. O dendrograma neste caso é mostrado na Figura 9.1c.

Métodos hierárquicos divisivos têm sido usados com menos frequência do que os de aglomeração. Os objetos são todos colocados em um grupo inicialmente, e então este é partido em dois grupos, separando o objeto que está mais distante em média dos outros objetos. Objetos do grupo principal são então movidos ao novo grupo se eles estão mais próximos deste grupo do que do grupo principal. Subdivisões posteriores ocorrem quando a distância que é permitida entre objetos no mesmo grupo é reduzida. Eventualmente todos os objetos estão em grupos de tamanho um.

Tabela 9.3 A fusão de grupos baseada nas distâncias do vizinho mais distante

Distância	Grupos
0	1, 2, 3, 4, 5
2	(1,2), 3, 4, 5
3	(1,2), 3, (4,5)
5	(1,2), (3,4,5)
10	(1,2,3,4,5)

Tabela 9.4 A fusão de grupos baseada nas distâncias médias de grupos

Distância	Grupos
0	1, 2, 3, 4, 5
2	(1,2), 3, 4, 5
3	(1,2), 3, (4,5)
4,5	(1,2), (3,4,5)
7,8	(1,2,3,4,5)

9.4 Problemas com análise de agrupamentos

Já foi mencionado que existem muitos algoritmos para análise de agrupamentos. Entretanto, não há um método aceito como o melhor. Infelizmente, diferentes algoritmos não produzem necessariamente os mesmos resultados em um determinado conjunto de dados, e existe em geral um componente subjetivo bastante amplo na avaliação dos resultados de um método particular.

Um teste honesto de qualquer algoritmo é tomar um conjunto de dados com uma estrutura de grupos conhecida e ver se o algoritmo é capaz de reproduzir esta estrutura. Parece ser fato que este teste funciona somente em casos nos quais os grupos são muito distintos. Quando existe uma sobreposição considerável entre os grupos iniciais, uma análise de agrupamentos pode produzir uma solução que é bastante diferente da verdadeira situação.

Em alguns casos, dificuldades irão surgir por causa da forma dos agrupamentos. Por exemplo, suponha que existem duas variáveis, X_1 e X_2, e os objetos são representados de acordo com seus valores para elas. Alguns possíveis padrões de pontos são ilustrados na Figura 9.2. O caso (a) provalvemente será encontrado por qualquer algoritmo razoável, como também o caso (b). No caso (c), alguns algoritmos poderiam muito bem falhar para detectar dois agrupamentos, por causa dos pontos intermediários. A maior parte dos algoritmos teria problemas para tratar casos como (d), (e) e (f).

É claro, os agrupamentos podem ser baseados somente nas variáveis que são fornecidas nos dados. Portanto, elas precisam ser relevantes para a classificação desejada. Para classificar pacientes depressivos, não há presumidamente razão em medir altura, peso ou comprimento de braços. O problema aqui é que os agrupamentos obtidos podem ser bastante sensíveis à escolha particular de variáveis que é feita. Uma escolha diferente de variáveis, aparentemente igualmente razoável, pode fornecer diferentes agrupamentos.

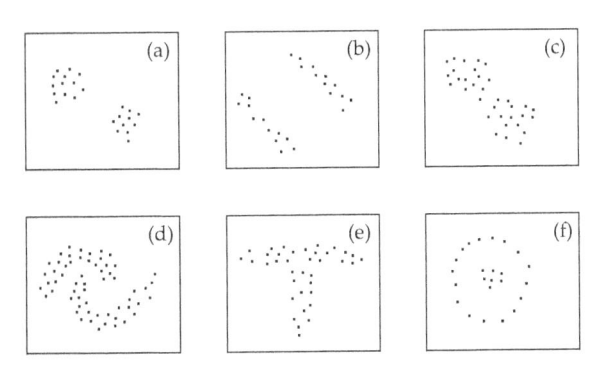

Figura 9.2 Alguns possíveis padrões de pontos quando existem dois agrupamentos.

9.5 Medidas de distâncias

Os dados para uma análise de agrupamentos consistem nos valores de p variáveis $X_1, X_2, ..., X_p$ para n objetos. Para algoritmos hierárquicos, estes valores são então usados para produzir um arranjo de distâncias entre os objetos. Medidas de distância já foram discutidas no Capítulo 5. Aqui é suficiente dizer que a função distância Euclidiana

$$d_{ij} = \left\{ \sum_{k=1}^{p} \left(x_{ik} - x_{jk} \right)^2 \right\}^{1/2} \qquad (9.1)$$

é frequentemente usada, em que

x_{ik} é o valor da variável X_k para o objeto i e
x_{jk} é o valor da mesma variável para o objeto j.

A interpretação geométrica da distância d_{ij} está ilustrada nas Figuras 5.1 e 5.2 para os casos de duas e três variáveis.

Usualmente as variáveis são padronizadas de alguma maneira antes das distâncias serem calculadas, de modo que todas as p variáveis são igualmente importantes na determinação destas distâncias. Isso pode ser feito codificando as variáveis de modos que as médias são todas zero e as variâncias são todas um. De maneira alternativa, cada variável pode ser codificada para ter um mínimo zero e um máximo um. Infelizmente, a padronização tem o efeito de minimizar diferenças de grupo, porque se os grupos forem bem separados pela variável X_i, então a variância desta variável será grande. De fato, ela deve ser grande. Seria melhor ser capaz de tornar as variâncias iguais a um dentro dos agrupamentos, mas isto obviamente não é possível, pois o ponto principal da análise é encontrar os agrupamentos.

9.6 Análise de componentes principais com análise de agrupamentos

Alguns algoritmos de análise de agrupamentos começam fazendo uma análise de componentes principais para reduzir um grande número de variáveis originais a um pequeno número de componentes principais. Isso pode reduzir drasticamente o tempo computacional para a análise de agrupamentos. Entretanto, sabe-se que os resultados de uma análise de agrupamentos podem ser bastante diferentes com ou sem a análise de componentes principais inicial. Consequentemente, evitar uma análise inicial de componentes principais pode ser a melhor opção, porque tempo computacional raramente é uma questão importante hoje.

Por outro lado, quando os primeiros dois componentes principais contam por uma alta porcentagem de variação nos dados, uma representação gráfica de indivíduos contra estes dois componentes é certamente uma maneira útil de ver os agrupamentos. Por exemplo, a Figura 6.2 mostra países europeus representados desta maneira para componentes principais baseados em porcentagens de emprego. Os países de fato parecem se agrupar de uma maneira significativa.

Exemplo 9.1 Agrupamentos de países europeus

Os dados recém-mencionados sobre as porcentagens de pessoas empregadas em nove grupos de indústrias em diferentes países da Europa (Tabela 1.5) podem ser usados para um primeiro exemplo de análise de agrupamentos. A análise deve mostrar quais países têm padrões similares de empregos e quais países são diferentes a este respeito. Como mostrado na Tabela 1.5, um agrupamento sensível existiu quando os dados foram coletados, consistindo (1) nos países da União Europeia (UE), (2) nos países da Área Europeia de Livre Comércio (AELC), (3) nos países do Leste Europeu e (4) nos quatro outros países, Chipre, Gibraltar, Malta e Turquia. É, portanto, interessante ver se esse agrupamento pode ser recuperado usando uma análise de agrupamentos.

O primeiro passo na análise envolve padronização de nove variáveis, de modo que cada uma tenha média zero e desvio-padrão um. Por exemplo, a variável 1 é AGR, a porcentagem empregada na agricultura, florestal e pesca. Para os 30 países sendo considerados, esta variável tem uma média de 12,19 e um desvio-padrão de 12,31, com o último valor calculado usando a Equação 4.1. O valor do dado AGR para a Bélgica é 2,6, o qual é padronizado para (2,6 − 12,19)/12,31 = −0,78. Similarmente, o valor do dado para Dinamarca é 5,6, o qual é padronizado para −0,54, e assim por diante. Os valores dos dados padronizados são mostrados na Tabela 9.5.

O próximo passo na análise envolve calcular as distâncias Euclidianas entre todos os pares de países. Isso pode ser feito aplicando a Equação 9.1 aos valores dos dados padronizados. Finalmente, um dendrograma pode ser formado usando, por exemplo, os processos de aglomeração, vizinho mais próximo e hierárquico descritos anteriormente. Na prática, todos estes passos podem ser executados usando um pacote estatístico adequado.

O dendrograma obtido usando o pacote NCSS (Hintze, 2012) é mostrado na Figura 9.3. Pode ser visto que os dois países mais próximos eram a Suécia e a Dinamarca. Eles estão a uma distância em torno de 0,2 um do outro. A uma distância levemente maior, a Bélgica se junta a estes dois países para formar um agrupamento. Quando a distância aumenta, mais e mais países se combinam, e a fusão termina com a Albânia juntando-se a todos os países em um agrupamento, a uma distância em torno de 1,7.

Uma interpretação do dendrograma é que existem somente quatro agrupamentos definidos por uma distância tipo vizinho mais próximo em torno de 1,0. Estes são, então, (1) Albânia, (2) Hungria e República Tcheca/Eslováquia, (3) Gibraltar e (4) todos os outros países. Isto então separa três países do leste e Gibraltar de todo o resto, o que sugere que a classificação em UE, AELC, leste e outros países não é um bom indicador de padrões de

Tabela 9.5 Valores padronizados para porcentagens de empregados em diferentes grupos de indústrias na Europa

País	AGR	MIN	FAB	FEA	CON	SER	FIN	SSP	TC
Bélgica	−0,78	−0,37	0,05	0,00	−0,45	0,24	0,51	1,13	0,28
Dinamarca	−0,54	−0,38	0,01	−0,16	−0,41	−0,22	0,61	1,07	0,44
França	−0,58	−0,35	−0,01	0,16	−0,16	0,21	0,89	0,70	−0,04
Alemanha	−0,73	−0,31	0,48	0,32	0,68	0,30	0,74	0,16	−0,69
Grécia	0,81	−0,33	−0,11	0,32	−0,27	0,50	−0,34	−0,82	0,36
Irlanda	0,13	−0,32	−0,05	0,64	−0,16	0,42	0,44	−0,17	−0,53
Itália	−0,31	−0,26	0,17	−1,29	0,57	1,16	−0,51	0,12	−0,94
Luxemburgo	−0,72	−0,38	−0,07	−0,16	0,87	1,08	0,51	0,30	0,28
Países Baixos	−0,65	−0,38	−0,11	−0,16	−2,54	0,55	1,22	1,29	0,28
Portugal	−0,06	−0,33	0,35	−0,16	0,25	0,81	−0,09	−0,27	−1,34
Espanha	−0,19	−0,33	0,09	−0,32	0,72	0,86	−0,19	−0,03	−0,53
Reino Unido	−0,81	−0,31	0,11	0,64	−0,19	0,88	1,44	0,16	0,04
Áustria	−0,39	−0,35	0,70	0,64	0,35	0,67	0,01	−0,42	−0,04
Finlândia	−0,30	−0,37	−0,10	0,64	−0,27	−0,20	0,49	0,71	0,85
Islândia	−0,14	−0,39	−0,17	0,16	0,90	−0,22	0,34	0,42	0,20
Noruega	−0,52	−0,26	−0,60	0,48	−0,38	0,38	0,24	1,20	1,34
Suécia	−0,73	−0,35	−0,14	0,00	−0,41	−0,28	0,69	1,43	0,61
Suíça	−0,54	−0,39	0,47	−1,29	0,61	0,94	1,02	−0,45	−0,21
Albânia	3,52	1,80	−2,15	−1,29	−1,51	−2,39	2,17	−3,09	−2,80
Bulgária	0,55	−0,39	1,56	−1,29	−0,30	−1,21	−1,29	−0,70	0,85
Rep. Tcheca/ Eslováquia	0,05	3,82	−2,15	−1,29	0,32	−1,05	−1,27	−0,47	0,36
Hungria	0,25	2,87	−2,15	−1,29	−0,41	−0,45	−1,67	0,04	1,90
Polônia	0,93	0,05	0,40	0,16	−0,45	−1,03	−1,34	−0,29	−1,02
Romênia	0,80	−0,10	1,86	1,93	−0,63	−1,69	−1,52	−1,34	0,28
URSS (antiga)	0,51	−0,39	0,90	−1,29	0,98	−1,50	−1,52	−0,16	1,58
Iugoslávia (antiga)	−0,58	−0,14	1,95	2,25	0,21	−0,36	−0,89	−0,90	1,09
Chipre	0,11	−0,35	−0,14	−0,48	0,57	1,56	0,01	−0,66	−0,37
Gibraltar	−0,99	−0,39	−1,43	1,93	3,43	1,72	1,04	0,80	−1,18
Malta	−0,78	−0,32	0,81	1,13	−1,07	−1,05	−0,69	1,67	0,61
Turquia	2,65	−0,29	−0,53	−0,97	−0,85	−0,63	−1,07	−1,43	−1,66

Nota: Valores obtidos das porcentagens da Tabela 1.5.

emprego. Isso contradiz a separação razoavelmente bem-sucedida de países do leste e da UE/AELC de uma análise de função discriminante (Figura 8.1). No entanto, há alguma concordância limitada com a representação gráfica de países contra os primeiros dois componentes principais, onde Albânia e Gibraltar aparecem com valores muito extremos de dados (Figura 6.2).

Uma análise alternativa foi implementada usando a opção de agrupamento K-médias no pacote NCSS (Hintze, 2012). Ela essencialmente usa o método de partição descrito na Seção 9.2, o qual começa com centros arbitrários de agrupamentos, aloca itens ao centro mais próximo, recalcula os valores médios das variáveis para cada grupo, novamente aloca indivíduos aos seus centros de grupos mais próximos para minimizar a soma total dos quadrados dentro do agrupamento, e assim por diante. Os cálculos usam variáveis

CAPÍTULO 9 – ANÁLISE DE AGRUPAMENTOS

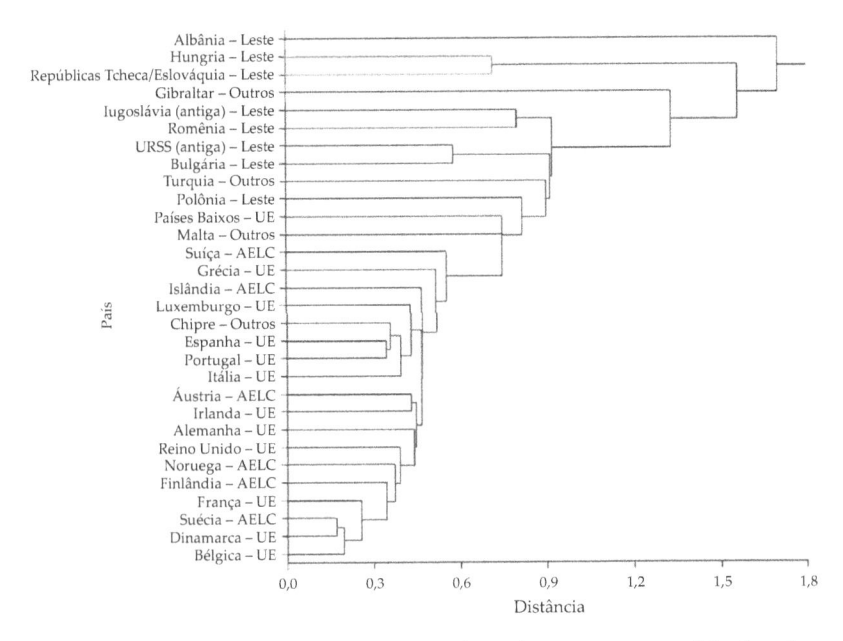

Figura 9.3 Dendrograma obtido de uma análise de agrupamentos hierárquica pelo método do vizinho mais próximo nos dados de emprego de países europeus.

padronizadas de média zero e desvio-padrão um. Dez escolhas aleatórias de agrupamentos iniciais foram testadas, variando de dois a seis agrupamentos.

A porcentagem da variação explicada variou de 73,5% com dois agrupamentos a 27,6% com seis agrupamentos. Com quatro agrupamentos, foram eles (1) Turquia e Albânia, (2) Hungria e a República Tcheca/Eslováquia, (3) Bulgária, Polônia, Romênia, URSS (antiga), Iugoslávia (antiga) e Malta, e (4) os países da UE e da AELC, Chipre e Gibraltar. Esta não é a mesma solução de quatro agrupamentos dada pelo dendrograma da Figura 9.3, apesar de haver algumas similaridades. Sem dúvida outros algoritmos para análise de agrupamentos darão soluções levemente diferentes.

Exemplo 9.2   Relação entre espécies caninas

Como um segundo exemplo, considere os dados fornecidos na Tabela 1.4 para médias de medidas de mandíbulas de sete grupos caninos. Como foi explicado antes, esses dados foram originalmente coletados como parte de um estudo sobre a relação entre cães pré-históricos, cujos restos foram descobertos na Tailândia, e as outras seis espécies vivas. Esta questão já foi considerada em termos de distâncias entre os sete grupos no Exemplo 5.1. A Tabela 5.1 mostra medidas de mandíbula padronizadas para terem médias

Tabela 9.6 Agrupamentos encontrados em diferentes níveis de distância para uma análise de agrupamento hierárquica pelo método do vizinho mais próximo

Distância	Agrupamento	Número de agrupamentos
0,00	CM, CPH, CD, LC, LI, CUON, DIN	7
0,72	(CM, CPH), CD, LC, LI, CUON, DIN	6
1,38	(CM, CPH, CUON), CD, LC, LI, DIN	5
1,63	(CM, CPH, CUON), CD, LC, LI, DIN	5
1,68	(CM, CPH, CUON, DIN), CD, LC, LI	4
1,80	(CM, CPH, CUON, DIN), CD, LC, LI	4
1,84	(CM, CPH, CUON, DIN), CD, LC, LI	4
2,07	(CM, CPH, CUON, DIN, CD), LC, LI	3
2,31	(CM, CPH, CUON, DIN, CD), (LC, LI)	2

Nota: CM = cão moderno, CD = chacal-dourado, LC = lobo chinês, LI = lobo indiano, CUON = cuon, DIN = dingo e CPH = cão pré-histórico.

zero e desvios-padrão um. A Tabela 5.2 mostra distâncias Euclidianas entre os grupos baseadas nestas medidas padronizadas.

Com somente sete espécies para agrupar, é um problema simples o de implementar uma análise de agrupamentos hierárquica pelo método do vizinho mais próximo, sem usar um computador. Então pode ser visto da Tabela 5.2 que as duas espécies mais similares são o cão pré-histórico e o cão moderno, a uma distância de 0,72. Elas, portanto, se unem em um único agrupamento naquele nível. A próxima maior distância é 1,38 entre o cuon e o cão pré-histórico, de modo que, naquele nível, o cuon se une ao agrupamento com o cão pré-histórico e o moderno. A terceira maior distância é 1,63 entre o cuon e o cão moderno, mas como estes já estão no mesmo agrupamento, ela não tem efeito. Continuando desta maneira, são produzidos os agrupamentos mostrados na Tabela 9.6. O dendrograma correspondente está mostrado na Figura 9.4.

Parece que o cão pré-histórico tem relação de proximidade com o cão tailandês moderno, com ambos sendo um tanto relacionados ao cuon e ao dingo e menos proximamente relacionados ao chacal-dourado. Os lobos indianos e chineses são os mais próximos um do outro, mas a diferença entre eles é relativamente grande.

Seria honesto dizer que, neste exemplo, a análise de agrupamentos produziu uma descrição sensível do relacionamento entre os diferentes grupos.

9.7 *Programas computacionais*

Programas computacionais para análise de agrupamento estão amplamente disponíveis, e a maioria dos pacotes estatísticos frequentemente inclui uma va-

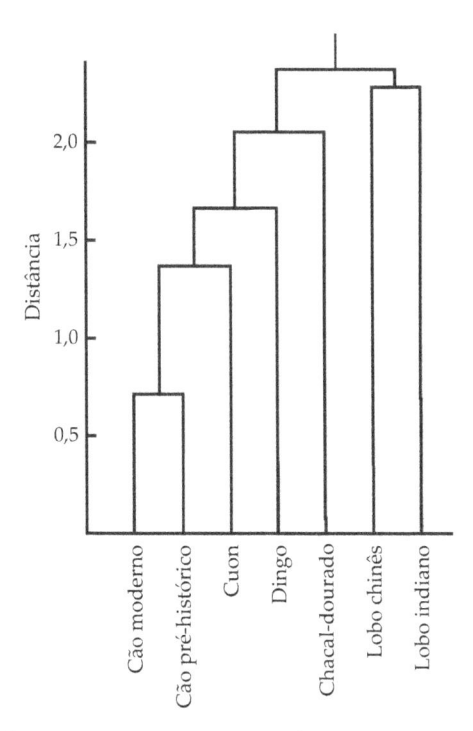

Figura 9.4 O dendrograma obtido de uma análise de agrupamentos pelo método do vizinho mais próximo para o relacionamento entre espécies caninas.

riedade de diferentes opções para os métodos hierárquico e de partição. Como os resultados obtidos usualmente variam um pouco, dependendo dos detalhes precisos dos algoritmos usados, em geral valerá a pena experimentar várias opções antes de decidir sobre o método final a ser usado na análise.

9.8 Discussão e leitura adicional

Inúmeros livros devotados à análise de agrupamentos estão disponíveis, incluindo os textos clássicos de Hartigan (1975) e Romesburg (2004) e o mais recente de Everitt et al. (2011).

Uma abordagem para agrupamentos que não foi considerada neste capítulo envolve assumir que os dados disponíveis venham de uma mistura de várias populações diferentes para as quais se assume que as distribuições são de um tipo conhecido (p. ex., normal multivariada). O problema de agrupar é então transformado no problema de estimativa, para cada uma das populações, dos parâmetros da distribuição assumida e da probabilidade de que uma observação venha daquela população. Esta abordagem tem o mérito de deslocar o problema de agrupar para longe do desenvolvimento de procedimentos *ad hoc*, na direção do contexto estatístico mais usual de estimativa de parâmetros e testes de modelos. Veja Everitt et al. (2011, Cap. 6) para uma introdução deste método.

Exercícios

1. A Tabela 9.7 mostra as quantidades das 25 espécies de plantas mais abundantes em 17 lotes de um prado de pastagem na Reserva Natural de Steneryd na Suécia medidas por Persson (1981) e usadas para um exemplo de Digby e Kempton (1987). Cada valor na tabela é a soma dos valores cobertos em um intervalo de 0 a 5 por nove quadrantes de amostra, de modo que um valor de 45 corresponde à completa cobertura pelas espécies sendo consideradas. Note que as espécies estão em ordem das mais abundantes (1) às menos abundante (25), e os lotes estão na ordem dada por Digby e Kempton (1987, Tabela 3.2), a qual corresponde à variação em certos fatores ambientais como luz e umidade. Execute uma análise de agrupamentos para estudar os relacionamentos entre (a) os 17 lotes e (b) as 25 espécies.
2. A Tabela 9.8 mostra um conjunto de dados concernentes a bens de túmulos de um cemitério em Bannadi, nordeste da Tailândia, o qual foi atenciosamente fornecido pelo Professor C.F.W. Higham. Estes dados consistem em um registro da presença ou ausência de 38 diferentes tipos de artigos em cada um dos 47 túmulos, com informação adicional sobre se os restos mortais eram de um adulto masculino, adulto feminino ou de uma criança. Os sepultamentos estão na ordem de riqueza de diferentes tipos de bens (totais variando de 0 a 11), e os bens estão na ordem da frequência de ocorrência (totais variando de 1 a 18). Execute uma análise de agrupamentos para estudar os relacionamentos entre os 47 túmulos. Há algum agrupamento em termos do tipo de restos mortais?

Referências

Digby, P.G.N. and Kempton, R.A. (1987). *Multivariate Analysis of Ecological Communities*. London: Chapman and Hall.

Everitt, B., Landau, S., and Leese, M. (2011). *Cluster Analysis*. 5th Edn. New York: Wiley.

Hartigan, J. (1975). *Clustering Algorithms*. New York: Wiley.

Hintze, J. (2012). NCSS8. NCSS LLC. www.ncss.com.

Persson, S. (1981). Ecological indicator values as an aid in the interpretation of ordination diagrams. *Journal of Ecology* 69: 71–84.

Romesburg, H.C. (2004). *Cluster Analysis for Researchers*. Morrisville: Lulu.com.

Tabela 9.7 Medidas de abundância para 25 espécies de plantas em 17 lotes na Reserva Natural de Steneryd, Suécia

Espécies	\multicolumn{17}{c}{Lotes}

Espécies	1	2	3	4	5	6	7	8	9	10	11	12	13	14	15	16	17
Festuca ovina	38	43	43	30	10	11	20	0	0	5	4	1	1	0	0	0	0
Anemone nemorosa	0	0	0	4	10	7	21	14	13	19	20	19	6	10	12	14	21
Stallaria holostea	0	0	0	0	0	6	8	21	39	31	7	12	0	16	11	6	9
Agrostis tenuis	10	12	19	15	16	9	0	9	28	8	0	4	0	0	0	0	0
Ranunculus ficaria	0	0	0	0	0	0	0	0	0	0	13	0	0	21	20	21	37
Mercurialis perennis	0	0	0	0	0	0	0	0	0	0	0	0	0	0	11	45	45
Poa pratensis	1	0	5	6	2	8	10	15	12	15	4	5	6	7	0	0	0
Rumex acetosa	0	7	0	10	9	9	3	9	8	9	2	5	5	1	7	0	0
Veronica chamaedrys	0	0	1	4	6	9	9	9	11	11	6	5	4	1	7	0	0
Dactylis glomerata	0	0	0	0	0	8	0	14	2	14	3	9	8	7	7	2	1
Fraxinus excelsior (juv.)	0	0	0	0	8	0	0	0	6	5	4	7	9	8	8	7	6
Saxifraga granulata	0	5	3	9	12	9	0	1	7	4	5	1	1	1	3	0	0
Deschampsia flexuosa	0	0	0	0	0	0	30	0	14	3	8	0	3	3	0	0	0
Luzula campestris	4	10	10	9	7	6	9	0	0	2	1	0	2	0	0	0	0
Plantago lanceolata	2	9	7	15	13	8	0	0	0	0	0	0	0	0	1	0	0
Festuca rubra	0	0	0	0	15	6	0	18	1	9	0	0	2	0	0	0	0
Hieracium pilosella	12	7	16	8	1	6	0	0	0	0	0	0	0	0	0	0	0
Geum urbanum	0	0	0	0	0	7	0	2	2	1	0	7	9	2	3	8	7
Lathyrus montanus	0	0	0	0	0	7	9	2	12	6	3	8	0	0	0	0	0
Campanula persicifolia	0	0	0	0	2	6	3	0	0	5	3	9	3	2	0	0	0
Viola riviniana	0	0	0	0	0	4	1	4	2	9	6	8	4	1	6	0	0
Hepatica nobilis	0	0	0	0	8	2	0	4	0	6	2	10	6	0	2	7	0
Achillea millefolium	1	9	16	9	5	2	0	0	0	0	0	0	0	0	0	0	0
Allium sp.	0	0	0	0	2	7	0	1	0	3	1	6	8	2	0	7	4
Trifolim repens	0	0	0	14	19	2	0	0	0	0	0	0	0	0	0	0	0

Tabela 9.8 Bens de túmulos no Cemitério Bannadi no nordeste da Tailândia

Sepulta-mento	Tipo	1	2	3	4	5	6	7	8	9	10	11	12	13	14	15	16	17	18	19	20	21	22	23	24	25	26	27	28	29	30	31	32	33	34	35	36	37	38	Soma
B33	3	0	0	0	0	0	0	0	0	0	0	0	0	0	0	0	0	0	0	0	0	0	0	0	0	0	0	0	0	0	0	0	0	0	0	0	0	0	0	0
B9	2	0	0	0	0	0	0	0	0	0	0	0	0	0	0	0	0	0	0	0	0	0	0	0	0	0	0	0	0	0	0	0	0	0	0	0	0	0	0	0
B32	2	0	0	0	0	0	0	0	0	0	0	0	0	0	0	0	0	0	0	0	0	0	0	0	0	0	0	0	0	0	0	0	0	0	0	0	0	0	0	0
B11	1	0	0	0	0	0	0	0	0	0	0	0	0	0	0	0	0	0	0	0	0	0	0	0	0	0	0	0	0	0	0	0	0	0	0	0	0	0	0	0
B28	1	0	0	0	0	0	0	0	0	0	0	0	0	0	0	0	0	0	0	0	0	0	0	0	0	0	0	0	0	0	0	0	0	0	0	0	0	0	0	0
B41	2	0	0	0	0	0	0	0	0	0	0	0	0	0	0	0	0	0	0	0	0	0	0	0	0	0	0	0	0	0	0	0	0	0	0	0	0	0	0	0
B27	2	0	0	0	0	0	0	0	0	0	0	0	0	0	0	0	0	0	0	0	0	0	0	0	0	0	0	0	0	0	0	0	0	0	0	0	0	0	0	0
B24	2	0	0	0	0	0	0	0	0	0	0	0	0	0	0	0	0	0	0	0	0	0	0	0	0	0	0	0	0	0	0	0	0	0	0	0	0	0	0	0
B39	1	0	0	0	0	0	0	0	0	0	0	0	0	0	0	0	0	0	0	0	0	0	0	0	0	0	0	0	0	0	0	0	0	0	0	0	0	0	0	0
B43	2	0	0	0	0	0	0	0	0	0	0	0	0	0	0	0	0	0	0	0	0	0	0	0	0	0	0	0	0	0	0	0	0	0	0	0	0	0	0	0
B20	2	0	0	0	0	0	0	0	0	0	0	0	0	0	0	0	0	0	0	0	0	0	0	0	0	0	0	0	0	0	0	0	0	0	0	0	0	0	0	0
B34	3	0	0	0	0	0	0	0	0	0	0	0	0	0	0	0	0	0	0	0	0	0	0	0	0	0	0	0	0	0	0	0	0	0	0	0	0	0	0	0
B27	1	0	0	0	0	0	0	0	0	0	0	0	0	0	0	0	0	0	0	0	0	0	0	0	0	0	0	0	0	1	0	0	0	0	0	0	0	0	0	1
B37	1	0	0	0	0	0	0	1	0	0	0	0	0	0	0	0	0	0	0	0	0	0	0	0	0	0	0	0	0	0	0	0	0	0	0	0	0	0	0	1
B25	2	0	0	0	0	0	0	0	0	0	0	0	0	0	0	0	0	0	0	0	0	0	0	0	0	0	0	0	0	0	0	1	0	0	0	0	0	0	0	1
B30	2	0	0	0	0	0	0	0	0	0	0	0	0	0	0	0	0	0	0	0	0	0	0	0	0	0	0	0	0	0	0	0	0	0	1	0	0	0	0	1
B21	1	0	0	0	0	0	0	0	0	0	0	0	0	0	0	0	0	0	0	0	0	0	0	0	0	0	0	0	0	0	0	0	0	0	1	0	0	0	0	1
B49	2	0	0	0	0	0	0	0	0	0	0	0	0	0	0	0	0	0	0	0	0	0	0	0	0	0	0	0	0	0	0	0	0	0	0	0	1	0	0	1
B40	2	0	0	0	0	0	0	0	0	0	0	0	0	0	0	0	0	0	0	0	0	0	0	0	0	0	0	0	0	1	0	0	0	0	0	0	0	0	0	1
BT8	2	0	0	0	0	0	0	0	0	0	0	0	0	0	0	0	0	0	0	0	0	0	0	0	0	0	0	1	0	0	0	1	0	0	0	0	0	0	0	2
BT17	2	0	0	0	0	0	0	0	0	0	0	0	0	0	0	0	0	0	0	0	0	0	0	0	0	0	0	0	0	0	0	0	1	0	1	0	0	0	0	2
BT21	1	0	0	0	0	0	0	0	0	0	0	0	0	0	0	0	0	0	0	0	0	0	0	0	0	0	0	0	0	0	0	0	0	0	1	0	1	0	0	2
BT5	1	0	0	0	0	0	0	0	0	0	0	0	0	0	0	0	0	0	0	0	0	0	0	0	0	0	0	0	0	0	0	1	0	0	0	0	0	1	0	2
B14	3	0	0	0	0	0	0	0	0	0	0	0	0	0	0	0	0	0	0	0	0	0	0	0	0	0	0	0	0	1	0	0	1	0	0	0	0	1	0	3
B31	1	0	0	0	0	0	0	0	0	0	0	0	0	0	0	0	0	0	0	0	0	0	0	0	0	0	0	0	0	0	0	0	0	1	1	0	0	1	0	3
B42	1	0	0	0	0	0	0	0	0	0	0	0	0	0	0	0	0	0	0	0	0	0	0	0	0	0	0	0	0	0	0	1	0	0	0	1	0	1	0	3
B44	2	0	0	0	0	0	0	0	0	0	0	0	0	0	0	0	0	0	0	0	0	0	1	0	0	0	0	0	0	0	0	0	0	0	0	0	1	0	1	3
B35	1	0	0	0	0	0	0	0	0	0	0	0	0	0	0	0	0	0	0	0	0	0	0	0	0	0	0	0	0	0	0	0	0	1	0	0	1	0	1	3
BT15	1	0	0	0	0	0	0	0	1	0	0	0	0	0	0	0	0	0	0	0	0	0	0	0	0	0	0	0	0	0	0	0	0	0	0	0	1	1	0	3

(Continua)

Tabela 9.8 Bens de túmulos no Cemitério Bannadi no nordeste da Tailândia (*continuação*)

Sepulta-mento	Tipo	1	2	3	4	5	6	7	8	9	10	11	12	13	14	15	16	17	18	19	20	21	22	23	24	25	26	27	28	29	30	31	32	33	34	35	36	37	38	Soma
B15	3	1	0	0	0	0	0	0	0	0	0	0	0	0	0	0	0	0	0	0	0	0	0	0	0	0	0	0	0	0	0	0	0	0	1	1	0	1	1	4
B45	3	0	0	0	0	0	0	0	0	0	0	0	0	0	0	0	0	0	0	0	0	0	0	0	0	0	0	0	1	1	0	0	0	0	1	0	1	0	0	4
B46	3	0	0	0	0	0	0	0	0	0	0	0	0	0	0	0	0	0	0	0	0	0	0	0	0	0	0	0	0	1	1	1	0	1	0	0	0	0	0	4
B17	1	0	0	0	0	0	0	0	0	0	0	0	0	0	0	0	1	0	1	0	0	0	1	0	0	0	0	0	0	0	0	0	0	0	1	0	0	0	0	4
B10	2	0	0	0	0	0	0	0	0	0	0	0	0	0	0	0	0	0	0	0	0	0	0	0	0	0	0	0	1	0	0	0	0	0	1	1	0	1	0	4
BT16	2	0	0	0	0	0	0	0	0	0	0	0	0	0	0	0	0	0	0	0	0	0	0	0	0	0	0	0	0	1	1	0	0	0	1	0	0	0	1	4
B26	2	0	0	0	0	0	0	0	0	0	0	0	0	0	0	0	0	0	0	0	0	0	0	1	0	0	0	0	0	0	0	0	0	0	0	1	0	1	1	4
B16	1	0	1	0	1	0	0	0	0	0	0	0	0	0	0	0	0	0	0	0	0	0	0	0	0	0	0	0	0	1	0	0	0	0	0	1	0	0	1	5
B29	3	0	0	0	0	0	0	0	0	0	0	0	0	0	0	0	0	0	0	0	0	1	0	0	0	0	0	0	0	1	0	0	0	0	1	0	1	1	0	5
B19	3	0	0	0	0	0	0	0	0	0	0	0	1	0	0	1	0	0	0	0	0	0	0	0	1	0	1	0	0	0	0	1	0	0	0	0	0	1	0	6
B32	2	0	0	0	0	0	0	0	0	0	0	0	0	0	0	0	0	0	0	0	0	0	0	0	1	0	0	0	0	0	1	1	1	0	0	1	0	0	1	6
B38	3	0	0	0	0	0	0	0	0	0	0	0	0	0	0	0	0	0	0	0	0	0	1	0	1	0	0	0	0	0	1	0	0	1	1	0	1	1	0	7
B36	2	0	0	0	0	0	0	0	0	0	0	0	0	0	0	0	0	0	0	0	0	0	0	0	0	1	1	1	0	0	1	0	0	0	1	1	0	0	1	7
B12	2	0	0	0	0	0	0	0	0	0	0	0	0	0	0	0	0	0	0	0	0	0	0	1	0	0	0	1	1	0	0	0	0	0	1	1	1	1	1	8
BT12	1	0	0	0	0	0	0	0	0	0	0	0	0	0	0	0	0	0	1	1	0	0	0	0	0	0	0	0	0	1	0	0	0	1	1	1	1	1	1	8
B47	1	0	0	1	0	1	1	0	0	0	0	0	0	0	0	1	0	0	0	0	0	0	0	0	0	0	0	0	0	0	0	1	0	0	0	1	1	0	1	8
B18	2	0	0	0	0	0	0	0	0	0	0	0	0	0	0	0	0	1	0	0	1	0	0	0	0	0	0	0	1	0	0	1	0	1	1	1	1	0	1	9
B48	2	0	0	0	0	0	0	0	0	1	0	0	0	0	0	1	1	1	1	1	1	1	0	0	0	0	0	0	0	0	0	0	0	0	0	1	1	1	1	11
Soma		1	1	1	1	1	1	1	1	1	1	1	1	1	1	1	1	1	1	1	1	1	2	2	3	3	3	3	4	6	6	6	6	7	8	9	12	15	16	18	144

Nota: Tipos de corpos: 1, adulto masculino; 2, adulto feminino; 3, criança.

Apêndice: Análise de agrupamento no R

A informação necessária para produzir dendrogramas aglomerativos para um conjunto de objetos é realizada por `hclust()`, uma função do R que implementa os algoritmos mais comuns para o agrupamento hierárquico. O primeiro argumento de `hclust()` é uma matriz de distância ou de dissimilaridade (dos objetos) como qualquer uma daquelas geradas pela função `dist()`, como descrita no apêndice do Capítulo 5. O algoritmo em `hclust` é o do vizinho mais distante ou ligação completa (`method=complete`). Outros métodos aglomerativos disponíveis incluem aqueles descritos no Capítulo 9 (vizinho mais próximo ou simples e ligação média) e métodos extras indicados no correspondente documento de ajuda do `hclust`. Como um exemplo, dada uma matriz de distância `d.mat`, o agrupamento de objetos por meio do grupo ligação média será escrito como

```
gr.av.link <- hclust(d.mat, average)
```

O objeto resultante contém informação crucial sobre o processo de agrupamento. Esse objeto pertence à classe `hclust` e pode ser usado como o agrupamento principal para plotar um dendrograma. Usar

```
plot(gr.av.link)
```

produzirá um dendrograma com identificação para cada objeto suspenso exatamente onde um ramo inicia, não necessariamente na distância 0. Todos os ramos dos dendrogramas mostrados no Capítulo 9 iniciam no 0, uma situação que é forçada por atribuir um número negativo após a opção `hang=`. Por exemplo,

```
plot(gr.av.link, hang = -1)
```

gera um dendrograma de `hclust` objeto `gr.av.link` com todas as identificações suspensas a partir de 0. Para obter mais controle da aparência de um dendrograma usando a função plot, é necessário converter um objeto `hclust` em um objeto dendrograma com o comando `as.dendrogram()`. Como um exemplo, o seguinte comando mostrará um dendrograma horizontal baseado no conteúdo do objeto `hclust` gerado acima, com todas as identificações dos objetos iniciando próximo à distância 0:

```
plot(as.dendrogram(gr.av.link), hang = -1, horiz= TRUE)
```

Mais opções estão disponíveis para `hclust`. Uma delas é o comando `cutree`, o qual permite ao usuário cortar o dendrograma (*tree*) em vários grupos por especificar o número desejado de grupos ou a altura de corte, isto é, a distância na qual os grupos são identificáveis. Outro comando útil é `rect.hclust`, que desenha retângulos em torno dos ramos de um dendrograma, destacando o correspondente grupo. Com esse comando, primeiro o dendrograma é cortado em certo nível, e então um retângulo é desenhado ao redor do ramo selecionado.

Várias ferramentas computacionais têm sido implementadas no R padrão e em pacotes especiais para análise de agrupamento para mineração de dados, isto é, a procura por padrão nos dados. Assim, técnicas de agrupamento foram colocadas juntas em um pacote mais extenso `cluster` (Maechler et al., 2016), a qual inclui funções para agrupamento hierárquico e não hierárquico e outros métodos todos eles com nomes femininos, como `agnes`, `daisy`, `pam` e `clara`. Como um exemplo, a potência do `hclust` foi melhorada com `agnes( )`, uma função do R localizada no pacote `cluster` que produz algoritmos de agrupamento hierárquico extras bem como um coeficiente aglomerativo que mede a quantidade de estrutura de agrupamento encontrada. Também fornece um *banner*, o qual é uma saída gráfica equivalente a um dendrograma. Veja os detalhes na documentação de ajuda do pacote `cluster`. As rotinas R encontradas no site do livro foram escritas para produzirem os dendrogramas mostrados nas Figuras 9.1 e 9.3 (Exemplo 9.1) e 9.4 (Exemplo 9.2) usando as funções `hclust` e `agnes`. Outra rotina R foi incluída para mostrar a aplicação da função `kmeans( )`, o método não hierárquico de agrupamento descrito no Exemplo 9.1

Referências

Maechler, M., Rousseeuw, P., Struyf, A., Hubert, M., and Hornik, K. (2016). cluster: Cluster Analysis Basics and Extensions. R package version 2.0.4.

Capítulo 10

Análise de correlação canônica

10.1 Generalização de uma análise de regressão múltipla

Em alguns conjuntos de dados multivariados, as variáveis se dividem naturalmente em dois grupos. Uma análise de correlação canônica pode então ser usada para investigar os relacionamentos entre os dois grupos. Um caso em questão se refere aos dados que são fornecidos na Tabela 1.3. Lá consideramos 16 colônias de borboletas *Euphydryas editha* na Califórnia e em Oregon. Para cada colônia, estão disponíveis valores para quatro variáveis ambientais e seis frequências gênicas. Uma questão óbvia a ser considerada é se existem relações entre as frequências gênicas e as variáveis ambientais. Uma maneira de investigar isto é por meio de uma análise de correlação canônica.

Outro exemplo foi fornecido por Hotelling (1936), no qual ele descreveu uma análise de correlação canônica pela primeira vez. Este exemplo envolveu os resultados de testes para velocidade de leitura (X_1), potência de leitura (X_2), velocidade aritmética (Y_1) e potência aritmética (Y_2) para 140 crianças estudantes da sétima série. A questão específica que foi considerada foi se habilidade de leitura (como medida por X_1 e X_2) está ou não relacionada com habilidade aritmética (como medida por Y_1 e Y_2).

A abordagem de uma análise de correlação canônica para responder a esta questão é procurar por uma combinação linear de X_1 e X_2

$$U = a_1 X_1 + a_2 X_2$$

e uma combinação linear de Y_1 e Y_2

$$V = b_1 Y_1 + b_2 Y_2$$

em que estas são escolhidas para fazer a correlação entre U e V tão grande quanto possível. Isto é um tanto quanto similar à ideia por trás de uma análise de componentes principais, exceto que aqui uma correlação é maximizada, no lugar de uma variância.

Com X_1, X_2, Y_1 e Y_2 padronizadas para ter variâncias unitárias, Hotelling encontrou que as melhores escolhas para U e V com o exemplo de leitura e aritmética foram

$$U = -2{,}78 X_1 + 2{,}27 X_2$$

e
$$V = -2{,}44Y_1 + 1{,}00Y_2$$

em que estas duas variáveis têm uma correlação de 0,62. Pode ser visto que U mede a diferença entre potência e velocidade de leitura, e V mede a diferença entre potência e velocidade aritmética. Portanto, parece que crianças com uma grande diferença entre X_1 e X_2 também tendem a ter uma grande diferença entre Y_1 e Y_2. É este aspecto de leitura e aritmética que mostra a maior correlação.

Em uma análise de regressão múltipla, uma única variável Y está relacionada a duas ou mais variáveis X_1, X_2, ..., X_p para ver como Y está relacionada às variáveis X. Deste ponto de vista, a análise de correlação canônica é uma generalização de regressão múltipla na qual várias variáveis Y estão simultaneamente relacionadas a várias variáveis X.

Na prática, mais de um par de variáveis canônicas podem ser calculados de um conjunto de dados. Se existem p variáveis X_1, X_2, ..., X_p e q variáveis $Y_1, Y_2,...,Y_q$, pode haver até o mínimo de p e q pares de variáveis. Isso quer dizer que relacionamentos lineares

$$U_1 = a_{11}X_1 + a_{12}X_2 + \cdots + a_{1p}X_p$$
$$U_2 = a_{21}X_1 + a_{22}X_2 + \cdots + a_{2p}X_p$$
$$\cdot$$
$$\cdot$$
$$\cdot$$
$$U_r = a_{r1}X_1 + a_{r2}X_2 + \cdots + a_{rp}X_p$$

e

$$V_1 = b_{11}Y_1 + b_{12}Y_2 + \cdots + b_{1q}Y_q$$
$$V_2 = b_{21}Y_1 + b_{22}Y_2 + \cdots + b_{2q}Y_q$$
$$\cdot$$
$$\cdot$$
$$\cdot$$
$$V_r = b_{r1}Y_1 + b_{r2}Y_2 + \cdots + b_{rq}Y_q$$

podem ser estabelecidos, em que r é o menor entre p e q. Essas relações são escolhidas de modo que a correlação entre U_1 e V_1 é um máximo; a correlação entre U_2 e V_2 é um máximo, sujeito a estas variáveis serem não correlacionadas com U_1 e V_1; a correlação entre U_3 e V_3 é um máximo sujeito a estas variáveis

CAPÍTULO 10 – ANÁLISE DE CORRELAÇÃO CANÔNICA   **183**

serem não correlacionadas com U_1, V_1, U_2, V_2; e assim por diante. Cada um dos pares de variáveis canônicas (U_1, V_1), (U_2, V_2), ..., (U_r, V_r) representa então uma dimensão independente na relação entre os dois conjuntos de variáveis $(X_1, X_2, ..., X_p)$ e $(Y_1, Y_2, ..., Y_q)$. O primeiro par (U_1, V_1) tem a mais alta correlação possível e é, portanto, o mais importante; o segundo par (U_2, V_2) tem a segunda mais alta correlação e é, portanto, o segundo mais importante, etc.

10.2 Procedimento para uma análise de correlação canônica

Assuma que a matriz de correlação $(p + q) \times (p + q)$ entre as variáveis $X_1, X_2, ..., X_p$ e $Y_1, Y_2, ..., Y_q$ tome a seguinte forma quando é calculada da amostra para a qual as variáveis são registradas:

$$\begin{array}{c} \\ \begin{array}{c} X_1 \\ X_2 \\ \vdots \\ X_p \\ Y_1 \\ Y_2 \\ \vdots \\ Y_q \end{array} \end{array} \begin{array}{c} \begin{array}{cccccc} X_1 & X_2 & \cdots & X_p & Y_1 & Y_2 & \cdots & Y_q \end{array} \\ \left[\begin{array}{c|c} \text{matriz } p \times p \\ \mathbf{A} & \text{matriz } p \times q \\ & \mathbf{C} \\ \hline \text{matriz } q \times p & \text{matriz } q \times q \\ \mathbf{C'} & \mathbf{B} \end{array} \right] \end{array}$$

Desta matriz, uma matriz $q \times q$ $\mathbf{B}^{-1}\mathbf{C'}\mathbf{A}^{-1}\mathbf{C}$ pode ser calculada, e o problema de autovalor

$$\left(\mathbf{B}^{-1}\mathbf{C'}\mathbf{A}^{-1}\mathbf{C} - \lambda\mathbf{I}\right)\mathbf{b} = \mathbf{0} \qquad (10.1)$$

pode ser considerado. Acontece que os autovalores $\lambda_1 > \lambda_2 > ... > \lambda_r$ são então os quadrados das correlações entre as variáveis canônicas, e os correspondentes autovetores, $\mathbf{b}_1, \mathbf{b}_2, ..., \mathbf{b}_r$, dão os coeficientes das variáveis Y para as variáveis canônicas. Também, os coeficientes de U_i, a i-ésima variável canônica para as variáveis X, são dados pelos elementos do vetor

$$\mathbf{a}_i = \mathbf{A}^{-1}\mathbf{C}\mathbf{b}_i \qquad (10.2)$$

Nestes cálculos, é assumido que as variáveis originais X e Y estão na forma padronizada com médias zero e desvios-padrão unitários. Os coeficientes das variáveis canônicas são para estas variáveis padronizadas.

Das Equações 10.1 e 10.2, o i-ésimo par de variáveis canônicas é calculado como

$$U_i = \mathbf{a}'_i \mathbf{X}$$

e

$$V_i = \mathbf{b}'_i \mathbf{Y}$$

em que

$\mathbf{a}'_i = (a_{i1}, a_{i2}, ..., a_{ip})$
$\mathbf{b}'_i = (b_{i1}, b_{i2}, ..., b_{iq})$
$\mathbf{X}' = (x_1, x_2, ..., x_p)$
$\mathbf{Y}' = (y_1, y_2, ..., y_q)$, com os valores de X e Y padronizados.

Como mostram claramente, U_i e V_i terão variâncias que dependem da escala adotada para o autovetor $\mathbf{b}_i$. Entretanto, é um problema simples calcular o desvio-padrão de U_i para os dados e dividir os valores a_{ij} pelo seu desvio-padrão. Isso produz uma variável canônica escalonada U_i com variância unitária. Similarmente, se os valores b_{ij} são divididos pelo desvio padrão de V_i, então isso produz um V escalonado com variância unitária.

Esta forma de padronização das variáveis canônicas não é essencial porque a correlação entre U_i e V_i não é afetada por escalonamentos. Entretanto, ela pode ser útil quando se deseja examinar os valores numéricos das variáveis canônicas para os indivíduos para os quais os dados são disponíveis.

10.3 Testes de significância

Um teste aproximado para uma relação entre as variáveis X como um todo e as variáveis Y como um todo foi proposto por Bartlett (1947) para a situação em que os dados são de uma amostra aleatória de uma distribuição normal multivariada. Ele envolve o cálculo da estatística

$$X^2 = -\{n - \tfrac{1}{2}(p+q+3)\} \sum_{i=1}^{r} \log_e(1-\lambda_i) \qquad (10.3)$$

em que n é o número de casos para os quais os dados estão disponíveis. A estatística pode ser comparada com a porcentagem de pontos da distribuição qui-quadrado com pq graus de liberdade (gl), e um valor significantemente grande fornece evidência de que pelo menos uma das r correlações canônicas é significante. Um resultado não significante indica que mesmo a maior correlação canônica pode ser explicada somente por variação de amostragem.

Algumas vezes é sugerido que este teste pode ser estendido para permitir que a importância de cada uma das correlações canônicas seja testada. Sugestões comuns são:

1. Compare a i-ésima contribuição,

$$-\{ n-\tfrac{1}{2}(p + q + 3)\} \log_e(1-\lambda_i),$$

   no lado direito da Equação 10.3 com a porcentagem de pontos da distribuição qui-quadrado tendo p + q −2i + 1gl.
2. Compare a soma da (i + 1)-ésima até a r-ésima contribuições da soma no lado direito da Equação 10.3 com a porcentagem de pontos da distribuição qui-quadrado tendo (p − i)(q − i) gl.

Aqui, assumimos que a primeira abordagem é a de testar a i-ésima correlação canônica diretamente, enquanto que a segunda é a de testar pela significância da (i+1)-ésima à r-ésima correlações canônicas como um todo.

A razão pela qual estes testes não são confiáveis é essencialmente a mesma que já foi discutida na Seção 8.4 para um teste usado com análise de função discriminante. Esta é que a i-ésima maior correlação canônica pode, de fato, ter surgido de uma correlação canônica populacional que não é a i-ésima maior. Portanto, a associação entre as r contribuições do lado direito da Equação 10.3 e as r correlações populacionais é embaçada. Veja Harris (2013) para uma discussão adicional sobre este problema.

Existem também algumas modificações da estatística de teste X^2 as quais são algumas vezes propostas para melhorar a aproximação qui-quadrado para a distribuição desta estatística quando a hipótese nula vale e o tamanho da amostra é pequeno, mas elas não serão consideradas aqui.

10.4 Interpretação de variáveis canônicas

Se

$$U_i = a_{i1}X_1 + a_{i2}X_2 + \cdots + a_{ip}X_p$$

e

$$V_i = b_{i1}Y_1 + b_{i2}Y_2 + \cdots + b_{iq}Y_q$$

então parece que U_i pode ser interpretada em termos das variáveis X com coeficientes grandes a_{ij}, e V_i pode ser interpretada em termos das variáveis Y com coeficientes grandes b_{ij}. É claro, *grande* aqui significa grande positivo ou grande negativo.

Infelizmente, correlações entre as variáveis X e Y podem atrapalhar este processo de interpretação. Por exemplo, pode acontecer que a_{i1} seja positivo, e ainda a simples correlação entre U_i e X_1 seja negativa. Esta aparente contradição pode surgir quando X_1 é altamente correlacionada com uma ou mais das outras variáveis X, resultando que parte do efeito de X_1 é explicada pelos coeficientes destas outras variáveis X. De fato, se uma das variáveis X é quase uma combinação linear das outras variáveis X, então haverá uma variedade infinita de combinações lineares das variáveis X, algumas delas com valores a_{ij} muito diferentes, que dão virtualmente os mesmos valores U_1. O mesmo pode ser dito sobre combinações lineares das variáveis Y.

Os problemas de interpretação que surgem com variáveis X e Y altamente correlacionadas devem ser familiares aos usuários de análise de regressão múltipla. Exatamente os mesmos problemas surgem com a estimativa dos coeficientes de regressão.

Realmente, é razoável dizer que se as variáveis X e Y são altamente correlacionadas, então pode não haver maneira de desmembrar suas contribuições às variáveis canônicas. Entretanto, as pessoas indubitavelmente continuarão a tentar fazer interpretações sob estas circunstâncias.

Alguns autores têm sugerido que é melhor descrever variáveis canônicas olhando para suas correlações com as variáveis X e Y do que para os coeficientes a_{ij} e b_{ij}. Por exemplo, se U_i for altamente positivamente correlacionada com X_1, então U_i pode ser considerada como refletindo X_1 em grande parte. Similarmente, se V_i for altamente negativamente correlacionada com Y_1 então V_i pode ser considerada como refletindo o oposto de Y_1 em grande parte. Esta abordagem pelo menos tem o mérito de identificar todas as variáveis com as quais as variáveis canônicas parecem estar relacionadas.

Exemplo 10.1 Correlações ambientais e genéticas para colônias de uma borboleta

Os dados na Tabela 1.3 podem ser usados para ilustrar o procedimento para uma análise de correlação canônica. Aqui há 16 colônias de borboletas *Euphydryas editha* na Califórnia e em Oregon. Elas variam com relação a quatro variáveis ambientais (altitude, precipitação anual, temperatura anual máxima e temperatura anual mínima) e seis variáveis genéticas (porcentagens de seis genes fosfoglucose-isomerase [Pgi] determinadas por eletroforese). Quaisquer relações significantes entre as variáveis ambientais e genéticas são interessantes porque podem indicar a adaptação de *E. editha* ao ambiente local.

Para esta análise de correlação canônica, as variáveis ambientais foram tratadas como as variáveis X e as frequências gênicas como as variáveis Y. Entretanto, todas as seis frequências gênicas mostradas na Tabela 1.3 não foram usadas porque elas somam 100%, o que permite que diferentes combinações lineares destas variáveis tenham a mesma correlação com uma combinação das variáveis X. Para ver isso, suponha que o primeiro par de variáveis canônicas são U_1 e V_1, em que

$$V_1 = b_{11}Y_1 + b_{12}Y_2 + \cdots + b_{16}Y_6$$

Então V_1 pode ser reescrita substituindo Y_1 por 100 menos a soma das outras variáveis para dar

$$V_1 = 100b_{11} + (b_{12} - b_{11})Y_2 + \cdots + (b_{16} - b_{11})Y_6$$

Isso significa que a correlação entre U_1 e V_1 é a mesma que aquela entre

$$(b_{12} - b_{11})Y_2 + \cdots + (b_{16} - b_{11})Y_6$$

e U_1, porque a constante $100b_{11}$ na segunda combinação linear não tem efeito na correlação. Então, duas combinações lineares das variáveis Y, possivelmente com coeficientes muito diferentes, podem servir muito bem para a variável canônica. De fato, pode ser mostrado que um número infinito de diferentes combinações lineares das variáveis Y servirá bem, e o mesmo é verdadeiro para combinações lineares de variáveis Y padronizadas.

Este problema é superado removendo uma das frequências gênicas da análise. Neste caso, a frequência gênica 1,30 foi omitida. Os dados foram também posteriormente modificados combinando as frequências baixas para os genes de mobilidade 0,40 e 0,60. Então as variáveis X sendo consideradas são X_1 = altitude, X_2 = precipitação anual, X_3 = temperatura máxima anual e X_4 = temperatura mínima anual, enquanto que as variáveis Y são Y_1 = frequência gênica de mobilidade 0,40 e 0,60, Y_2 = frequência gênica de mobilidade 0,80, Y_3 = frequência gênica de mobilidade 1,00 e Y_4 = frequência gênica de mobilidade 1,16. Continuando o desenvolvido na Seção 10.2, são os valores padronizados das variáveis que têm sido analisados de modo que,

Tabela 10.1 Matriz de correlação para variáveis medidas em colônias de *Euphydryas editha*, com partição em submatrizes **A**, **B**, **C** e **C'**

	X_1	X_2	X_3	X_4	Y_1	Y_2	Y_3	Y_4
X_1	1,000	0,568	–0,828	–0,936	–0,201	–0,573	0,727	–0,458
X_2	0,568	1,000	–0,479	–0,705	–0,468	–0,550	0,699	–0,138
X_3	–0,828	–0,479	1,000	0,719	0,224	0,536	–0,717	0,438
X_4	–0,936	0,705	0,719	1,000	0,246	0,593	–0,759	0,412
					A		**C**	
					C'		**B**	
Y_1	–0,201	–0,468	0,224	0,246	1,000	0,638	–0,561	–0,584
Y_2	–0,573	–0,550	0,536	0,593	0,638	1,000	–0,824	–0,127
Y_3	0,727	0,699	–0,717	–0,759	–0,561	–0,824	1,000	–0,264
Y_4	–0,458	–0,138	0,438	0,412	–0,584	–0,127	–0,264	1,000

para o restante deste exemplo, X_i e Y_i se referem às variáveis X e Y padronizadas. A matriz de correlações para as oito variáveis é mostrada na Tabela 10.1, sobre a qual foi feita a partição nas submatrizes **A**, **B**, **C** e **C′**, como descrito na Seção 10.2. Os autovalores obtidos da Equação 10.1 são 0,7425, 0,2049, 0,1425 e 0,0069. O cálculo das raízes quadradas dá as correspondentes correlações canônicas de 0,8617, 0,4527, 0,3775 e 0,0833, respectivamente, e as variáveis canônicas são encontradas como sendo:

$$U_1 = -0,12X_1 - 0,29X_2 + 0,47X_3 + 0,26X_4$$
$$V_1 = +0,55Y_1 + 0,42Y_2 - 0,09Y_3 + 0,83Y_4$$
$$U_2 = +2,43X_1 - 0,68X_2 + 0,48X_3 + 1,40X_4$$
$$V_2 = -1,77Y_1 - 2,26Y_2 - 3,85Y_3 - 2,85Y_4$$
$$U_3 = +2,95X_1 + 1,36X_2 + 0,58X_3 + 3,53X_4$$
$$V_3 = -3,48Y_1 - 1,30Y_2 - 3,75Y_3 - 2,75Y_4$$
$$U_4 = +1,37X_1 + 0,24X_2 + 1,70X_3 - 0,09X_4$$

e

$$V_4 = +0,66Y_1 - 1,41Y_2 - 0,50Y_3 + 0,64Y_4$$

Existem quatro correlações canônicas porque este é o mínimo entre o número de variáveis X e o número de variáveis Y (em que ambos são iguais a quatro).

Deve-se notar que alguns pacotes estatísticos podem fornecer uma ou mais das equações com sinais opostos, por exemplo com $U_1 = 0,12X_1 + 0,29X_2 - 0,47X_3 - 0,26X_4$. Isso inverteria o significado de U_1, mas não sua utilidade para os dados descritos.

Apesar de as correlações canônicas serem bastante grandes, elas não são significantes, de acordo com o teste de Bartlett, por causa do pequeno tamanho da amostra. Foi encontrado que $X^2 = 18,34$ com 16 gl; a probabilidade de um valor deste tamanho de uma distribuição qui-quadrado é em torno de 0,30.

Deixando de lado a falta de significância, é interessante ver qual interpretação pode ser dada para o primeiro par de variáveis canônicas. Da equação para U_1, pode ser visto que esta é principalmente um contraste entre X_3 (temperatura máxima) e X_4 (temperatura mínima) de um lado, e X_2 (precipitação) do outro. Para V_1, existem coeficientes positivos de moderados a grandes para Y_1 (mobilidade 0,40 e 0,60), Y_2 (mobilidade 0,80) e Y_4 (mobilidade 1,16), e um coeficiente negativo pequeno para Y_3 (mobilidade 1,00). Parece que genes de mobilidade 0,40, 0,60, 0,80 e 1,16 tendem a ser frequentes nas colônias com altas temperaturas e baixa precipitação.

As correlações entre as variáveis ambientais e U_1 são:

	Altitude	Precipitação	Temperatura máxima	Temperatura mínima
U_1	–0,92	–0,77	0,90	0,92

Isso sugere que U_1 é mais bem interpretada como uma medida de altas temperaturas e baixas altitude e precipitação. As correlações entre V_1 e as frequências de genes são:

	Mobilidade 0,40/0,60	Mobilidade 0,80	Mobilidade 1,00	Mobilidade 1,16
V_1	0,38	0,74	–0,96	0,48

Neste caso, V_1 aparece claramente como indicando uma falta de genes de mobilidade 1,00.

As interpretações de U_1 e V_1 não são as mesmas quando feitas com base nas correlações. Para U_1, a diferença não é grande e se refere somente à condição de altitude, mas para V_1 a importância de genes de mobilidade 1,00 é muito diferente. No geral, as interpretações baseadas em correlações parecem melhores e correspondem com o que é visto nos dados. Por exemplo, a colônia GL tem a maior altitude, alta precipitação, as temperaturas mais baixas e a mais alta frequência gênica de mobilidade 1,00. Entretanto, como mencionado na seção prévia, existem problemas reais com a interpretação de variáveis canônicas quando as variáveis a partir das quais ela foram construídas têm altas correlações. A Tabela 10.1 mostra que este é de fato o caso com este exemplo.

A Figura 10.1 mostra uma representação gráfica dos valores de V_1 contra os valores de U_1. É imediatamente claro que a colônia rotulada DP é um tanto quanto não usual comparada com as outras colônias porque o valor de V_1 não é similar àquele de outras colônias com valores em torno dos mesmos valores para U_1. Das interpretações dadas para U_1 e V_1, pareceria que a frequência gênica de mobilidade 1,00 é estranhamente alta para uma colônia neste ambiente. Uma inspeção dos dados na Tabela 1.3 mostra que este é o caso.

Exemplo 10.2 Variáveis solo e vegetação em Belize

Para um exemplo com um grande conjunto de dados, considere parte dos dados coletados por Green (1973) para um estudo dos fatores influenciando a locação de lugares de habitação Maya pré-históricos no distrito de Corozal em Belize na América Central. A Tabela 10.2 mostra quatro variáveis do solo e quatro variáveis da vegetação registradas para quadrados de 2,5 × 2,5 km. A análise de correlação canônica pode ser usada para estudar o relacionamento entre estes dois grupos de variáveis.

As variáveis de solo são X_1 = porcentagem do solo com enriquecimento constante de calcário, X_2 = porcentagem de solo mineral formado sobre forrageiras com cálcio na água subterrânea, X_3 = porcentagem de solo com matriz de coral sob condições de enriquecimento contínuo de calcário e X_4 = porcentagem de solos orgânico e aluvial adjacentes a rios e solos salinos orgânicos na costa. As variáveis de vegetação são Y_1 = porcentagem de floresta decídua estacional com ervas de folhas largas; Y_2 = porcentagem de florestas de locais baixos ou altos com árvores cobertas com água parada

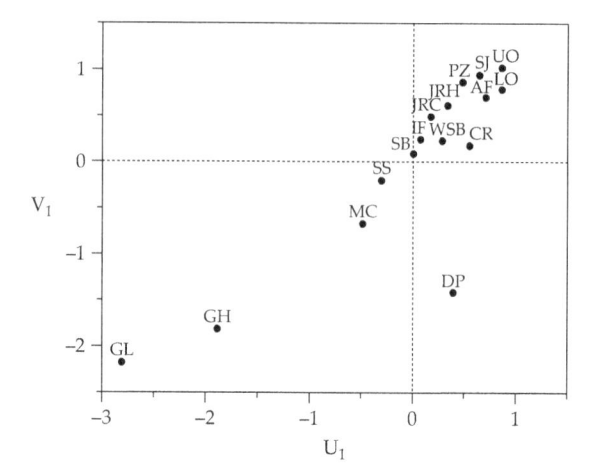

Figura 10.1 Representação de V_1 e U_1 para 16 colônias de *Euphydryas editha*.

com crescimento nativo de ervas e gramíneas, e pântanos; Y_3 = porcentagem de floresta de palmeiras cohune (palmeira das Honduras); Y_4 = porcentagem de floresta mista. As porcentagens não somam 100 para todos os quadrados, então não há necessidade de remover quaisquer variáveis antes de começar a análise. Os valores padronizados destas variáveis, com médias zero e desvios-padrão um, serão referidos no restante deste exemplo.

Existem quatro correlações canônicas (o mínimo entre o número de variáveis X e o número de variáveis Y), e elas são obtidas como sendo 0,762, 0,566, 0,243 e 0,122. A estatística X^2 da Equação 10.3 é obtida como sendo 193,63 com 16 gl, a qual é significantemente grande quando comparada com a porcentagem de pontos da distribuição qui-quadrado. Portanto, há uma evidência muito forte de que as variáveis solo e vegetação estão relacionadas. Entretanto, os dados originais são claramente não normalmente distribuídos, então este resultado deve ser tratado com alguma reserva.

As variáveis canônicas obtidas são

$$U_1 = +1{,}33X_1 + 0{,}29X_2 + 1{,}12X_3 + 0{,}56X_4$$
$$V_1 = +1{,}67Y_1 + 1{,}00Y_2 + 0{,}21Y_3 + 0{,}51Y_4$$
$$U_2 = +0{,}49X_1 + 0{,}88X_2 + 0{,}29X_3 + 0{,}97X_4$$
$$V_2 = +0{,}70Y_1 + 1{,}50Y_2 + 0{,}32Y_3 + 0{,}31Y_4$$
$$U_3 = +0{,}38X_1 - 0{,}57X_2 + 0{,}14X_3 + 0{,}87X_4$$
$$V_3 = -0{,}22Y_1 - 0{,}30Y_2 + 0{,}92Y_3 + 0{,}20Y_4$$
$$U_4 = -0{,}44X_1 - 0{,}02X_2 + 0{,}72X_3 + 0{,}15X_4$$

e

$$V_4 = +0{,}12Y_1 + 0{,}01Y_2 + 0{,}26Y_3 - 0{,}93Y_4$$

Tabela 10.2 Variáveis de solo e de vegetação para 151 quadrados de 2,5 × 2,5 km na região de Corozal em Belize

Quadrado	X_1	X_2	X_3	X_4	Y_1	Y_2	Y_3	Y_4
1	40	30	0	30	0	25	0	0
2	20	0	0	10	10	90	0	0
3	5	0	0	50	20	50	0	0
4	30	0	0	30	0	60	0	0
5	40	20	0	20	0	95	0	0
6	60	0	0	5	0	100	0	0
7	90	0	0	10	0	100	0	0
8	100	0	0	0	20	80	0	0
9	0	0	0	10	40	60	0	0
10	15	0	0	20	25	10	0	0
11	20	0	0	10	5	50	0	0
12	0	0	0	50	5	60	0	0
13	10	0	0	30	30	60	0	0
14	40	0	0	20	50	10	0	0
15	10	0	0	40	80	20	0	0
16	60	0	0	0	100	0	0	0
17	45	0	0	0	5	60	0	0
18	100	0	0	0	100	0	0	0
19	20	0	0	0	20	0	0	0
20	0	0	0	60	0	50	0	0
21	0	0	0	80	0	75	0	0
22	0	0	0	50	0	50	0	0
23	30	10	0	60	0	100	0	0
24	0	0	0	50	0	50	0	0
25	50	20	0	30	0	100	0	0
26	5	15	0	80	0	100	0	0
27	60	40	0	0	10	90	0	0
28	60	40	0	0	50	50	0	0
29	94	5	0	0	90	10	0	0
30	80	0	0	20	0	100	0	0
31	50	50	0	0	25	75	0	0
32	10	40	50	0	75	25	0	0
33	12	12	75	0	10	90	0	0
34	50	50	0	0	15	85	0	0
35	50	40	10	0	80	20	0	0
36	0	0	100	0	100	0	0	0
37	0	0	100	0	100	0	0	0

(*Continua*)

Tabela 10.2 Variáveis de solo e de vegetação para 151 quadrados de 2,5 × 2,5 km na região de Corozal em Belize (*Continuação*)

Quadrado	X_1	X_2	X_3	X_4	Y_1	Y_2	Y_3	Y_4
38	70	30	0	0	50	50	0	0
39	40	40	20	0	50	50	0	0
40	0	0	100	0	100	0	0	0
41	25	25	50	0	100	0	0	0
42	40	40	0	20	80	20	0	0
43	90	0	0	10	100	0	0	0
44	100	0	0	0	100	0	0	0
45	100	0	0	0	90	10	0	0
46	10	0	0	90	100	0	0	0
47	80	0	0	20	100	0	0	0
48	60	0	0	30	80	0	0	0
49	40	0	0	0	0	30	0	0
50	50	0	0	50	100	0	0	0
51	50	0	0	0	40	0	0	0
52	30	30	0	20	30	60	0	0
53	20	20	0	40	0	100	0	0
54	20	80	0	0	0	100	0	0
55	0	10	0	60	0	75	0	0
56	0	50	0	30	0	75	0	0
57	50	50	0	0	30	70	0	0
58	0	0	0	60	0	60	0	0
59	20	20	0	60	0	100	0	0
60	90	10	0	0	70	30	0	0
61	100	0	0	0	100	0	0	0
62	15	15	0	30	0	40	0	0
63	100	0	0	0	25	75	0	0
64	95	0	0	5	90	10	0	0
65	95	0	0	5	90	10	0	0
66	60	40	0	0	50	50	0	0
67	30	60	10	10	50	10	0	0
68	50	0	50	50	100	0	0	0
69	60	30	0	10	60	40	0	0
70	90	8	0	2	80	20	0	0
71	30	30	30	40	60	40	0	0
72	33	33	33	33	75	25	0	0
73	20	10	0	40	0	100	0	0
74	50	0	0	50	40	60	0	0

(*Continua*)

Tabela 10.2 Variáveis de solo e de vegetação para 151 quadrados de 2,5 × 2,5 km na região de Corozal em Belize (*Continuação*)

Quadrado	X_1	X_2	X_3	X_4	Y_1	Y_2	Y_3	Y_4
75	75	12	0	12	50	50	0	0
76	75	0	0	25	40	60	0	0
77	30	0	0	50	0	100	0	0
78	50	10	0	30	5	95	0	0
79	100	0	0	0	60	40	0	0
80	50	0	0	50	20	80	0	0
81	10	0	0	90	0	100	0	0
82	30	30	0	20	0	85	0	0
83	20	20	0	20	0	75	0	0
84	90	0	0	0	50	25	0	0
85	30	0	0	0	30	5	0	0
86	20	30	0	50	20	80	0	0
87	50	30	0	10	50	50	0	0
88	80	0	0	0	70	10	0	0
89	80	0	0	0	50	0	0	0
90	60	10	0	25	80	15	0	0
91	50	0	0	0	75	0	0	0
92	70	0	0	0	75	0	0	0
93	100	0	0	0	85	15	0	0
94	60	30	0	0	40	60	0	0
95	80	20	0	0	50	50	0	0
96	100	0	0	0	100	0	0	0
97	100	0	0	0	95	5	0	0
98	0	0	0	60	0	50	0	0
99	30	20	0	30	0	60	0	40
100	15	0	0	35	20	30	0	0
101	40	0	0	45	70	20	0	0
102	30	0	0	45	20	40	0	20
103	60	10	0	30	10	65	5	20
104	40	20	0	40	0	25	0	75
105	100	0	0	0	70	0	0	30
106	100	0	0	0	40	60	0	0
107	80	10	0	10	40	60	0	0
108	90	0	0	10	10	0	0	90
109	100	0	0	0	20	10	0	70
110	30	50	0	20	10	90	0	0
111	60	40	0	0	50	50	0	0

(*Continua*)

Tabela 10.2 Variáveis de solo e de vegetação para 151 quadrados de 2,5 × 2,5 km na região de Corozal em Belize (*Continuação*)

Quadrado	X_1	X_2	X_3	X_4	Y_1	Y_2	Y_3	Y_4
112	100	0	0	0	80	10	0	10
113	60	0	0	40	60	10	30	0
114	50	50	0	0	0	100	0	0
115	60	30	0	10	25	75	0	0
116	40	0	0	60	30	20	50	0
117	30	0	0	70	0	50	50	0
118	50	20	0	30	0	100	0	0
119	50	50	0	0	25	75	0	0
120	90	10	0	0	50	50	0	0
121	100	0	0	0	60	40	0	0
122	50	0	0	50	70	30	0	0
123	10	10	0	80	0	100	0	0
124	50	50	0	0	30	70	0	0
125	75	0	0	25	80	20	0	0
126	40	0	0	60	0	100	0	0
127	90	10	0	10	75	25	0	0
128	45	45	0	55	30	70	0	0
129	20	35	0	80	10	90	0	0
130	80	0	0	20	70	30	0	0
131	100	0	0	0	90	0	0	0
132	75	0	0	25	50	50	0	0
133	60	5	0	40	50	50	0	0
134	40	0	0	60	60	40	0	0
135	60	0	0	40	70	15	0	0
136	90	10	0	10	75	25	0	0
137	50	0	5	0	30	20	0	0
138	70	0	30	0	70	30	0	0
139	60	0	40	0	100	0	0	0
140	50	0	0	0	50	0	0	0
141	30	0	50	0	60	40	0	0
142	5	0	95	0	80	20	0	0
143	10	0	90	0	70	30	0	0
144	50	0	0	0	15	30	0	0
145	20	0	80	0	50	50	0	0
146	0	0	100	0	90	10	0	0
147	0	0	100	0	75	25	0	0
148	90	0	10	0	60	30	10	0

(*Continua*)

Tabela 10.2 Variáveis de solo e de vegetação para 151 quadrados de 2,5 × 2,5 km na região de Corozal em Belize (*Continuação*)

Quadrado	X_1	X_2	X_3	X_4	Y_1	Y_2	Y_3	Y_4
149	0	0	100	0	80	10	10	0
150	0	0	100	0	60	40	0	0
151	0	40	60	40	50	50	0	0

Nota: X_1 = % de solo com enriquecimento constante de calcário, X_2 = % de solo de prado com cálcio na água subterrânea, X_3 = % de solo com matriz de coral sob condições de enriquecimento constante de calcário e X_4 = % de solos aluvial e orgânico adjacentes a rios e solo orgânico salino na costa. Y_1 = % de floresta decídua estacional com ervas de folhas largas; Y_2 = % de floresta de locais altos e baixos coberta com água, plantas herbáceas em lugares úmidos e pântanos; Y_3 = % de floresta de palma de cohune e Y_4 = % de floresta mista.

De fato, as combinações lineares dadas aqui por U_1, V_1, U_2 e V_2 não são as da saída do programa usado para fazer os cálculos, porque as combinações lineares da saída tinham, todas, coeficientes negativos para as variáveis X e Y. Uma troca do sinal é justificada porque a correlação entre $-U_i$ e $-V_i$ é a mesma que entre U_i e V_i. Então $-U_i$ e $-V_i$ servirão, assim como U_i e V_i, como as i-ésimas variáveis canônicas. Note, entretanto, que trocando sinais para U_1, V_1, U_2 e V_2, mudamos os sinais das correlações entre estas variáveis canônicas e as variáveis X e Y, como mostrado na Tabela 10.3.

Considerando as correlações mostradas na Tabela 10.3 (particularmente aquelas fora do domínio de –0,5 a +0,5), parece que as variáveis canônicas podem ser descritas como medindo principalmente:

- U_1: a presença de solos tipo 1 (solo com enriquecimento constante de calcário) e 3 (solo com matriz de coral sob condições de enriquecimento constante de calcário)
- V_1: a presença de vegetação tipo 1 (floresta decídua estacional com ervas de folhas largas)
- U_2: a presença de solos tipo 2 (solo de prado com cálcio na água subterrânea) e 4 (solos aluvial e orgânico adjacentes a rios e solo orgânico salino na costa)
- V_2: a presença de vegetação tipo 2 (floresta de locais altos e baixos coberta com água, plantas herbáceas em lugares úmidos e pântanos) e a ausência de vegetação tipo 1.
- U_3: a presença de solo tipo 4 e a ausência de solo tipo 2

Tabela 10.3 Correlações entre as variáveis canônicas e as variáveis X e Y

	U_1	U_2	U_3	U_4		V_1	V_2	V_3	V_4
X_1	0,57	–0,20	0,00	–0,80	Y_1	0,80	–0,55	–0,07	0,24
X_2	–0,06	0,69	–0,72	–0,04	Y_2	–0,40	0,89	–0,22	0,03
X_3	0,42	–0,23	–0,17	0,86	Y_3	0,04	0,17	0,95	0,28
X_4	–0,36	0,58	0,71	0,19	Y_4	0,11	–0,01	0,25	–0,96

V_3: a presença de vegetação tipo 3 (floresta de palmeiras das Honduras)
U_4: a presença de solo tipo 3 e a ausência de solo tipo 1
V_4: a presença de vegetação tipo 4 (floresta mista)

Parece, portanto, que os relacionamentos mais importantes entre as variáveis solo e vegetação, como descritas pelos primeiros dois pares de variáveis canônicas, são: (a) a presença de solos tipos 1 e 3 e a ausência de solo tipo 4 são associados com a presença de vegetação tipo 1. (b) a presença de solos tipos 2 e 4 é associada com a presença de vegetação tipo 2 e a ausência de vegetação tipo 1.

É instrutivo examinar uma representação de draftsman das variáveis canônicas e os números de casos, como mostrado na Figura 10.2. As fortes correlações entre U_1 e V_1 e entre U_2 e V_2 são aparentes, como se pode esperar. Talvez o fato mais intrigante mostrado pelas representações são as distribuições não usuais de V_3 e V_4. Muitos dos valores são bastante similares, em torno de –0,2 para V_3 e em torno de +0,2 para V_4. Entretanto, há valores extremos para alguns casos (observações) entre 100 e 120. A inspeção dos dados na Tabela 10.2 mostra que estes casos extremos são para os quadrados nos quais vegetação dos tipos 3 e 4 estava presente, o que faz perfeito sentido a partir da definição de V_3 e V_4.

Antes de deixar este exemplo, é apropriado mencionar um problema potencial que ainda não foi citado. Este se refere à correlação espacial nos dados

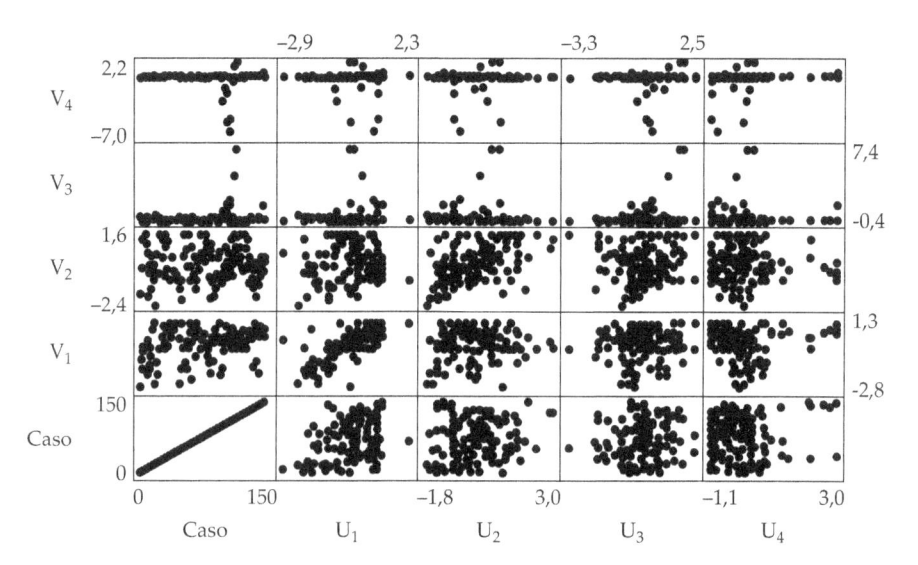

Figura 10.2 Representação de draftsman de variáveis canônicas obtidas dos dados em variáveis de solo e de vegetação para quadrados de 2,5 km em Belize. (Note que, para melhorar a leitura, algumas das unidades de escalas para o eixo U e eixo V aparecem, respectivamente, acima e à direita das representações.)

por quadrados que estão próximos no espaço, e particularmente aqueles que são adjacentes. Se tal correlação existe de modo que, por exemplo, quadrados vizinhos tendem a ter o mesmo solo e vegetação característica, então os dados não fornecem 151 observações independentes. Com efeito, o conjunto de dados será equivalente a dados independentes de algum número menor de quadrados. O efeito disso aparecerá principalmente no teste de significância das correlações canônicas como um todo, com uma tendência para que estas correlações pareçam ser mais significantes do que elas realmente são.

O mesmo problema também existe potencialmente com o exemplo prévio sobre as colônias de borboletas *Euphydryas editha*, porque algumas das colônias estavam bastante próximas no espaço. Deveras, este é um problema potencial sempre que são feitas observações em diferentes lugares no espaço. A maneira para evitar o problema é assegurar que sejam feitas observações suficientemente afastadas umas das outras para que sejam independentes ou quase independentes, apesar de isso ser frequentemente mais fácil de ser dito do que feito. Há métodos disponíveis que levam em conta correlações espaciais nos dados, mas estes estão além do escopo deste livro.

10.5 Programas computacionais

O apêndice deste capítulo traz informação sobre pacotes do R que podem ser usados para conduzir as análises descritas neste capítulo. Contudo, a opção para análise de correlação canônica não está tão amplamente disponível nos pacotes estatísticos quanto as opções para análises multivariadas que foram consideradas nos capítulos anteriores. Ainda assim, pacotes maiores certamente fornecem-na.

10.6 Leitura adicional

Não existem muitos livros disponíveis que se concentrem somente na teoria e nas aplicações de análise de correlação canônica. Além do mais, os livros que estão disponíveis foram escritos há algum tempo. Uma referência útil é o livro de Giffins (1985) sobre aplicações de análise de correlação canônica em ecologia. Cerca da metade desse texto é voltada à teoria, e o restante focaliza exemplos específicos de plantas. Um texto mais curto com uma ênfase em ciências sociais é o de Thompson (1985).

Exercícios

A Tabela 10.4 mostra o resultado da combinação dos dados das Tabelas 1.5 e 6.7 sobre fontes de proteínas e padrões de empregos em países europeus para 22 países onde estes dados coincidem. Use uma análise de correlação canônica

Tabela 10.4 Fontes de proteína e porcentagens empregadas em diferentes grupos de indústrias para países europeus

País	CV	CB	OVOS	LEITE	PEIX	CER	ACA	GNL	F&V	AGR	MIN	FAB	FEA	CON	SER	FIN	SSP	TC
Albânia	10	1	1	9	0	42	1	6	2	55,5	19,4	0,0	0,0	3,4	3,3	15,3	0,0	3,0
Áustria	9	14	4	20	2	28	4	1	4	7,4	0,3	26,9	1,2	8,5	19,1	6,7	23,3	6,4
Bélgica	14	9	4	18	5	27	6	2	4	2,6	0,2	20,8	0,8	6,3	16,9	8,7	36,9	6,8
Bulgária	8	6	2	8	1	57	1	4	4	19,0	0,0	35,0	0,0	6,7	9,4	1,5	20,9	7,5
Dinamarca	11	11	4	25	10	22	5	1	2	5,6	0,1	20,4	0,7	6,4	14,5	9,1	36,3	7,0
Finlândia	10	5	3	34	6	26	5	1	1	8,5	0,2	19,3	1,2	6,8	14,6	8,6	33,2	7,5
França	18	10	3	20	6	28	5	2	7	5,1	0,3	20,2	0,9	7,1	16,7	10,2	33,1	6,4
Grécia	10	3	3	18	6	42	2	8	7	22,2	0,5	19,2	1,0	6,8	18,2	5,3	19,8	6,9
Hungria	5	12	3	10	0	40	4	5	4	15,3	28,9	0,0	0,0	6,4	13,3	0,0	27,3	8,8
Irlanda	14	10	5	26	2	24	6	2	3	13,8	0,6	19,8	1,2	7,1	17,8	8,4	25,5	5,8
Itália	9	5	3	14	3	37	2	4	7	8,4	1,1	21,9	0,0	9,1	21,6	4,6	28,0	5,3
Países Baixos	10	14	4	23	3	22	4	2	4	4,2	0,1	19,2	0,7	0,6	18,5	11,5	38,3	6,8
Noruega	9	5	3	23	10	23	5	2	3	5,8	1,1	14,6	1,1	6,5	17,6	7,6	37,5	8,1
Polônia	7	10	3	19	3	36	6	2	7	23,6	3,9	24,1	0,9	6,3	10,3	1,3	24,5	5,2
Portugal	6	4	1	5	14	27	6	5	8	11,5	0,5	23,6	0,7	8,2	19,8	6,3	24,6	4,8
Romênia	6	6	2	11	1	50	3	5	3	22,0	2,6	37,9	2,0	5,8	6,9	0,6	15,3	6,8
Espanha	7	3	3	9	7	29	6	6	7	9,9	0,5	21,1	0,6	9,5	20,1	5,9	26,7	5,8
Suécia	10	8	4	25	8	20	4	1	2	3,2	0,3	19,0	0,8	6,4	14,2	9,4	39,5	7,2
Suíça	13	10	3	24	2	26	3	2	5	5,6	0,0	24,7	0,0	9,2	20,5	10,7	23,1	6,2
Reino Unido	17	6	5	21	4	24	5	3	3	2,2	0,7	21,3	1,2	7,0	20,2	12,4	28,4	6,5
URSS (antiga)	9	5	2	17	3	44	6	3	3	18,5	0,0	28,8	0,0	10,2	7,9	0,6	25,6	8,4
Iugoslávia (antiga)	4	5	1	10	1	56	3	6	3	5,0	2,2	38,7	2,2	8,1	13,8	3,1	19,1	7,8

Nota: CV = carne vermelha; CB = carne branca; OVOS = ovos; LEITE = leite; PEIX = peixe; CER = cereais; ACA = alimentos com amido; GNL = grãos, nozes e óleo de linhaça; F&V = frutas e vegetais; AGR = agricultura, florestal e pesca; MIN = mineração e exploração de pedreiras; FAB = fabricação; FEA = fornecimento de energia e água; CON = construção; SER = serviços; FIN = finança; SSP = serviços social e pessoal; TC = transporte e comunicações.

para investigar a relação, se houver alguma, entre a natureza do emprego em um país e o tipo de alimento que é usado como proteína.

Referências

Bartlett, M.S. (1947). The general canonical correlation distribution. *Annals of Mathematical Statistics* 18: 1–17.

Giffins, R. (1985). Canonical Analysis: *A Review with Applications in Ecology*. Berlin: Springer.

Green, E.L. (1973). Location analysis of prehistoric Maya sites in British Honduras. *American Antiquity* 38: 279–93.

Harris, R.J. (2013). *A Primer of Multivariate Statistics*. 3rd Edn. New York and Hove: Psychology Press.

Hotelling, H. (1936). Relations between two sets of variables. *Biometrika* 28: 321–77.

Thompson, B. (1985). *Canonical Correlation Analysis: Uses and Interpretations*. Thousand Oaks, CA: Sage.

Apêndice: Correlação canônica no R

A análise de correlação canônica é basicamente um problema de autovalor, como definido pela Equação 10.1; então, torna-se evidente que as correlações canônicas para dois conjuntos de variáveis (digamos, variáveis X e Y) são facilmente computadas no R com a função `eigen( )`. O esforço de programação não é notavelmente reduzido se o usuário decide executar `cancor (matX, matY)`, o comando básico oferecido pelo R no pacote padrão `stats` para análise de correlação canônica. Aqui, `matX e matY` são matrizes contendo as variáveis X e Y, respectivamente. `Cancor( )` somente permite dados centralizados, tal que `scale( )` deve ser rodado toda vez que a padronização dos dados for requerida. A saída do `cancor( )` é bastante simples. Ela consiste nas correlações, nos coeficientes das combinações lineares que definem as variáveis canônicas e nas médias das variáveis X e Y incluídas na análise.

Uma jaqueta do `cancor( )` (isto é, uma função com o mesmo nome) foi incluída em `candisc` (Friendly and Fox, 2016), um pacote já comentado no apêndice do Capítulo 8 para análise de função discriminante. A função `cancor( )` implementada no `candisc` permite cálculos mais gerais e gráficos de variáveis canônicas em duas dimensões. Também permite a padronização de dados e fornece um conjunto de testes lambda de Wilks como alternativas ao teste de Bartlett descrito na Seção 10.3. Além disso, as matrizes de correlação entre as variáveis X e Y, e suas correspondentes variáveis canônicas U_i e V_i, são partes da saída produzida pela versão melhorada da `cancor( )`.

O teste qui-quadrado de Bartlett está incluído como a função `cca( )` encontrada no pacote `yacca` (Butts, 2012) (acrônimo de *"yet another package for canonical correlation analysis"* – mais um pacote para análise de correlação canônica). O nome `cca( )` não foi a melhor escolha aqui pois tem o mesmo nome utilizado para o método multivariado análise de correspondência restrita (Oksanen, 2016). Este método foi mencionado no Capítulo 12 com o nome de *análise de correspondência canônica* (Legendre and Legendre, 2012). Um comando típico envolvendo `cca` para análise de correlação canônica toma a forma

```
cca.object <- cca(matX, matY, xscale= TRUE, yscale= TRUE)
```

Aqui, `matX e matY` são matrizes de dados não padronizados cujas colunas são internamente padronizadas por `cca` como uma resposta às opções xscale = TRUE e yscale = TRUE.

Há mais dois pacotes contendo funções para análise de correlação canônica no R. Um deles é o pacote `CCA` (González and Déjean, 2012), o qual inclui a função `cca( )`, uma versão regularizada de análise de correlação canônica para lidar com conjunto de dados com mais variáveis do que unidades. O segundo pacote é `vegan` (Oksanen et al., 2016), no qual a função chamada de `CCorA( )` permite análises de correlação canônica melhores em casos de dados muito raros (com muitos zeros) e matrizes colineares (com colunas linearmente dependentes). Recomendamos que o leitor reveja os detalhes dessas duas funções nas referências dadas a seguir e na documentação de ajuda do R.

Recomendamos cancor( ), implementada no candisc, e a função cca do yacca como as funções mais adequadas para análise de correlação canônica no R. De fato, os dois comandos são suficientes para produzir os resultados para os Exemplos 10.1 e 10.2. As rotinas em R correspondentes estão disponíveis no site do livro.

Referências

Butts, C.T. (2012). Yacca: Yet Another Canonical Correlation Analysis Package. R package version 1.1. https://CRAN.R-project.org/package=yacca

Friendly, M. and Fox, J. (2016). candisc: Visualizing Generalized Canonical Discriminant and Canonical Correlation Analysis. R package version 0.7-0. http://CRAN.R-project.org/package=candisc

González, I. and Déjean, S. (2012). CCA: Canonical correlation analysis. R package version 1.2. https://CRAN.R-project.org/package=CCA

Legendre, P. and Legendre, L. (2012). *Numerical Ecology*. 3rd Edn. Amsterdam: Elsevier.

Oksanen, J. (2016). *Vegan: An Introduction to Ordination*. https://cran.r-project.org/web/packages/vegan/vignettes/intro-vegan.pdf

Oksanen, J., Blanchet, F.G., Friendly, M., Kindt, R., Legendre, P., McGlinn, D., Minchin, P.R., et al. (2016). vegan: Community Ecology Package. R package version 2.4-0. http://CRAN.R--project.org/package=vegan

Capítulo 11

Escalonamento multidimensional

11.1 Construção de um mapa de uma matriz de distâncias

O escalonamento multidimensional é projetado para construir um diagrama mostrando as relações entre um certo número de objetos, sendo dada somente uma tabela de distâncias entre objetos. O diagrama é então um tipo de mapa que pode ser em uma dimensão (se os objetos caem em uma reta), em duas dimensões (se os objetos caem em um plano), em três dimensões (se os objetos podem ser representados por pontos no espaço) ou em um número mais alto de dimensões (caso em que uma simples representação geométrica não é possível).

O fato de ser possível construir um mapa de uma tabela de distâncias pode ser visto considerando o exemplo de quatro objetos – A, B, C e D – mostrados na Figura 11.1. As distâncias entre os objetos são dadas na Tabela 11.1. Por exemplo, a distância de A a B, a qual é a mesma que a distância de B a A, é 6,0, enquanto que a distância de cada objeto a si mesmo é sempre 0,0. Parece plausível que o mapa possa ser reconstituído de um arranjo de distâncias. Entretanto, é também aparente que uma imagem espelhada do mapa, como mostrado na Figura 11.2, terá o mesmo arranjo de distâncias entre objetos. Consequentemente, parece claro que uma reconstituição do mapa original estará sujeita a uma possível reversão deste tipo.

É também aparente que se mais de três objetos estão envolvidos, então eles não se encontram sobre um plano. Neste caso, a matriz de distâncias conterá

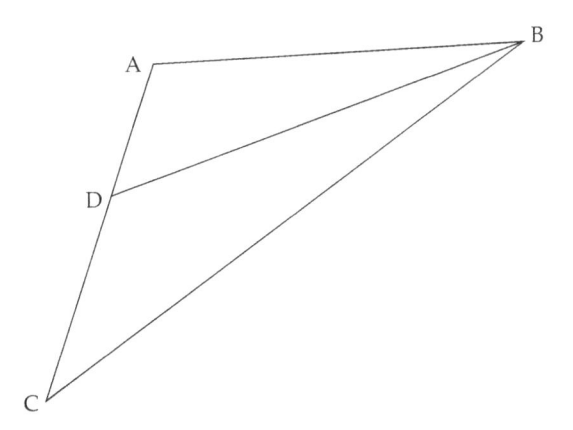

Figura 11.1 Quatro objetos em duas dimensões.

Tabela 11.1 Distâncias Euclidianas entre os objetos mostrados na Figura 11.1

	A	B	C	D
A	0,0	6,0	6,0	2,5
B	6,0	0,0	9,5	7,8
C	6,0	9,5	0,0	3,5
D	2,5	7,8	3,5	0,0

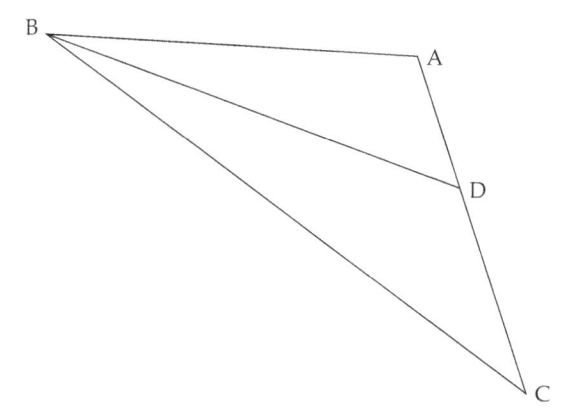

Figura 11.2 Uma imagem espelhada dos objetos na Figura 11.1 para os quais as distâncias entre os objetos são as mesmas.

implicitamente esta informação. Por exemplo, o arranjo de distâncias mostrado na Tabela 11.2 requer três dimensões para mostrar as relações espaciais entre os quatro objetos. Infelizmente, com dados reais, usualmente não é conhecido o número de dimensões necessárias para uma representação. Então, com dados reais, normalmente uma variedade de dimensões precisa ser experimentada.

A utilidade do escalonamento multidimensional vem do fato de que muitas vezes surgem situações nas quais a relação subjacente entre objetos não é conhecida, mas a matriz de distâncias pode ser estimada. Por exemplo, em psicologia, sujeitos podem ser capazes de verificar quão similares ou diferentes são pares individuais de objetos sem serem capazes de extrair uma percepção global das relações entre os objetos. O escalonamento multidimensional pode, então, fornecer esta percepção.

No presente momento, há uma ampla variedade de técnicas de análise de dados que estão sob o título geral de escalonamento multidimensional. Somente as mais simples serão consideradas aqui, sendo elas os métodos clássicos propostos por Togerson (1952) e Kruskal (1964a, 1964b). Um método relacionado chamado de *análise de coordenadas principais* é discutido no Capítulo 12.

Tabela 11.2 Uma matriz de distâncias entre quatro objetos em três dimensões

	A	B	C	D
A	0	1	$\sqrt{2}$	$\sqrt{2}$
B	1	0	1	1
C	$\sqrt{2}$	1	0	$\sqrt{2}$
D	$\sqrt{2}$	1	$\sqrt{2}$	0

11.2 Procedimento para escalonamento multidimensional

Um escalonamento multidimensional clássico começa com uma matriz de distâncias entre n objetos que têm δ_{ij}, a distância do objeto i ao objeto j, na i-ésima linha e j-ésima coluna. O número de dimensões para o mapeamento dos objetos é fixado por uma solução particular em t (1 ou mais). Diferentes programas computacionais usam diferentes métodos para implementar análises, mas geralmente algo como os seguintes passos é envolvido:

1. Uma configuração inicial é estabelecida para os n objetos em t dimensões, i.e., coordenadas $(x_1, x_2, ..., x_t)$ são assumidas para cada objeto em um espaço t-dimensional.
2. As distâncias Euclidianas entre os objetos são calculadas para a configuração assumida. Seja d_{ij} a distância entre o objeto i e o objeto j para esta configuração.
3. Uma regressão de d_{ij} em δ_{ij} é feita onde, como mencionado acima, δ_{ij} é a distância entre o objeto i e o objeto j, de acordo com os dados de entrada. A regressão pode ser linear, polinomial ou monótona. Por exemplo, uma regressão linear assume que

$$d_{ij} = \alpha + \beta_{ij}\delta_{ij} + \varepsilon_{ij}$$

em que

ε_{ij} é um termo de erro, enquanto que
α e β são constantes.

Uma regressão monótona assume somente que se δ_{ij} cresce, então d_{ij} ou cresce ou permanece constante, mas nenhum relacionamento exato entre δ_{ij} e d_{ij} é assumido. As distâncias ajustadas da equação de regressão ($\hat{d}_{ij} = \alpha + \beta_{ij}$, assumindo regressão linear) são chamadas *disparidades*. Isso quer dizer que as disparidades $\hat{d}_{ij}$ são as distâncias de dados δ_{ij}, escalonadas para emparelhar com as distâncias de configuração d_{ij} tão proximamente quanto possível.

4. A qualidade de ajuste entre as distâncias de configuração e as disparidades é medida por uma estatística adequada. Uma possibilidade é a fórmula stress de Kruskal, a qual é

$$\text{STRESS}1 = \left\{ \sum \left(d_{ij} - \hat{d}_{ij}\right)^2 / \sum \hat{d}_{ij}^2 \right\}^{1/2} \tag{11.1}$$

A palavra *stress* é usada aqui porque a estatística é uma medida do quanto a configuração espacial de pontos tem de ser forçada para obter os dados de distâncias δ_{ij}.

5. As coordenadas $(x_1, x_2, ..., x_t)$ de cada objeto são alteradas levemente de tal maneira que o stress é reduzido.

Os passos de 2 a 5 são repetidos até indicação de que o stress não pode mais ser reduzido. O resultado da análise consiste então nas coordenadas dos n objetos em t dimensões. Estas coordenadas podem ser usadas para desenhar um mapa que mostre como os objetos estão relacionados. É melhor quando uma boa solução pode ser encontrada em três ou menos dimensões, pois uma representação gráfica dos n objetos é então direta. Obviamente isso não é sempre possível.

Pequenos valores de STRESS 1 (próximos de zero) são desejáveis. Entretanto, definir o que se entende por "pequeno" para uma boa solução não é tão simples. Como um guia rústico, Kruskal e Wish (1978, p. 56) indicam que reduzindo o número de dimensões até que STRESS 1 exceda 0,1, ou aumentando o número de dimensões quando STRESS 1 já é menor do que 0,05, é questionável. Entretanto, sua discussão concernente à escolha do número de dimensões envolve mais considerações do que isso. Na prática, a escolha do número de dimensões é muitas vezes feita subjetivamente, baseada no compromisso entre o desejo de manter o número pequeno e o desejo oposto de fazer o stress tão pequeno quanto possível. O que está claro é que, em geral, é pouco importante aumentar o número de dimensões se isso somente leva a um pequeno decréscimo no stress.

É importante distinguir entre escalonamento multidimensional métrico e escalonamento multidimensional não métrico. No caso métrico, as distâncias de configuração d_{ij} e as distâncias de dados δ_{ij} são relacionadas por uma equação de regressão linear ou polinomial. Com escalonamento não métrico, tudo que é exigido é uma regressão monótona, o que significa que somente a ordem das distâncias de dados é importante. Geralmente, a maior flexibilidade de escalonamento não métrico deveria tornar possível obter uma melhor representação de baixa dimensão dos dados.

Exemplo 11.1 Distâncias rodoviárias entre cidades da Nova Zelândia

Como um exemplo do que pode ser obtido por escalonamento multidimensional, considere um mapa da Ilha Sul da Nova Zelândia que foi construído de uma tabela de distâncias rodoviárias entre as 13 cidades mostradas na Figura 11.3.

Se as distâncias rodoviárias fossem proporcionais às distâncias geográficas, seria possível reconstituir o verdadeiro mapa exatamente, usando uma análise bidimensional. Entretanto, devido à ausência de ligações di-

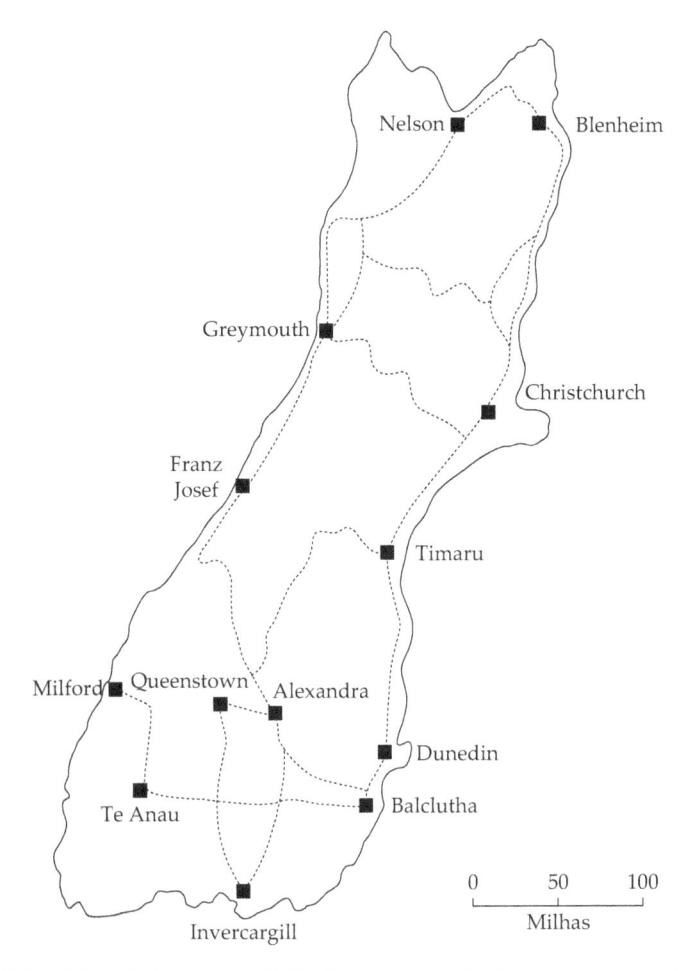

Figura 11.3 A Ilha Sul da Nova Zelândia, com as principais rodovias entre 13 cidades indicadas pelas linhas tracejadas.

retas de rodovias entre muitas cidades, as distâncias rodoviárias são, em alguns casos, muito maiores do que as distâncias geográficas. Consequentemente, tudo que se pode esperar é uma reconstituição bastante aproximada do verdadeiro mapa mostrado na Figura 11.3 das distâncias rodoviárias que são mostradas na Tabela 11.3.

O programa computacional NCSS (Hintze, 2012) foi usado para a análise. No passo 3 do procedimento descrito anteriormente, um relacionamento de regressão monótona foi assumido entre as distâncias do mapa d_{ij} e as distâncias δ_{ij} dadas na Tabela 11.3. Isso dá o que é algumas vezes chamado de *escalonamento multidimensional não métrico clássico*. O programa

Tabela 11.3 Distâncias rodoviárias principais em milhas entre 13 cidades na Ilha Sul da Nova Zelândia

	Alexandra	Balclutha	Blenheim	Christchurch	Dunedin	Franz Josef	Greymouth	Invercargill	Milford	Nelson	Queenstown	Te Anau	Timaru
Alexandra	–												
Balclutha	100	–											
Blenheim	485	478	–										
Christchurch	284	276	201	–									
Dunedin	126	50	427	226	–								
Franz Josef	233	493	327	247	354	–							
Greymouth	347	402	214	158	352	114	–						
Invercargill	138	89	567	365	139	380	493	–					
Milford	248	213	691	489	263	416	555	174	–				
Nelson	563	537	73	267	493	300	187	632	756	–			
Queenstown	56	156	494	305	192	228	341	118	178	572	–		
Te Anau	173	138	615	414	188	366	480	99	75	681	117	–	
Timaru	197	177	300	99	127	313	225	266	377	366	230	315	–

Tabela 11.4 Coordenadas produzidas por escalonamento multidimensional aplicado às distâncias entre cidades na Ilha Sul da Nova Zelândia

Cidade	Dimensão		
	1	2	Nova 2
Alexandra	0,11	0,07	−0,07
Balclutha	0,19	−0,08	0,08
Blenheim	−0,38	−0,16	0,16
Christchurch	−0,15	−0,11	0,11
Dunedin	0,13	−0,10	0,10
Franz Josef	−0,18	0,20	−0,20
Greymouth	−0,27	0,06	−0,06
Invercargill	0,26	−0,01	0,01
Milford	0,36	0,13	−0,13
Nelson	−0,45	−0,08	0,08
Queenstown	0,13	0,12	−0,12
Te Anau	0,28	0,08	−0,08
Timaru	−0,03	−0,13	0,13

Nota: Dimensão 2 é a que foi produzida pelo programa computacional usado. Os sinais deste eixo foram revertidos para a nova dimensão 2 para combinar com as localizações geográficas das cidades reais.

produziu uma solução bidimensional para os dados usando o algoritmo descrito anteriormente. O valor final do stress foi 0,041, conforme calculado usando a Equação 11.1.

A saída do programa inclui as coordenadas das 13 cidades para as duas dimensões produzidas na análise, como mostrado na Tabela 11.4. Para manter a orientação norte-sul e leste-oeste que existe entre as cidades reais, os sinais dos valores para a segunda dimensão foram revertidos para produzir o que é chamado de *nova dimensão 2*. Este sinal reverso não muda as distâncias entre as cidades baseadas em duas dimensões, e a nova dimensão é, portanto, tão satisfatória quanto a original. Se o sinal é mantido sem mudança, então a representação gráfica das cidades contra as duas dimensões parece uma imagem espelhada do mapa real.

Uma representação gráfica das cidades usando estas coordenadas é mostrada na Figura 11.4. Uma comparação desta figura com a Figura 11.3 indica que o escalonamento multidimensional teve bastante sucesso na reconstituição do mapa real. No geral, as cidades são mostradas com os relacionamentos corretos umas com as outras. Uma exceção é Milford. Uma vez que esta cidade pode ser alcançada somente por rodovia através de Te Anau, o mapa produzido por escalonamento multidimensional tornou Milford mais próxima de Te Anau. De fato, Milford é geograficamente mais próxima de Queenstown do que de Te Anau.

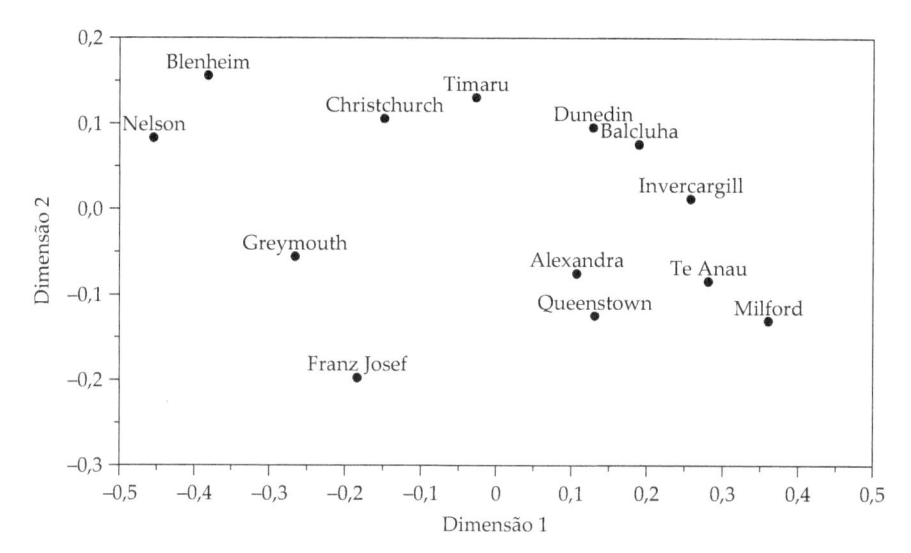

Figura 11.4 Mapa produzido por um escalonamento multidimensional usando as distâncias entre cidades da Nova Zelândia mostradas na Tabela 11.3.

Exemplo 11.2 O comportamento de votação de parlamentares

Para um segundo exemplo do valor do escalonamento multidimensional, considere a matriz de distâncias mostrada na Tabela 11.5. Aqui as distâncias são entre 15 parlamentares de Nova Jersey na Casa de Representantes dos EUA. Eles são responsáveis pelo número de votos de discordância em 19 anteprojetos de lei concernentes a problemas ambientais. Por exemplo, os deputados Hunt e Sandman discordaram em 8 de 19 vezes. Sandman e Howard discordaram 17 de 19 vezes, etc. Considera-se que há concordância entre dois congressistas se ambos votam sim, se ambos votam não ou se os dois não votam. A tabela de distâncias foi construída dos dados originais fornecidos por Romesburg (2004).

Duas análises foram implementadas usando o programa NCSS (Hintze, 2012). A primeira foi um escalonamento multidimensional métrico clássico, o qual assume que as distâncias da Tabela 11.5 são medidas em uma escala de razão. Isso quer dizer que se assume que dobrar um valor distância é equivalente a assumir que a distância de configuração entre dois objetos é dobrada. Isso significa que a regressão no passo 3 do procedimento já descrito é da forma

$$d_{ij} = \beta \delta_{ij} + \varepsilon_{ij}$$

em que

ε_{ij} é um termo de erro e
β é uma constante.

Tabela 11.5 As distâncias entre 15 parlamentares de Nova Jersey na Casa de Representantes dos EUA

	Hunt	Sandman	Howard	Thompson	Frelinghuysen	Forsythe	Widnall	Roe	Helstoski	Rodino	Minish	Rinaldo	Maraziti	Daniels	Pattern
Hunt (R)	0														
Sandman (R)	8	0													
Howard (D)	15	17	0												
Thompson (D)	15	12	9	0											
Frelinghuysen (R)	10	13	16	14	0										
Forsythe (R)	9	13	12	12	8	0									
Widnall (R)	7	12	15	13	9	7	0								
Roe (D)	15	16	5	10	13	12	17	0							
Helstoski (D)	16	17	5	8	14	11	16	4	0						
Rodino (D)	14	15	6	8	12	10	15	5	3	0					
Minish (D)	15	16	5	8	12	9	14	5	2	1	0				
Rinaldo (R)	16	17	4	6	12	10	15	3	1	2	1	0			
Maraziti (R)	7	13	11	15	10	6	10	12	13	11	12	12	0		
Daniels (D)	11	12	10	10	11	6	11	7	7	4	5	6	9	0	
Pattern (D)	13	16	7	7	11	10	13	6	5	6	5	4	13	9	0

Nota: Os números mostrados são o número de vezes que o parlamentar votou diferentemente em 19 propostas de leis ambientais (R = Partido Republicano, D = Partido Democrata).

Os valores do stress obtidos para soluções de duas, três e quatro dimensões foram encontrados com base nesta equação como sendo 0,237, 0,130 e 0,081, respectivamente.

A segunda análise foi implementada usando um escalonamento não métrico clássico, de modo que se assumiu que a regressão de d_{ij} em δ_{ij} fosse somente monótona. Neste caso, os valores do stress para soluções de duas, três e quatro dimensões foram obtidos como sendo 0,113, 0,066 e 0,044, respectivamente. Os valores do stress distintamente mais baixos para escalonamento não métrico sugerem que, para estes dados, este é preferível ao escalonamento métrico, e a solução não métrica tridimensional tem somente um pouco mais stress do que a solução de dimensão quatro. Esta solução não métrica tridimensional é, portanto, a que será considerada em mais detalhes. A Tabela 11.6 mostra as coordenadas dos parlamentares para a solução tridimensional, e representações gráficas dos parlamentares contra as três dimensões são mostradas na Figura 11.5.

Da Figura 11.5, está claro que a dimensão 1 está refletindo grandes diferenças de partidos, porque os Democratas caem no lado esquerdo da figura, e os Republicanos, a menos de Rinaldo, caem no lado direito.

Para interpretar a dimensão 2, é necessário considerar que é aproximadamente a votação de Sandman e Thompson, os quais têm os dois mais

Tabela 11.6 Coordenadas de 15 parlamentares obtidas de um escalonamento multidimensional não métrico tridimensional baseadas no comportamento de votação

Parlamentares	Dimensão		
	1	2	3
Hunt (R)	0,33	0,00	0,09
Sandman (R)	0,26	0,26	0,18
Howard (D)	–0,21	0,05	0,11
Thompson (D)	–0,12	0,22	–0,03
Frelinghuysen (R)	0,20	–0,06	–0,24
Forsythe (R)	0,13	–0,13	–0,06
Widnall (R)	0,33	0,00	–0,11
Roe (D)	–0,21	–0,05	0,09
Helstoski (D)	–0,22	0,02	–0,01
Rodino (D)	–0,16	–0,07	0,00
Minish (D)	–0,16	–0,03	–0,02
Rinaldo (R)	–0,18	0,01	–0,01
Maraziti (R)	0,19	–0,20	0,10
Daniels (D)	–0,02	–0,09	0,03
Pattern (D)	–0,16	0,05	–0,12

Nota: R = Partido Republicano, D = Partido Democrático.

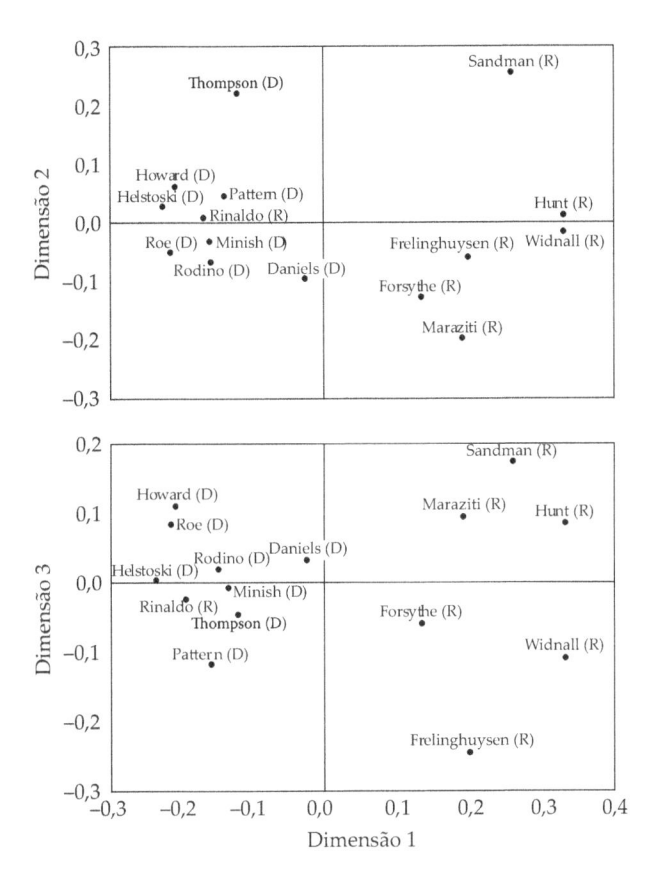

Figura 11.5 Representações de parlamentares contra as três dimensões obtidas de um escalonamento multidimensional métrico.

altos escores, que contrasta com Maraziti e Forsythe, os quais têm os dois mais baixos escores. Isso aponta para o número de abstenções de voto. Sandman absteve-se de nove votos e Thompson absteve-se de seis votos, enquanto que indivíduos com escores baixos na dimensão 2 votaram todo ou quase todo o tempo.

A dimensão 3 parece não ter uma interpretação simples ou óbvia, apesar de ela precisar refletir certos aspectos de diferenças em padrões de votação. É suficiente dizer que a análise produziu uma representação dos parlamentares em três dimensões que indica como eles se relacionam com respeito à votação em questões ambientais.

A Figura 11.6 mostra uma representação gráfica das distâncias entre os parlamentares para os dados originais (as disparidades) contra os pontos na configuração derivada. Isso indica quão bem o modelo tridimensional ajusta os dados. Uma representação perfeita dos dados mostraria as

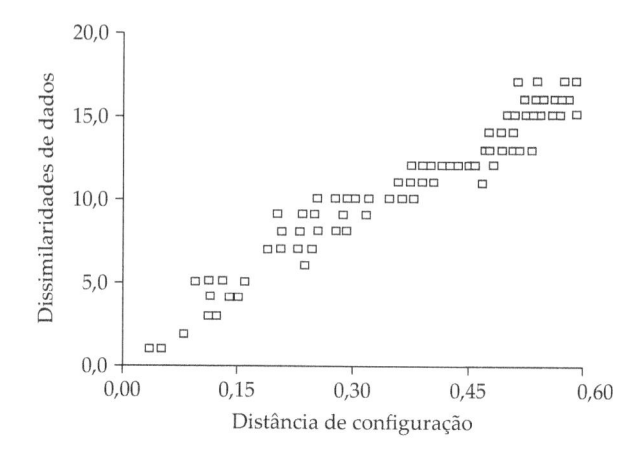

Figura 11.6 As distâncias de dados originais entre os parlamentares representados graficamente contra as distâncias obtidas para a configuração ajustada.

distâncias de dados sempre crescendo com as distâncias de configuração, o que não é obtido. Em vez disso, há um domínio de distâncias de configuração associado a cada uma das distâncias de dados discretos. Por exemplo, distâncias de dados de 5 corresponde a distâncias de configuração em torno de 0,10 a 0,16.

11.3 Programas computacionais

O apêndice deste capítulo traz detalhes de pacotes do R que podem ser utilizados para análises de escalonamento multidimensional. Alguns dos pacotes estatísticos padrão incluem uma opção de escalonamento multidimensional, mas, em geral, se pode esperar que diferentes pacotes possam usar algoritmos levemente diferentes e, portanto, possam não dar exatamente os mesmos resultados. Entretanto, com bons dados, se pode esperar que as diferenças não sejam substanciais.

11.4 Leitura adicional

O livro clássico de Kruskal e Wish (1978) fornece uma curta introdução ao escalonamento multidimensional. Mais tratamentos detalhados da teoria e aplicações deste tópico e de tópicos relacionados são fornecidos por Cox e Cox (2000) e Borg e Groenen (2005).

Exercícios

Considere os dados na Tabela 1.5 sobre as porcentagens de pessoas empregadas em diferentes indústrias em 26 países na Europa. Destes dados, construa uma matriz de distâncias Euclidianas entre os países usando a Equação 5.1. Implemente um escalonamento multidimensional não métrico usando esta matriz para determinar quantas dimensões são necessárias para representar os países de uma maneira que reflita diferenças entre seus padrões de emprego.

Referências

Borg, I. and Groenen, P. (2005). *Modern Multidimensional Scaling: Theory and Applications*. 2nd Edn. New York: Springer.

Cox, T.F. and Cox, M.A.A. (2000). *Multidimensional Scaling*. 2nd Edn. Boca Raton, FL: Chapman and Hall/CRC.

Hintze, J. (2012). *NCSS 8. NCSS LLC*. (www.ncss.com.)

Kruskal, J.B. (1964a). Multidimensional scaling by optimizing goodness of fit to a nonmetric hypothesis. *Psychometrics* 29: 1–27.

Kruskal, J.B. (1964b). Nonmetric multidimensional scaling: A numerical method. *Psychometrics* 29: 115–29.

Kruskal, J.B. and Wish, M. (1978). *Multidimensional Scaling*. Thousand Oaks, CA: Sage.

Romesburg, H.C. (2004). *Cluster Analysis for Researchers*. Morrisville, NC: Lulu.com.

Togerson, W.S. (1952). Multidimensional scaling. 1. Theory and method. *Psychometrics* 17: 401–19.

Apêndice: Escalonamento multidimensional no R

Ao escolher o comando R adequado para o escalonamento multidimensional, é importante lembrar a diferença entre as versões clássicas métrica e não métrica deste método. O escalonamento multidimensional clássico também é conhecido como *análise de coordenadas principal*, um tópico abordado no Capítulo 12. O acrônimo padrão para esta análise é *ordenação de coordenadas principais* (PCO). Para esta análise, a principal função do R que deve ser executada é cmdscale( ), conforme descrito no apêndice do Capítulo 12. Este capítulo refere-se ao escalonamento multidimensional não métrico de Kruskal (NMDS). Isso é implementado como a função R isoMDS( ) do pacote MASS (Venables and Ripley, 2002). O principal argumento dessa função é uma matriz de distância que é uma matriz simétrica e completa ou é gerada pela função dist( ). Como um exemplo, assumindo que sym.mat é uma matriz simétrica, o comando

$$NMDS.obj<-isoMDS(sym.mat)$$

armazenará os resultados do NMDS no objeto NMDS.obj. Os padrões assumidos quando executado isoMDS com uma matriz de distância como único argumento são k (o número de dimensões, o qual é 2), maxit (o número de avaliações do stress [Equação 11.1] até convergência é 50) e tol (a tolerância é 1×10^{-3}; isto é, uma vez que dois valores consecutivos do stress no processo iterativo diferirem por 1×10^{-3} ou menos, o processo para, e um resultado para análise é produzido). Para uma dimensão particular escolhida, às vezes os padrões para o número de iterações e a tolerância são um pouco folgados, e uma melhor configuração multidimensional pode ser alcançada se o usuário aumentar o número de iteração e/ou diminuir a tolerância. Isso é ilustrado na rotina, disponível no site do livro, que foi escrita para realizar a análise dos dados do Exemplo 11.1.

De acordo com o Passo 1 no procedimento para NMDS dado na Seção 11.2, isoMDS( ) usa uma configuração inicial de objetos, fornecidos pelo usuário ou gerados por uma PCO dos dados, a qual é o padrão, com uma intervenção automatizada da função cmdscale( ). O objeto NMDS.obj produzido pelo isoMDS( ) é uma lista de dois objetos. O primeiro é um escalar para o stress, chamado NMDS.obj$stress, dado como percentual. O segundo é a matriz NMDS.obj$points, a qual transporta as coordenadas da unidade amostral na dimensão reduzida escolhida. Qualquer par de dimensões pode ser selecionado, além das correspondentes coordenadas mostradas em um gráfico bidimensional como as Figuras 11.4 e 11.5 usando o comando plot( ). Também a matriz de distância original, sym.mat, e a matriz NMDS.obj$points podem ser usadas como argumentos da função chamada Shepard( ) para produzir um gráfico de dispersão similar àquele na Figura 11.6. Veja as rotinas R deste capítulo para detalhes sobre a forma para obter este gráfico, usando o Exemplo 11.1 como uma ilustração.

Uma alternativa para `isoMDS` é oferecida por `metaMDS`, a qual é parte da biblioteca `vegan` (Oksanen et al., 2016). Os desenvolvedores da rotina `metaMDS` enfatizam que ela permite maior autonomia do processo de escalonamento multidimensional do que `isoMDS`. Além disso, `metaMDS` tenta eliminar as imprecisões do `isoMDS` quando esta está rodando com os padrões e a convergência não é garantida. De fato, `metaMDS` usa `isoMDS` em seus cálculos, mas `metaMDS` é mais versátil porque ela permite inícios aleatórios de função `initMDS` para o objeto de configuração (Passo 1 na Seção 11.2), e escalonamento e rotação dos resultados (função `postMDS`) estão disponíveis. Isso torna a rotina mais similar aos métodos de autovalores, como a configuração final do NMDS é seguida por uma rotação via análise de componentes principais, tal que, por exemplo, o eixo 1 de NMDS reflete a fonte principal de variação.

Uma terceira opção na análise de escalonamento multidimensional usa a aplicação dos algoritmos de otimização (maiorização), em que uma função objetivo particular, como o stress, deve ser minimizada. Uma coleção de comandos R seguindo o princípio da maiorização foi colocada junta ao pacote `smacof` para Scaling for MAjorizing uma COmplicated Function (de Leeuw and Mair, 2009). Em particular, com `smacofSym( )` ou a função jaqueta `mds( )`, é possível realizar escalonamento multidimensional em qualquer matriz de dissimilaridade simétrica. Quando a opção `type="ordinal"` é escrita como um argumento desta função, um algoritmo de escalonamento multidimensional não métrico é usado. Para detalhes, veja o artigo de Leeuw and Mair (2009) ou a documentação R para o pacote `smacof`. Finalmente, o leitor pode querer executar as rotinas R que estão disponíveis no site do livro (loja.grupoa.com.br) contendo os comandos `metaMDS( )` e `mds( )` como formas alternativas para produzir a análise NMDS, ilustrada nos Exemplos 11.1 e 11.2.

Referências

de Leeuw, J. and Mair, P. (2009). Multidimensional scaling using majorization: SMACOF in R. *Journal of Statistical Software* 31: 1–30.

Oksanen, J., Blanchet, F.G., Friendly, M., Kindt, R., Legendre, P., McGlinn, D., Minchin, P.R., et al. (2016). vegan: Community Ecology Package. R package version 2.4-0. http://CRAN.R--project.org/package=vegan

Venables, W.N. and Ripley, B.D. (2002). *Modern Applied Statistics*. 4th Edn. New York: Springer.

Capítulo 12

Ordenação

12.1 *O problema da ordenação*

A palavra *ordenação* para um biólogo significa essencialmente o mesmo que *escalonamento* para um cientista social. Ambas as palavras descrevem o processo de produção de um pequeno número de variáveis que podem ser usadas para descrever a relação entre um grupo de objetos, começando ou de uma matriz de distâncias ou similaridades entre objetos ou dos valores de algumas variáveis medidas em cada objeto. Deste ponto de vista, muitos dos métodos que foram descritos em capítulos anteriores podem ser usados para ordenação, e alguns dos exemplos se relacionam com este processo. Em particular, representação gráfica de pardocas contra as duas primeiras componentes principais das medidas de tamanho (Exemplo 5.1), representação gráfica de países europeus contra as duas primeiras componentes principais para variáveis de emprego (Exemplo 5.2), produção de um mapa da Ilha Sul da Nova Zelândia de uma tabela de distâncias entre cidades por escalonamento multidimensional (Exemplo 11.1), e representação gráfica de parlamentares de Nova Jersey contra eixos obtidos por escalonamento multidimensional baseado em comportamento de votação (Exemplo 11.2) são todos exemplos de ordenação. Além disso, a análise de função discriminante pode ser pensada como um tipo de ordenação que é designado para enfatizar as diferenças entre objetos em diferentes grupos, enquanto que a análise de correlação canônica pode ser pensada como um tipo de ordenação que é designado para enfatizar as relações entre dois grupos de variáveis medidas nos mesmos objetos.

Apesar de a ordenação poder ser considerada como cobrindo uma amplitude de situações, em biologia ela é muitas vezes usada como uma maneira de resumir as relações entre diferentes espécies determinadas de suas abundâncias em um número de diferentes locais ou, alternativamente, como uma maneira de resumir as relações entre diferentes locais com base na abundância de diferentes espécies nestes locais. É este tipo de aplicação que é considerado particularmente no presente capítulo, apesar de os exemplos envolverem tanto arqueologia como também biologia. O propósito do capítulo é dar mais exemplos do uso de análise de componentes principais e escalonamento multidimensional neste contexto, além de descrever os métodos de análise de coordenadas principais e análise de correspondência que não foram cobertos em capítulos anteriores.

12.2 Análise de componentes principais

A análise de componentes principais já foi discutida no Capítulo 6. Pode ser relembrado que este é um método pelo qual os valores para as variáveis $X_1, X_2, ..., X_p$, medidas em cada um dos n objetos, são usados para construir componentes principais $Z_1, Z_2, ..., Z_p$ que são combinações lineares das variáveis X e são tais que Z_1 tem a variância máxima possível; Z_2 tem a maior variância possível condicionada a ela ser não correlacionada com Z_1; Z_3 tem a variância máxima possível condicionada a ela ser não correlacionada com ambas, Z_1 e Z_2, e assim por diante. A ideia é que pode ser possível, para alguns propósitos, substituir as variáveis X por um número menor de componentes principais, com pequena perda de informação.

Em termos de ordenação, se pode esperar que as primeiras duas componentes principais sejam suficientes para descrever as diferenças entre os objetos, porque então uma representação de Z_2 contra Z_1 fornece o que é requerido. É menos satisfatório descobrir que três componentes principais são importantes, mas uma representação de Z_1 contra Z_2 com valores de Z_3 indicados pode ser aceitável. Se quatro ou mais componentes principais são importantes, então, é claro, uma boa ordenação não é obtida, pelo menos no que se refere à representação gráfica.

Exemplo 12.1 Espécies de plantas na Reserva Natural de Steneryd

A Tabela 9.7 mostra as abundâncias de 25 espécies de plantas em 17 lotes de um prado de pastagem na Reserva Natural de Steneryd na Suécia, como descrito no Exercício 1 do Capítulo 9, o qual se referia ao uso dos dados para análise de agrupamentos. Agora, uma ordenação dos lotes será considerada, e, neste caso, as variáveis para análise de componentes principais são as abundâncias das espécies de plantas. Em outras palavras, na Tabela 9.7, os objetos de interesse são os lotes (colunas) e as variáveis são as espécies (linhas).

Uma vez que existem mais espécies do que lotes, o número de autovalores na matriz de correlação é determinado pelo número de lotes. De fato, há 16 autovalores não nulos, como mostrado na Tabela 12.1. Os primeiros três componentes explicam em torno de 69% da variação nos dados, o que não é uma quantidade particularmente alta. Os coeficientes para os primeiros três componentes principais são mostrados na Tabela 12.2. Eles todos são contrastes entre a abundância de diferentes espécies que bem podem ter significado para um botânico, mas nenhuma interpretação será feita aqui.

A Figura 12.1 mostra um diagrama de draftsman do número do lote (1 a 17) e dos primeiros três componentes principais (CP). É importante notar que o primeiro componente está proximamente relacionado com o número do lote. Isso reflete o fato de que os lotes estão na ordem de abundância de espécies com uma alta resposta à luz e uma baixa resposta a umidade, reação do solo e nitrogênio. Portanto, a análise foi capaz de pelo menos detectar esta tendência.

Tabela 12.1 Autovalores de uma análise de componentes principais dos dados da Tabela 9.7 tratando os lotes como os objetos de interesse e a contagem de espécies como as variáveis

Componente	Autovalor	% do total	% cumulativa
1	8,79	35,17	35,17
2	5,59	22,34	57,51
3	2,96	11,82	69,33
4	1,93	7,72	77,04
5	1,58	6,32	83,37
6	1,13	4,52	87,89
7	0,99	3,97	91,86
8	0,55	2,18	94,04
9	0,40	1,60	95,64
10	0,35	1,40	97,04
11	0,20	0,78	97,82
12	0,18	0,70	98,53
13	0,13	0,51	99,04
14	0,12	0,46	99,50
15	0,07	0,30	99,80
16	0,05	0,20	100,00
Total	25,00	100,00	

Nota: Os valores mostrados são para os coeficientes das abundâncias de espécies padronizadas com médias zero e desvios-padrão um.

Tabela 12.2 Os primeiros três componentes principais para os dados da Tabela 9.7

Espécies	Z_1	Z_2	Z_3
Festuca ovina	0,30	0,01	–0,07
Anemone nemorosa	–0,25	0,02	–0,19
Sallaria holostea	–0,20	0,20	–0,19
Agrostis tenuis	0,17	0,14	0,01
Ranunculus ficaria	–0,11	–0,32	–0,07
Mercurialis perennis	–0,08	–0,31	0,02
Poa pratensis	–0,11	0,32	–0,11
Rumex acetosa	–0,01	0,34	0,23
Veronica chamaedrys	–0,15	0,36	–0,06
Dactylis glomerata	–0,23	0,15	0,18
Fraxinus excelsior (juv.)	–0,26	–0,11	0,17

(*Continua*)

Tabela 12.2 Os primeiros três componentes principais para os dados da Tabela 9.7 (*Continuação*)

Espécies	Z_1	Z_2	Z_3
Saxifraga granulata	0,13	0,24	0,23
Deschampsia flexuosa	–0,05	0,12	–0,45
Luzula campestris	0,28	0,09	0,00
Plantago lanceolata	0,27	0,11	0,26
Festuca rubra	–0,03	0,23	0,19
Hieracium pilosella	0,27	–0,02	0,05
Geum urbanum	–0,20	–0,18	0,29
Lathyrus montanus	–0,15	0,26	–0,19
Campanula persicifolia	–0,21	0,18	0,07
Viola riviniana	–0,24	0,17	0,11
Hepatica nobilis	–0,21	0,03	0,34
Achillea millefolium	0,29	0,03	0,10
Allium sp.	–0,18	–0,12	0,36
Trifolim repens	0,21	0,11	0,22

Exemplo 12.2 Túmulos em Bannadi

Para um segundo exemplo de ordenação de componentes principais, serão considerados os dados mostrados na Tabela 9.8 concernentes a bens de túmulos de um cemitério em Bannadi, no nordeste da Tailândia. A tabela (gentilmente fornecida pelo Professor C.F.W. Higham) mostra a presença e a ausência de 38 diferentes tipos de artigos em cada um dos 47 túmulos, com informação adicional se o corpo era de um adulto masculino, adulto feminino ou uma criança. No Exercício 2 do Capítulo 9, foi sugerido que a análise de agrupamento fosse usada para estudar as relações entre os túmulos. Agora, a ordenação é considerada com o mesmo fim em mente. Para uma análise de componentes principais, os túmulos são os objetos de interesse, e os 38 tipos de bens de túmulo fornecem as variáveis a serem analisadas (presença ou ausência, i.e., 1 ou 0, respectivamente). Estas variáveis foram padronizadas antes de usá-las, de modo que a análise foi baseada em sua matriz de correlação.

Em uma situação como esta, na qual somente presença e ausência de dados estão disponíveis, é comum acontecer que um grande número de componentes principais seja necessário a fim de contarem pela maior parte da variação nos dados. Este é certamente o caso aqui, com 11 componentes necessários para explicar 80% da variância e 15 requeridos para explicar 90% da variância. Obviamente, existem excessivos componentes principais importantes para uma ordenação satisfatória.

Para este exemplo, somente os primeiros quatro componentes principais serão considerados, com o entendimento de que grande parte da variação nos dados originais não é explicada. De fato, os quatro componentes

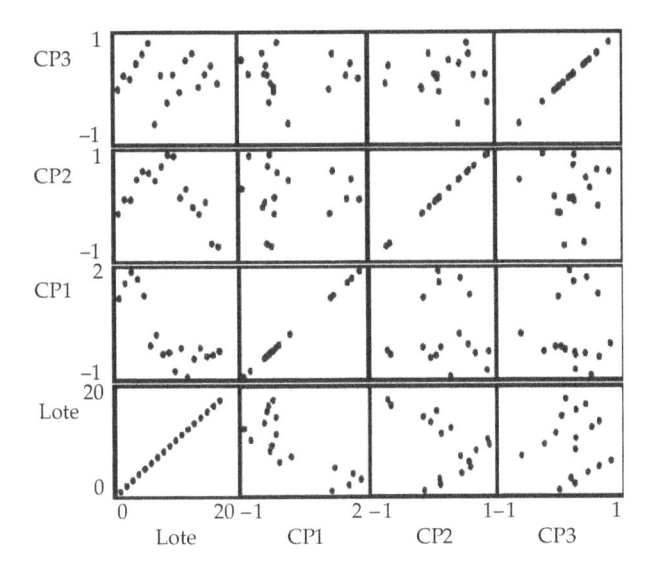

Figura 12.1 Diagrama de draftsman para a ordenação de 17 lotes da Reserva Natural de Steneryd.

correspondem a autovalores de 5,29, 4,43, 3,65 e 3,34, enquanto que o total de todos os autovalores é 38 (o número de tipos de artigos). Então, esses componentes contam por 13,9%, 11,6%, 9,6% e 8,8%, respectivamente, da variância total, e explicam 43,9% da variância.

Os coeficientes das variáveis presença-ausência padronizadas são mostrados na Tabela 12.3 com os maiores valores (arbitrariamente estabelecidos como valores absolutos maiores do que 0,2) destacados. Para ajudar na interpretação, os sinais dos coeficientes foram revertidos, se necessário, do que foi dado pela saída computacional, a fim de assegurar que os valores de todos os componentes são positivos para o túmulo B48, o qual tem o maior número de itens presente. Isso é permitido porque trocar os sinais de todos os coeficientes de um componente não muda a porcentagem de variação explicada pelo componente; a direção dos sinais é meramente um resultado acidental dos métodos numéricos usados para encontrar os autovalores e a matriz de correlação.

Dos coeficientes grandes do componente 1, pode ser visto que isso está indicando a presença de artigos tipo 9, 10, 16, 18, 19, 20, 23, 25, 26, 30, 32, 34 e 37, e a ausência de artigos tipo 3, 5, 6, 14, 28 e 29. Não há túmulo com exatamente esta composição, mas o componente mede o quanto cada túmulo combina com este modelo. Os outros componentes podem também ser interpretados de uma maneira similar a partir dos coeficientes na Tabela 12.3.

A Figura 12.2 mostra uma representação de draftsman do número total de bens, o tipo de corpo e os primeiros quatro componentes principais. Deste estudo, é possível extrair algumas conclusões sobre a natureza dos

Tabela 12.3 Coeficientes de dados presença-ausência padronizados para os primeiros quatro componentes principais dos dados de Bannadi

Artigo	CP1	CP2	CP3	CP4
1	0,01	–0,02	0,01	0,00
2	–0,09	–0,04	–0,02	**0,52**
3	**–0,23**	**0,39**	–0,01	–0,03
4	–0,09	–0,04	–0,02	**0,52**
5	**–0,23**	**0,39**	–0,01	–0,03
6	**–0,23**	**0,39**	–0,01	–0,03
7	–0,02	–0,05	–0,02	–0,02
8	–0,03	–0,02	–0,02	–0,02
9	0,17	0,12	0,33	0,06
10	0,15	0,09	0,04	0,07
11	0,05	0,03	0,03	–0,02
12	0,12	0,04	0,11	0,05
13	–0,01	–0,05	–0,02	–0,09
14	**–0,23**	**0,39**	–0,01	–0,03
15	0,00	0,00	0,03	–0,01
16	0,17	0,12	**0,33**	0,06
17	–0,01	–0,05	–0,02	–0,09
18	**0,22**	0,15	**–0,38**	0,04
19	**0,22**	0,15	**–0,38**	0,04
20	**0,22**	0,15	**–0,38**	0,04
21	–0,09	–0,04	–0,02	**0,52**
22	0,00	–0,04	0,01	0,01
23	**0,27**	0,17	**–0,24**	0,08
24	0,03	0,03	0,05	–0,07
25	**0,26**	0,15	**0,28**	0,11
26	**0,26**	0,15	**0,28**	0,11
27	0,08	0,02	0,02	0,04
28	**–0,22**	0,19	–0,02	0,26
29	–0,17	0,17	0,01	–0,08
30	0,17	0,11	0,00	–0,05
31	0,08	0,03	0,18	–0,04
32	**0,27**	0,14	0,04	0,03
33	–0,02	0,00	0,06	–0,12
34	**0,23**	0,09	–0,10	0,03
35	0,04	0,01	0,17	0,14
36	–0,07	0,15	0,17	–0,08
37	**0,26**	0,11	0,07	0,02
38	0,12	**0,22**	0,05	–0,05

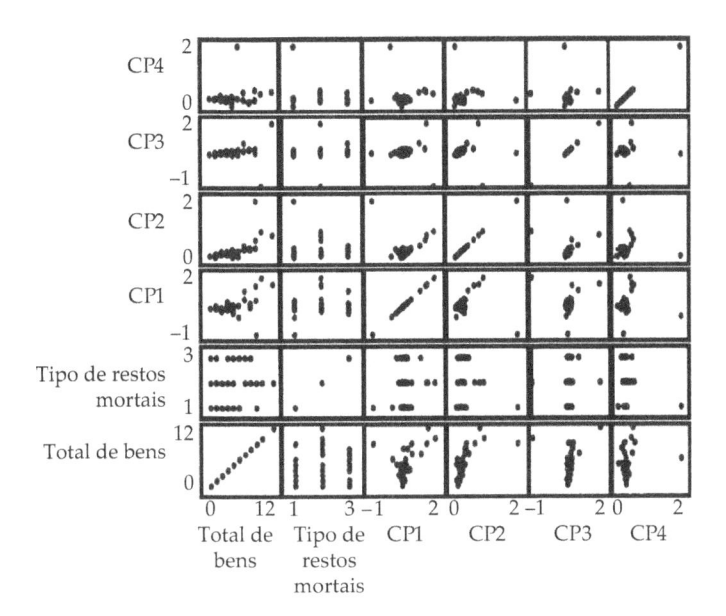

Figura 12.2 Diagrama de draftsman para 47 túmulos de Bannadi. As variáveis representadas são o número total de diferentes tipos de bens, o tipo de restos mortais (1 = adulto masculino, 2 = adulto feminino, 3 = criança) e os primeiros quatro componentes principais.

túmulos. Por exemplo, parece que túmulos masculinos tendem a ter valores baixos e túmulos femininos tendem a ter valores altos para o componente principal 1, possivelmente refletindo uma diferença em bens de túmulos associados com o sexo. Além disso, o túmulo B47 tem uma composição incomum em comparação com os outros túmulos. Contudo, o fato de quatro componentes principais estarem sendo considerados dificulta uma interpretação simples dos resultados.

12.3 Análise de coordenadas principais

A análise de coordenadas principais é similar ao escalonamento multidimensional métrico, o qual foi discutido no Capítulo 11. Ambos os métodos começam com uma matriz de similaridades ou distâncias entre um número de objetos e tentam encontrar eixos de ordenação. No entanto, eles diferem na abordagem numérica que é usada. A análise de coordenadas principais usa uma abordagem de autovalores que pode ser pensada como uma generalização da análise de componentes principais. Entretanto, o escalonamento multidimensional, pelo menos como definido neste livro, tenta minimizar o stress, em que este é a medida do quanto as posições de objetos em uma configuração t-dimensional falham em emparelhar com as distâncias originais ou similaridades após um escalonamento apropriado.

Para ver a conexão entre análise de coordenadas principais e análise de componentes principais, é necessário lembrar alguns dos resultados teóricos concernentes à análise de componentes principais do Capítulo 6 e usar alguns resultados adicionais que são mencionados aqui pela primeira vez. Em particular:

1. O i-ésimo componente principal é uma combinação linear

$$Z_i = a_{i1}X_1 + a_{i2}X_2 + \ldots + a_{ip}X_p$$

das variáveis $X_1, X_2, \ldots, X_p$ que são medidas em cada um dos objetos que estão sendo considerados. Existem p destes componentes, e os coeficientes a_{ij} são dados pelo autovetor $\mathbf{a}_i$ correspondente ao i-ésimo maior autovalor λ_i da matriz de covariâncias amostral $\mathbf{C}$ das variáveis X. Isso é o mesmo que dizer que a equação

$$\mathbf{Ca}_i = \lambda_i \mathbf{a}_i \tag{12.1}$$

é satisfeita, em que $\mathbf{a}_i' = (a_{i1}, a_{i2}, \ldots, a_{ip})$. Também, a variância de Z_i é $\text{Var}(Z_i) = \lambda_i$, em que ela é zero se Z_i corresponde a uma combinação linear das variáveis X que é constante.

2. Se as variáveis X são codificadas para terem médias zero nos dados originais, então a matriz covariância $\mathbf{C}$, p × p, tem a forma

$$\mathbf{C} = \begin{bmatrix} \sum x_{i1}^2 & \sum x_{i1}x_{i2} & \ldots & \sum x_{i1}x_{ip} \\ \sum x_{i2}x_{i1} & \sum x_{i2}^2 & \ldots & \sum x_{i2}x_{ip} \\ \cdot & \cdot & & \cdot \\ \cdot & \cdot & & \cdot \\ \sum x_{ip}x_{i1} & \sum x_{ip}x_{i2} & \ldots & \sum x_{ip}^2 \end{bmatrix} / (n-1)$$

em que há n objetos, x_{ij} é o valor de X_j para o i-ésimo objeto, e os somatórios são para i variando de 1 a n. Então,

$$\mathbf{C} = \mathbf{X'X}/(n-1) \tag{12.2}$$

em que

$$\mathbf{X} = \begin{bmatrix} x_{i1} & x_{i2} & \ldots & x_{1p} \\ x_{21} & x_{22} & \ldots & x_{2p} \\ \cdot \cdot & & & \cdot \\ \cdot \cdot & & & \cdot \\ x_{n1} & x_{n2} & \ldots & x_{np} \end{bmatrix}$$

é uma matriz contendo os valores dos dados originais.

3. A matriz simétrica n × n

$$S = XX' = \begin{bmatrix} \sum x_{1j}^2 & \sum x_{1j}x_{2j} & \cdots & \sum x_{1j}x_{nj} \\ \sum x_{2j}x_{1j} & \sum x_{2j}^2 & \cdots & \sum x_{2j}x_{nj} \\ \cdot & \cdot & & \cdot \\ \cdot & & \cdot & \\ \sum x_{nj}x_{1j} & \sum x_{nj}x_{2j} & \cdots & \sum x_{nj}^2 \end{bmatrix} \quad (12.3)$$

em que os somatórios para j de 1 a p podem ser pensados como contendo medidas de similaridades entre os n objetos sendo considerados. Isso não é imediatamente aparente, mas é justificado considerando o quadrado da distância Euclidiana do objeto i ao objeto k, o qual é

$$d_{ik}^2 = \sum_{j=1}^{p} (x_{ij} - x_{kj})^2$$

A expansão do lado direito desta equação mostra que

$$d_{ik}^2 = s_{ii} + s_{kk} - 2s_{ik} \quad (12.4)$$

em que s_{ik} é o elemento na i-ésima linha e k-ésima coluna de XX'. Segue que s_{ik} é uma medida da similaridade entre os objetos i e k, uma vez que aumentar s_{ik} significa que a distância d_{ik} entre os objetos é diminuída. Além disso, é visto que s_{ik} toma o valor máximo de $(s_{ii} + s_{kk})/2$ quando $d_{ik} = 0$, o que ocorre quando os objetos i e k têm valores idênticos para as variáveis de X_1 a X_p.

4. Se a matriz

$$Z = \begin{bmatrix} z_{i1} & z_{i2} & \cdots & z_{1p} \\ z_{21} & z_{22} & \cdots & z_{2p} \\ \cdot \cdot & & & \cdot \\ \cdot \cdot & & & \cdot \\ z_{n1} & z_{n2} & \cdots & z_{np} \end{bmatrix}$$

contém os valores das p componentes principais para os n objetos que estão sendo considerados, então isso pode ser escrito em termos da matriz de dados X como

$$Z = XA' \quad (12.5)$$

em que a i-ésima linha de A é a_i', o i-ésimo autovetor da matriz de covariâncias amostral C. É uma propriedade de A que $A'A=I$; i.e., a transposta de A

é a inversa de **A**. Então, multiplicando à direita ambos os lados da Equação 12.5 por **A**, obtemos

$$X = ZA \qquad (12.6)$$

O estabelecimento dos resultados tem sido longo, mas foi necessário a fim de explicar a análise de coordenadas principais em relação com a análise de componentes principais. Para ver esta relação, note que, das Equações 12.1 e 12.2,

$$X'Xa_i / (n-1) = \lambda_i a_i$$

Então, pré-multiplicando ambos os lados desta equação por **X** e usando a Equação 12.3, temos

$$S(Xa_i) = (n-1)\lambda_i (Xa_i)$$

ou

$$Sz_i = (n-1)\lambda_i z_i \qquad (12.7)$$

em que $z_i = Xa_i$ é um vetor de comprimento n, o qual contém os valores de Z_i para os n objetos sendo considerados. Portanto, o i-ésimo maior autovalor da matriz de similaridades $S = X'X$ é $(n-1)\lambda_i$, e o correspondente autovetor dá os valores da i-ésima componente principal para os n objetos.

A análise de coordenadas principais consiste em aplicar a Equação 12.7 a uma matriz **S**, n × n, de similaridades entre n objetos que é calculada usando qualquer dos muitos índices de similaridades disponíveis. Desta maneira, é possível encontrar os componentes principais correspondentes a **S** sem necessariamente medir quaisquer variáveis nos objetos de interesse. Os componentes terão as propriedades de componentes principais e, em particular, serão não correlacionados para os n objetos.

Aplicar a análise de coordenadas principais à matriz **XX'** resultará essencialmente na mesma ordenação que uma análise de componentes principais nos dados em **X**. A única diferença será em termos do escalonamento dado aos componentes. Na análise de componentes principais, é usual escalonar o i-ésimo componente para ter variância λ_i, mas com uma análise de coordenadas principais, o componente seria usualmente escalonado para ter uma variância de $(n-1)\lambda_i$. Esta diferença é imaterial porque somente os valores relativos dos objetos em eixos de ordenação são importantes.

Há duas complicações que podem surgir em uma análise de coordenadas principais que precisam ser mencionadas. Elas ocorrem quando a matriz similaridade sendo analisada não tem todas as propriedades de uma matriz calculada dos dados usando a equação $S = XX'$.

Primeiro, da Equação 12.3 pode ser visto que as somas das linhas e colunas de **XX'** são todas zero. Por exemplo, a soma da primeira linha é

$$\sum x_{1j}^2 + \sum x_{1j}x_{2j} + \ldots + \sum x_{1j}x_{nj} = \sum x_{ij}\left(x_{1j} + x_{2j} + \ldots + x_{nj}\right)$$

em que os somatórios são para j de 1 a p. Isso é zero porque $x_{1j} + x_{2j} + \ldots + x_{nj}$ é n vezes a média de $X_{j'}$ e assume-se que todas as variáveis X têm média zero. Portanto, é requerido que a matriz similaridade **S** deva ter somas zero para linhas e para colunas. Se esse não for o caso, então a matriz inicial pode ser duplamente centrada substituindo o elemento s_{ik} na linha i e coluna k por $s_{ik} - s_{i.} - s_{.k} + s_{..}$ onde $s_{i.}$ é a média da i-ésima linha de **S**, e $s_{.k}$ é a média da k-ésima coluna de s, e s.. é a média de todos os elementos em **S**. A matriz de similaridades duplamente centrada terá médias de linhas e de colunas zero e é, portanto, mais adequada para a análise.

A segunda complicação é que alguns dos autovalores da matriz de similaridades podem ser negativos. Isso é perturbador porque os correspondentes componentes principais parecem ter variâncias negativas! Entretanto, a verdade é apenas que a matriz de similaridades poderia não ter sido obtida pelo cálculo de **S = XX'** para qualquer matriz de dados. Com ordenação, somente os componentes associados com os maiores autovalores são usualmente usados, de modo que pequenos autovalores negativos podem ser pensados como não importantes. Grandes autovalores negativos sugerem que a matriz de similaridades que está sendo usada não é adequada para ordenação.

Programas computacionais para análise de coordenadas principais algumas vezes oferecem a opção de começar com uma matriz de distâncias ou uma matriz de similaridades. Se uma matriz de distâncias for usada, então ela poderá ser convertida em uma matriz de similaridades transformando a distância d_{ik} à medida de similaridade $s_{ik} = -d_{ik}^2/2$, como sugerido pela Equação 12.4.

Exemplo 12.3 Espécies de plantas na Reserva Natural de Steneryd (revisitado)

Como um exemplo do uso de análise de coordenadas principais, os dados considerados no Exemplo 12.1 sobre abundâncias de espécies em lotes na Reserva Natural de Steneryd foram reanalisados usando distâncias de Manhattan entre lotes. Isto é, a distância entre os lotes i e k foi medida por $d_{ik} = \sum |x_{ij} - x_{kj}|$, onde o somatório é para j sobre as 25 espécies e x_{ij} denota a abundância de espécies j no lote i como dado na Tabela 9.7. Similaridades foram calculadas como $s_{ik} = -d_{ik}^2/2$ e então duplamente centradas antes dos autovalores e autovetores serem calculados.

Os primeiros dois autovalores da matriz de similaridades foram encontrados como sendo 97.638,6 e 55.659,5, os quais explicam 47,3% e 27,0% da soma dos autovalores, respectivamente. Olhando para isso, os primeiros dois componentes, portanto, dão uma boa ordenação, com 74,3% da variação explicada por eles. O terceiro autovalor é muito menor, 12.488,2, e explica apenas 6,1% do total.

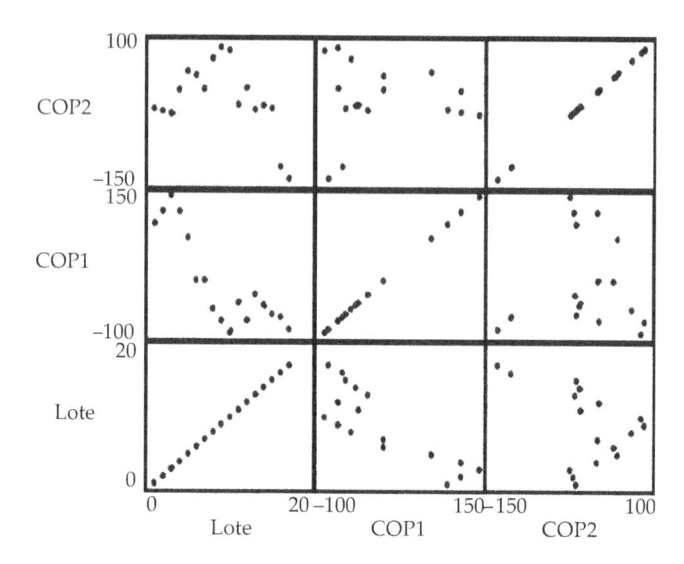

Figura 12.3 Diagrama de draftsman para a ordenação de 17 lotes na Reserva Natural de Steneryd baseado em uma análise de coordenadas principais em distâncias de Manhattan entre lotes. As três variáveis são o número do lote e os dois primeiros componentes (COP1 e COP2).

A Figura 12.3 mostra um diagrama de draftsman do número do lote e os dois primeiros componentes. Ambos os componentes mostram uma relação com o número do lote o qual, como observado no Exemplo 12.1, é ele mesmo relacionado à resposta das diferentes espécies às variáveis ambientais. De fato, uma comparação deste diagrama de draftsman com os seis gráficos no canto inferior esquerdo da Figura 12.1 mostra que os primeiros dois eixos da análise de coordenadas principais são realmente muito similares aos dois primeiros componentes principais, exceto por uma diferença na escala.

Exemplo 12.4 Túmulos em Bannadi (revisitado)

Como um exemplo de uma análise de coordenadas principais em dados presença-ausência, considere novamente os dados na Tabela 9.8 sobre bens de túmulos no cemitério de Bannadi no nordeste da Tailândia. A análise começou com a matriz de distâncias Euclidianas não padronizadas entre 47 túmulos, de modo que a distância do túmulo i ao túmulo k foi tomada como sendo $d_{ik} = \sqrt{\{\Sigma(x_{ij} - x_{kj})^2\}}$, onde o somatório é para j de 1 a 38, e x_{ij} é 1 se o j-ésimo tipo de artigo está presente no i-ésimo túmulo, ou é zero caso contrário. Uma matriz de similaridades foi então obtida, como descrito no Exemplo 12.3, e duplamente centrada antes de os autovalores e autovetores terem sido obtidos.

A análise de coordenadas principais executada desta maneira dá o mesmo resultado que uma análise de componentes principais usando valores padronizados para as variáveis X (i.e., executando uma análise de componentes principais usando a matriz de covariâncias amostral em vez da matriz de correlações amostral). A única diferença nos resultados está nos escalonamentos que são usualmente dados para as variáveis de ordenação pela análise de componentes principais e pela análise de coordenadas principais.

Os primeiros quatro autovalores da matriz de similaridade foram 24,9, 19,3, 10,0 e 8,8, correspondendo a 21,5%, 16,6%, 8,7% e 7,6%, respectivamente, da soma de todos os autovalores. Estes componentes explicam meramente 54,5% do total da variação nos dados, mas isso é melhor do que 43,9% explicados pelos primeiros quatro componentes principais obtidos dos dados padronizados (Exemplo 12.2).

A Figura 12.4 mostra um diagrama de draftsman para o número total de bens nos túmulos, o tipo de restos mortais (adulto masculino, adulto feminino ou criança) e os quatro primeiros componentes. Os sinais do primeiro e do quarto componente foram trocados em relação aos mostrados na saída computacional, de modo a torná-los positivos para o túmulo B48, o qual continha o maior número de tipos diferentes de bens. Pode ser visto do diagrama que o primeiro componente representa a abundância total muito próxima, mas os outros componentes não estão relacionados com esta variável. Fora isto, a única coisa óbvia a observar é que um dos túmulos tinha um valor muito baixo para o quarto componente. Este é o túmulo B47, o qual contina oito tipos diferentes de bens, dos quais quatro tipos não foram vistos em qualquer outro túmulo.

12.4 Escalonamento multidimensional

O escalonamento multidimensional já foi discutido no Capítulo 11, no qual ele é definido como um processo iterativo para encontrar coordenadas para objetos sobre eixos, com um número especificado de dimensões, tais que as distâncias entre os objetos combinam tão próximo quanto possível com as distâncias ou similaridades que são fornecidas em uma matriz de dados de entrada (Seção 11.2). O método não será discutido posteriormente no presente capítulo, exceto quando requerido para apresentar resultados de seu uso nos dois exemplos de conjuntos de dados que foram considerados com os outros métodos de ordenação.

Exemplo 12.5 Espécies de plantas na Reserva Natural de Steneryd (novamente)

Um escalonamento multidimensional dos 17 lotes para os dados na Tabela 9.7 foi implementado usando o programa computacional GenStat (VSN International Ltd., 2014). Ele executa um tipo não métrico clássico de análise

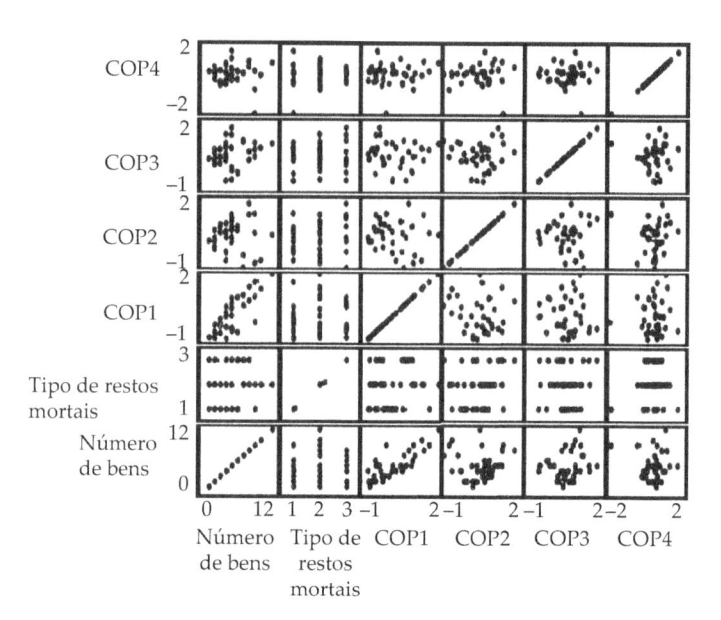

Figura 12.4 Diagrama de draftsman para os 47 túmulos de Bannadi. As seis variáveis são o número total de diferentes tipos de bens em um túmulo, um indicador do tipo de restos mortais (1 = adulto masculino, 2 = adulto feminino, 3 = criança) e os primeiros quatro componentes de uma análise de coordenadas principais (COP1 a COP4).

sobre uma matriz de distâncias, de modo que a relação entre as distâncias de dados e as distâncias de ordenação (configuração) é assumida como sendo somente monótona.

Para o exemplo que está sendo considerado, distâncias Euclidianas não padronizadas entre os gráficos foram usadas como entradas para o programa, e uma solução tridimensional foi assumida. A Figura 12.5 mostra os números das parcelas plotadas contra dimensões 1 e 2; 1 e 3; e 2 e 3. Mostram que a Dimensão 1 está fortemente relacionada ao número de parcelas, enquanto a Dimensão 2 indica que as parcelas centrais diferem até certo ponto das parcelas com alto e baixo números.

Exemplo 12.6: Sepulturas em Bannadi (Novamente)

A mesma análise como usada no último exemplo foi também aplicada aos dados sobre túmulos em Bannadi mostrados na Tabela 9.8. Distâncias Euclidianas padronizadas entre os 47 túmulos foram calculadas usando os dados presença-ausência (i.e., 1 ou 0, respectivamente) na tabela como valores para 38 variáveis, e estas distâncias forneceram os dados para o programa computacional GenStat. A Figura 12.6 mostra os números dos

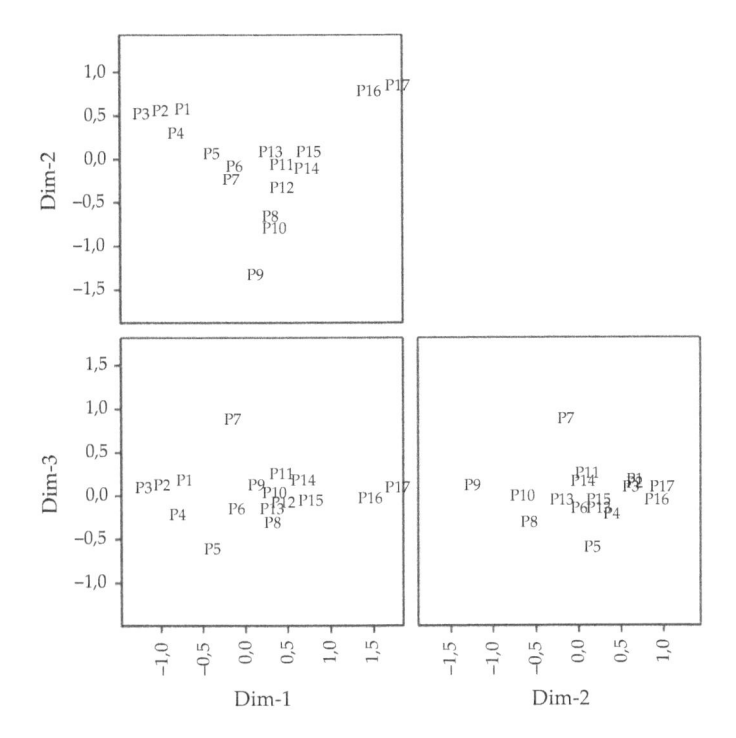

Figura 12.5 Resultados da ordenação de 17 parcelas da Reserva Natural de Steneryd com escalamento multidimensional não métrico baseado nas distâncias Euclidianas entre as parcelas usando dados não padronizados, assumindo uma solução tridimensional (Dim-1 a Dim-3).

túmulos plotados contra as Dimensões 1 e 2; 1 e 3; e 2 e 3. Esta mostra os túmulos com o maior número de bens ao redor e do lado de fora do túmulo, com os centros dos gráficos contendo os túmulos com poucos bens.

12.5 Análise de correspondência

A análise de correspondência como um método de ordenação foi originada no trabalho de Hirschfeld (1935), Fisher (1940) e uma escola de estatísticos franceses (Benzecri, 1992). Ela é hoje o mais popular método de ordenação para ecologistas de plantas e está sendo usada crescentemente em outras áreas também.

O método será explicado aqui no contexto da ordenação de locais com base na abundância de n espécies, apesar de ele poder ser usado igualmente bem em dados que podem ser apresentados como tabela de dupla entrada de medidas

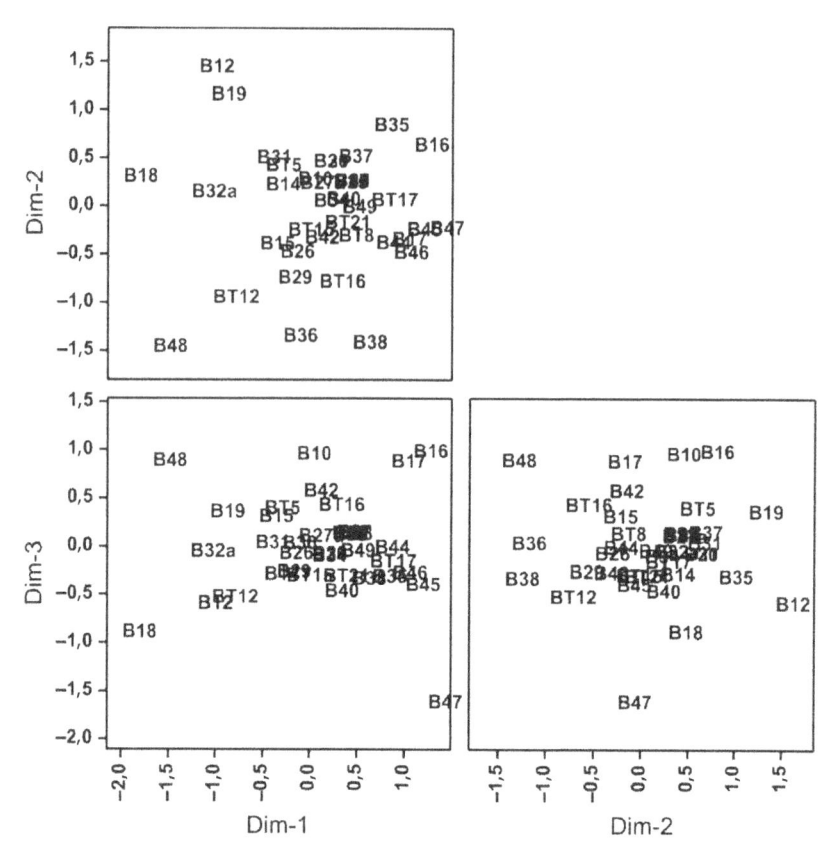

Figura 12.6 Parcela dos valores para os três eixos do escalonamento multidimensional não métrico usando distâncias Euclidianas entre os túmulos de Bannadi (Dim-1 a Dim-3).

de abundância, com as linhas correspondendo a um tipo de classificação e as colunas correspondendo a um segundo tipo de classificação.

Com locais e espécies, a situação é como mostrada na Tabela 12.4. Aqui existe um conjunto de valores de espécies $a_1, a_2, ..., a_n$ associado com as linhas da tabela, e um conjunto de valores de locais $b_1, b_2, ..., b_p$ associado com as colunas da tabela. Uma interpretação de análise de correspondência é então aquela concernente com a escolha de valores de espécies e locais de modo que eles sejam tão altamente correlacionados quanto possível para a distribuição bivariada que é representada pela abundância no corpo da tabela. Isso quer dizer que os valores do local e das espécies são escolhidos para maximizar suas correlações para a distribuição na qual o número de vezes que a espécie i ocorre no local j é proporcional à abundância observada x_{ij}.

A solução para este problema de maximização é dada pelo conjunto de equações

$$a_1 = \{(x_{11}/R_1)b_1 + (x_{12}/R_1)b_2 + \ldots + (x_{1p}/R_1)b_p\}/r$$
$$a_2 = \{(x_{21}/R_2)b_1 + (x_{22}/R_2)b_2 + \ldots + (x_{2p}/R_2)b_p\}/r$$
$$\vdots$$
$$a_n = \{(x_{n1}/R_n)b_1 + (x_{n2}/R_n)b_2 + \ldots + (x_{np}/R_n)b_p\}/r$$

e

$$b_1 = \{(x_{11}/C_1)a_1 + (x_{21}/C_1)a_2 + \ldots + (x_{n1}/C_1)a_n\}/r$$
$$b_2 = \{(x_{12}/C_2)a_1 + (x_{22}/C_2)a_2 + \ldots + (x_{n2}/C_2)a_n\}/r$$
$$\vdots$$
$$b_p = \{(x_{1p}/C_p)a_1 + (x_{2p}/C_p)a_2 + \ldots + (x_{np}/C_p)a_n\}/r$$

em que

R_i denota a abundância total de espécies i,
C_j denota a abundância total no local j e
r é a correlação máxima que está sendo procurada.

Então o valor a_i da i-ésima espécie é um peso médio dos valores dos locais, com o local j tendo um peso proporcional a x_{ij}/R_i, e o valor b_j do j-ésimo local é um peso médio dos valores das espécies, com a espécie i tendo um peso proporcional a x_{ji}/C_j.

O nome *média recíproca* é algumas vezes usado para descrever as equações recém-estabelecidas porque os valores das espécies são médias (com pesos) dos valores dos locais, e os valores dos locais são médias (com pesos) dos valores das espécies. Estas equações são muitas vezes usadas como ponto de partida para justificar a análise de correspondência como um meio de produzir valores de espécies como uma função de valores dos locais, e vice-versa. Decorre que as equações podem ser resolvidas iterativamente após elas terem sido modificadas para remover a solução trivial com a_i = 1 para todo i, b_j = 1 para todo j e r = 1. Entretanto, é mais instrutivo escrever as equações na forma matricial a fim de resolvê-las porque isso mostra que pode haver várias soluções possíveis para as equações e que estas podem ser encontradas a partir de uma análise de autovalor.

Na forma matricial, as equações mostradas acima se transformam em

Tabela 12.4 As abundâncias (x) de n espécies em p locais, com os valores das espécies (a) e os valores dos locais (b)

Espécies	Local				Soma da linha	Valor das espécies
	1	2	...	p		
1	x_{11}	x_{12}	...	x_{1p}	R_1	a_1
2	x_{21}	x_{22}	...	x_{2p}	R_2	a_2
.	.	.	...	.	.	.
.	.	.	...	.	.	.
.	.	.	...	.	.	.
n	x_{n1}	x_{n2}	...	x_{np}	R_n	a_n
Soma da coluna	C_1	C_2	...	C_p		
Valor do local	b_1	b_2	...	b_p		

$$\mathbf{a} = \mathbf{R}^{-1}\mathbf{X}\,\mathbf{b}/r \qquad (12.8)$$

e

$$\mathbf{b} = \mathbf{C}^{-1}\mathbf{X}'\mathbf{a}/r \qquad (12.9)$$

em que

- $\mathbf{a}' = (a_1, a_2, ..., a_n)$,
- $\mathbf{b}' = (b_1, b_2, ..., b_p)$,
- $\mathbf{R}$ é uma matriz diagonal n × n com R_i na i-ésima linha e i-ésima coluna,
- $\mathbf{C}$ é uma matriz diagonal p × p com C_j na j-ésima linha e j-ésima coluna, e
- $\mathbf{X}$ é uma matriz n × p com x_{ij} na i-ésima linha e j-ésima coluna.

Se a Equação 12.9 for substituída na Equação 12.8, então, após alguma álgebra matricial, é encontrado que

$$r^2\left(\mathbf{R}^{\frac{1}{2}}\mathbf{a}\right) = \left(\mathbf{R}^{-\frac{1}{2}}\mathbf{X}\mathbf{C}^{-\frac{1}{2}}\right)\left(\mathbf{R}^{-\frac{1}{2}}\mathbf{X}\mathbf{C}^{-\frac{1}{2}}\right)'\left(\mathbf{R}^{\frac{1}{2}}\mathbf{a}\right) \qquad (12.10)$$

em que

- $\mathbf{R}^{\frac{1}{2}}$ é uma matriz diagonal com $\sqrt{R_i}$ na i-ésima linha e i-ésima coluna, e
- $\mathbf{C}^{\frac{1}{2}}$ é uma matriz diagonal com $\sqrt{C_j}$ na j-ésima linha e j-ésima coluna.

Isso mostra que as soluções para o problema de maximizar a correlação são dadas pelos autovalores de uma matriz n × n

$$\left(\mathbf{R}^{-\frac{1}{2}}\mathbf{X}\mathbf{C}^{-\frac{1}{2}}\right)\left(\mathbf{R}^{-\frac{1}{2}}\mathbf{X}\mathbf{C}^{-\frac{1}{2}}\right)'$$

Para qualquer autovalor λ_k, a correlação entre os escores das espécies e dos locais será $r_k = \sqrt{\lambda_k}$, e o autovetor para esta correlação será

$$\mathbf{R}^{\frac{1}{2}}\mathbf{a}_k = (\sqrt{R}_1 a_{1k}, \sqrt{R}_2 a_{2k}, \ldots, \sqrt{R}_n a_{nk})'$$

em que a_{ik} são os valores das espécies. Os correspondentes valores dos locais podem ser obtidos da Equação 12.9 como

$$\mathbf{b}_k = \mathbf{C}^{-1}\mathbf{X}'\mathbf{a}_k / r_k$$

O maior autovalor será sempre $r^2 = 1$, dando a solução trivial $a_i = 1$ para todo i e $b_j = 1$ para todo j. Os autovalores restantes serão positivos ou zero e refletem diferentes possíveis dimensões para representar as relações entre espécies e locais. Estas dimensões podem ser mostradas como sendo ortogonais, no sentido de que os valores das espécies e dos locais para uma dimensão serão não correlacionados com os valores e locais em outras dimensões para a distribuição de dados de abundâncias x_{ij}.

A ordenação por análise de correspondência envolve usar os valores das espécies e dos locais para os primeiros poucos maiores autovalores que são menores do que 1, porque estes são as soluções para as quais as correlações entre valores de espécies e locais são as mais fortes.

É comum representar ambos, espécies e locais, sobre o mesmo eixo porque, como observado anteriormente, os valores das espécies são uma média dos valores dos locais e vice-versa. Em outras palavras, a análise de correspondência dá uma ordenação de ambos, espécies e locais, ao mesmo tempo.

É aparente da Equação 12.10 que a análise de correspondência não pode ser usada sobre dados que incluem uma linha de soma zero porque então a matriz diagonal $\mathbf{R}^{-\frac{1}{2}}$ terá um elemento infinito. Por um argumento similar, colunas com somas zero também não são permitidas. Isso significa que o método não pode ser usado nos dados dos túmulos na Tabela 9.8, já que alguns túmulos não contêm bens. Entretanto, a análise de correspondência pode ser usada com os dados presença-ausência quando este problema não estiver presente.

Exemplo 12.7 Espécies de plantas na Reserva Natural de Steneryd (novamente)

A análise de correspondência foi aplicada aos dados para abundâncias de espécies na Reserva Natural de Steneryd (Tabela 9.7). Somente as primeiras duas dimensões foram consideradas para o gráfico de ordenação. A Figura 12.7 mostra um gráfico de espécies, com nomes abreviados, os números dos locais e as Dimensões 1 e 2. A ordenação das parcelas é bem clara, com uma sequência quase perfeita do Local 17 à esquerda (S17) ao Local 1 à direita, movendo-se ao redor de um arco muito distinto. As espécies são esparsadas entre os locais ao longo do mesmo arco, de Mer-p (*Mercurialis perennis*) à esquerda até Hie-p (*Hieracium pilosella*) à direita. Uma comparação da figura com a Tabela 9.7 mostra que isso faz muito sentido. Por exemplo, *M. perennis* é abundante somente nos locais de numeração mais alta, e *H. pilosella* é abundante somente nos locais de numeração mais baixa.

O arco ou a ferradura que aparece na ordenação para este exemplo é uma característica comum nos resultados de análise de correspondência, e é também algumas vezes aparente em outros métodos de ordenação. Existe algumas vezes preocupação de que este efeito obscurecerá a natureza dos eixos de ordenação e, portanto, alguma atenção tem sido dedicada ao desenvolvimento de formas de modificar a análise para remover o efeito, o qual é considerado um artefato do método de ordenação. Com análise de correspondência, um método de destendenciamento normalmente é usado, e o método de ordenação resultante é então chamado de análise de correspondência destendenciada (Hill e Gauch, 1980). Ajustamentos para outros métodos de ordenação também existem, mas parecem ser de pouco uso.

12.6 Comparação de métodos de ordenação

Quatro métodos de ordenação foram revistos neste capítulo, e seria bom ser capaz de estabelecer quando cada um deveria ser usado. Infelizmente, isso não pode ser feito de uma maneira inteiramente satisfatória devido à larga variedade de diferentes circunstâncias para as quais a ordenação é usada. Portanto, tudo que será feito aqui são alguns comentários finais sobre cada um dos métodos em termos de sua utilidade.

A análise de componentes principais pode ser usada somente quando os valores para as p variáveis forem conhecidos para cada um dos objetos que

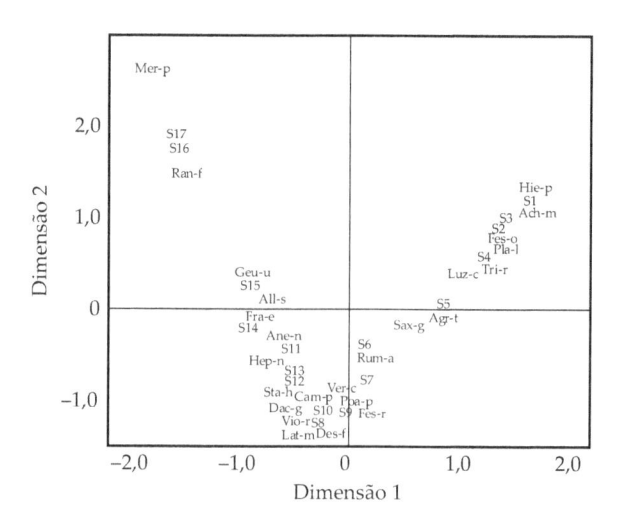

Figura 12.7 Representação gráfica de espécies e locais contra os primeiros dois eixos (Dimensões 1 e 2) encontrados aplicando análise de correspondência aos dados da Reserva Natural de Steneryd. Aos nomes das espécies foram dadas abreviações óbvias, e os locais são rotulados de S1 a S17.

estão sendo estudados. Portanto, este método de análise não pode ser usado quando somente uma matriz de distâncias ou similaridade estiver disponível. Quando os valores das variáveis estiverem disponíveis e as variáveis forem aproximadamente normalmente distribuídas, este método é uma escolha óbvia.

Quando se exige que uma ordenação comece com uma matriz de distâncias ou similaridades entre os objetos sendo estudados, é possível usar ou análise de coordenadas principais ou escalonamento multidimensional. Escalonamento multidimensional pode ser métrico ou não métrico, e análise de coordenadas principais e o escalonamento multidimensional devem dar resultados similares. As vantagens relativas do escalonamento multidimensional métrico e não métrico dependerão muitos das circunstâncias, mas, em geral, pode ser esperado que o escalonamento não métrico dê um ajuste levemente melhor à matriz de dados.

A análise de correspondência foi desenvolvida para situações nas quais os objetos de interesse são descritos por medidas de abundâncias de diferentes características. Quando este for o caso, este método parece dar ordenações relativamente fáceis de interpretar. Ele tem certamente sido preferido por ecologistas na análise de dados sobre abundância de diferentes espécies em diferentes locais.

12.7 Programas de computador

As análises descritas neste capítulo podem ser executadas usando muitos pacotes estatísticos padrão, além de alguns pacotes especializados desenvolvidos para áreas específicas de aplicações, como dados para análise de distribuição de plantas. Além disso, o apêndice deste capítulo explica como as diversas análises de ordenação descritas no capítulo podem ser executadas usando o R.

12.8 Leitura adicional

Sugestões para leitura adicional relacionada com análise de componentes principais e escalonamento multidimensional são fornecidas nos Capítulos 6 e 11, e é desnecessário repeti-las aqui. Para discussões posteriores e mais exemplos de análise de coordenadas principais e análise de correspondência, particularmente no contexto de ecologia de plantas, consulte os livros de Digby e Kempton (1987), Ludwig e Reynolds (1988), e Jongman et al. (1995). Para análise de correspondência, a referência clássica é Greenacre (1984). Além destes, há um livro curto sobre análise de correspondência de Clausen (1998) e um livro bastante detalhado sobre o mesmo tópico de Benzecri (1992).

Uma técnica importante não abordada neste capítulo é a ordenação canônica, na qual os eixos de ordenação são escolhidos para representar um conjunto de variáveis exploratórias, tanto quanto possível. Por exemplo, poderia ser interessante ver como a distribuição das espécies de plantas sobre um número de locais está relacionada à temperatura e a características do solo nestes locais. A análise de função discriminante é um caso especial deste tipo de análise, mas outras análises também são possíveis. Ver Jongman et al. (1995) para mais detalhes.

Exercícios

A Tabela 6.6 mostra os valores para seis medidas tomadas em cada uma das 25 taças pré-históricas escavadas na Tailândia. A natureza das medidas é mostrada na Figura 6.3. Use os vários métodos discutidos neste capítulo para produzir ordenações das taças e ver qual método parece produzir o resultado mais útil.

Referências

Benzecri, P.J. (1992). *Correspondence Analysis Handbook*. New York: Marcel Dekker.

Clausen, S.E. (1998). *Applied Correspondence Analysis*. Thousand Oaks, CA: Sage.

Digby, P.G.N. and Kempton, R.A. (1987). *Multivariate Analysis of Ecological Communities*. London: Chapman and Hall.

Fisher, R.A. (1940). The precision of discriminant functions. *Annals of Eugenics* 10: 422–9.

Greenacre, M.J. (1984). *Theory and Application of Correspondence Analysis*. London: Academic Press.

Hill, M.O. and Gauch, H.G. (1980). Detrended correspondence analysis, an improved ordination technique. *Vegetatio* 42: 47–58.

Hirschfeld, H.O. (1935). A connection between correlation and contingency. *Proceedings of the Cambridge Philosophical Society* 31: 520–4.

Jongman, R.H.G., ter Braak, C.J.F., and van Tongeren, O.F.F. (1995). *Data Analysis in Community and Landscape Ecology*. Cambridge University Press, Cambridge.

Ludwig, J.A. and Reynolds, J.F. (1988). *Statistical Ecology*. Wiley, New York.

VSN International Ltd. (2014). GenStat, 17th Edn. www.vsni.co.uk

Apêndice: Métodos de ordenação no R

Rotinas do R completamente comentadas, reproduzindo os resultados para cada exemplo apresentado neste capítulo, estão disponíveis no site do livro. Nossa estratégia em escrever todas essas rotinas foi para usar os comandos mais simples do R para este propósito; no fim deste apêndice, sugerimos pacotes R adicionais oferecendo uma maior amplitude de procedimentos computacionais para análise de ordenação.

A.1 Componentes principais e escalonamento multidimensional

Foi indicado neste capítulo que análise de componentes principais (Seção 12.2) e escalonamento multidimensional não métrico (Seção 12.4) pertencem à coleção de métodos elegíveis que um analista de dados pode aplicar para produzir a ordenação de dados multivariados. Consequentemente, encaminhamos o leitor aos Apêndices dos Capítulos 6 e 11 para selecionar os comandos no R necessários para gerar o conjunto reduzido de variáveis da análise de componentes principais ou escalonamento multidimensional não métrico.

A.2 Análise de coordenadas principais

Análise de coordenadas principais pode ser executada no R com `cmdscale`, uma função cujo nome significa escalonamento multidimensional clássico. O principal argumento para esta função é uma matriz de distância computada pela `dist( )` ou qualquer outra função equivalente. Como um exemplo, dada uma base de dados (digamos, `MV.DATA`) contendo as variáveis de interesse, e assumindo que a distância de Manhattan foi escolhida para medir as dissimilaridades entre as unidades amostrais em `MV.DATA`, a matriz de distância pode ser obtida como

```
Dist.Manh <-dist(MV.DATA, method ="manhattan")
```

Agora, suponha que você deseje a dimensão máxima do espaço reduzido a k = 3 e que os autovalores devem ser retornados. O comando `cmdscale` que deve ser executado é

```
PCO.object<-cmdscale(Dist.Manh, k=3, eig=TRUE)
```

O usuário não precisa se preocupar em transformar a matriz de distância em uma matriz de similaridade duplamente centrada, conforme descrito na Seção 12.3. O comando `cmdscale` automaticamente computa para você.

No pacote `vegan`, existe a função `capscale( )`, a qual é uma versão restrita da análise de coordenadas principais (PCoA, também conhecida como MDS), mas pode ser usada para PCoA normal. Ela pode colocar os objetos e as variáveis em uma figura como `biplot`.

A.3 Análise de correspondência

O comando R para análise de correspondência (CA), como descrito neste capítulo, é `ca( )`, do pacote `ca` (Nedadic and Greenacre, 2007). Este comando executa *simple CA*, um termo dado pela escola francesa que significa que os dados de interesse neste caso são usualmente uma tabela de contingência de dupla entrada. Os termos múltipla e análise de correspondência conjunta são utilizados para denotar extensões da CA simples para mais que duas variações categóricas. Veja o artigo de Nedadic and Greenacre (2007) para mais detalhes.

Uma vez que uma CA simples seja executada para uma matriz `mat.dat`, por exemplo, por

```
object.ca <- ca(mat.dat)
```

o usuário pode obter o conjunto completo de autovalores simplesmente digitando

```
object.ca
```

ou por meio do comando `summary(object.ca)`. Em adição, as correlações entre os escores de linhas e colunas (ou valores singulares) podem ser chamadas com

```
object.ca$sv
```

Um gráfico conjunto de escores CA (veja a Figura 12.7) é então produzido com a função `plot`

```
plot(object.ca).
```

A.4 Outros pacotes R para ordenação

Entre os procedimentos especializados do R para análise de ordenação, os pacotes `labdsv` (Roberts, 2016) e `vegan` (Oksanen et al., 2016) são muito bons. Ambos oferecem uma diversidade de análises de ordenação criadas principalmente para se adequar às necessidades computacionais de comunidades de ecologistas, incluindo análise de componentes principais, PCoA e escalonamento multidimensional. A abrangência das funções é maior em `vegan` do que em `labdsv`. Assim, `vegan` permite a seleção de dois algoritmos populares de análise de correspondência, CA simples e CA canônico, este último conhecido também como CA restrito, por meio do comando simples `cca( )`, enquanto análise de correspondência destendenciada é chamada com a função `decorana( )`. Vários livros abrangentes e tutoriais sobre as funções R para análise de ordenação usando `vegan` estão disponíveis. Recomendamos o livro escrito por Borcard et al. (2011) e o tutorial (vignette) dado por Oksanen (2016), o criador do pacote `vegan`.

A.5 Gráfico de draftsman em ordenação

Uma estratégia geral sugerida neste capítulo é produzir diagramas de draftsman como auxílio visual para tirar conclusões de qualquer análise de ordenação. Estes diagramas mostram gráficos de dispersão para um subconjunto selecionado de variáveis derivadas por análise multivariada (os primeiros e poucos componentes principais em análise de componentes principais, as primeiras e poucas dimensões em PCoA ou escalonamento multidimensional, etc.), e eles podem incluir um conjunto particular de variáveis do conjunto de dados original, úteis na interpretação dos resultados de ordenação. Como visto no Capítulo 3, sempre que um diagrama de Draftsman é requerido, as funções do R `pairs( )` e `scatterplotmatrix( )` do pacote `car` e `splom( )` do pacote `lattice` são comandos adequados que podem ser adicionados às rotinas R na análise de ordenação.

Referências

Borcard, D., Gillett, F., and Legendre, P. (2011). *Numerical Ecology*. New York: Springer.

Jongman, R.H.G., ter Braak, C.J.F., and van Tongeren, O.F.F. (1995). *Data Analysis in Community and Landscape Ecology*. Cambridge: Cambridge University Press.

Ludwig, J.A. and Reynolds, J.F. (1988). *Statistical Ecology*. New York: Wiley.

Nenadic, O. and Greenacre, M. (2007). Correspondence analysis in R, with two- and three-dimensional graphics: The ca package. *Journal of Statistical Software* 20(3): 1–13.

Oksanen, J. (2016). *Vegan: An Introduction to Ordination*. https://cran.r-project.org/web/packages/vegan/vignettes/intro-vegan.pdf

Oksanen, J., Blanchet, F.G., Friendly, M., Kindt, R., Legendre, P., McGlinn, D., Minchin, P.R., et al. (2016). vegan: Community Ecology Package. R package version 2.4-0. http://CRAN.R-project.org/package=vegan

Roberts, D.W. (2016). labdsv: Ordination and Multivariate Analysis for Ecology. R package version 1.8-0. https://CRAN.R-project.org/package=labdsv

Capítulo 13

Epílogo

13.1 O próximo passo

Ao escrever este livro, os objetivos foram propositadamente limitados no que se refere a conteúdo. Estes objetivos terão sido alcançados se alguém que tenha lido cuidadosamente os capítulos anteriores tenha uma ideia honesta do que pode e do que não pode ser obtido pelos métodos estatísticos multivariados mais largamente usados. Nossa esperança é de que o livro venha a ajudar muitas pessoas a dar o primeiro passo em "uma jornada de mil quilômetros".

Para aqueles que deram este primeiro passo, a maneira de ir adiante é ganhar experiência em métodos multivariados analisando diferentes conjuntos de dados e vendo quais resultados são obtidos. Como em outras áreas de estatística aplicada, competência em análise multivariada requer prática.

Desenvolvimentos recentes em análise multivariada têm sido feitos no campo proximamente relacionado à mineração de dados (*data mining*), o qual se preocupa com extração de informação de conjuntos de dados muito grandes. Este tópico não foi considerado neste livro, mas é uma área que deve ser investigada por qualquer um que trate com grandes conjuntos de dados multivariados. Mais detalhes serão encontrados no livro de Hand et al. (2001).

13.2 Alguns lembretes gerais

Ao desenvolver habilidade e familiaridade com análises multivariadas, existem alguns pontos gerais que vale a pena manter em mente. Na verdade, estes pontos são relevantes também para análise univariada. Entretanto, ainda vale a pena enfatizá-los no contexto multivariado.

Primeiro, deve ser lembrado que existem várias maneiras de abordar a análise de um conjunto particular de dados, nenhuma das quais é necessariamente a melhor. Na realidade, vários tipos de análise podem muito bem ser implementados para investigar diferentes aspectos dos mesmos dados. Por exemplo, as medidas do corpo de pardocas dadas na Tabela 1.1 podem ser analisadas por análise de componentes principais ou análise fatorial para investigar as dimensões por trás da variação corpo-tamanho, por análise discriminante para contrastar sobreviventes e não sobreviventes, por análise de agrupamentos ou escalonamento multivariado para ver como os pássaros se agrupam e assim por diante.

Segundo, use o bom senso. Antes de embarcar em uma análise, considere se pode ser possível responder às questões de interesse. Muitas análises estatísticas são implementadas porque os dados estão na forma certa, independentemente de que luz a análise pode lançar sobre a questão. Em algum momento ou outro, muitos dos usuários de estatística encontram a si próprios sentados em frente a uma grande pilha de saídas computacionais dando-se conta de que elas não dizem nada do que eles realmente querem saber.

Terceiro, a análise multivariada não trabalha sempre em termos de produzir uma resposta limpa. Há um vício óbvio em livros-texto e artigos de estatística em relação a exemplos nos quais os resultados são diretos e as conclusões são claras. Na vida real, isso não acontece tão frequentemente. Não fique surpreso se a análise multivariada falhar em dar resultados satisfatórios sobre os dados nos quais você realmente está interessado! Pode acontecer que os dados tenham uma mensagem a dar, mas a mensagem não pode ser lida usando modelos um tanto quanto simples sobre os quais as análises padrão se baseiam. Por exemplo, pode ser que a variação em um conjunto de dados multivariados seja completamente descrita por dois ou três fatores subjacentes. Entretanto, estes podem não aparecer em uma análise de componentes principais ou em uma análise fatorial por não ser linear a relação entre as variáveis observadas e os fatores.

Finalmente, existe sempre a possibilidade de uma análise ser dominada por uma ou duas observações bastante extremas. Esses pontos discrepantes podem algumas vezes ser encontrados simplesmente examinando os dados visualmente, ou considerando as tabelas de frequências para as distribuições de variáveis individuais. Em alguns casos, um método multivariado mais sofisticado pode ser exigido. Por exemplo, uma grande distância da Mahalanobis de uma observação até a média de todas as observações é um indicativo de um ponto extremo multivariado (ver Seção 5.3), apesar de que a verdade pode ser apenas que os dados não são distribuídos aproximadamente como uma normal multivariada.

Pode ser difícil decidir o que fazer com um ponto extremo. Se ele é devido a um erro de registro ou algum outro erro bem-definido, então é suficientemente honesto excluí-lo da análise. Entretanto, se a observação é um valor genuíno, então isso não é válido. A ação apropriada depende, então, das circunstâncias particulares. Veja Barnett e Lewis (1994) para uma discussão detalhada de possíveis abordagens ao problema.

Algumas vezes, uma abordagem efetiva é fazer uma análise com e sem os valores extremos. Se as conclusões forem as mesmas, então não há um problema real. Somente se as conclusões dependem fortemente dos valores extremos é que eles precisam ser tratados com mais cuidado.

13.3 Valores perdidos

Valores perdidos podem causar mais problemas com dados multivariados do que com dados univariados. O problema é que quando há muitas variáveis sendo medidas em cada indivíduo, muitas vezes é o caso de uma ou duas destas variáveis terem dados perdidos. Em tais casos, indivíduos com dados perdidos podem ser excluídos da análise, resultando na exclusão de uma proporção de indivíduos impraticável. Por exemplo, em estudos de populações humanas antigas, esqueletos estão frequentemente quebrados e incompletos.

Textos em análise multivariada são muitas vezes bastante omissos sobre a questão de valores perdidos. Até certo ponto, isso acontece porque lidar com dados perdidos não é um problema simples e direto. Na prática, pacotes computacionais algumas vezes incluem uma facilidade para estimar valores perdidos por vários métodos de complexidade variável. Uma possível abordagem é estimar valores perdidos e então analisar os dados, incluindo estas estimativas, como se eles estivessem completos desde o início. Parece razoável supor que este procedimento funcionará satisfatoriamente, desde que apenas uma pequena proporção de valores esteja faltando.

Para uma discussão detalhada de métodos para lidar com dados perdidos, veja o livro de Little e Rubin (2002).

Referências

Barnett. V. and Lewis, T. (1994), *Outliers in Statistical Data,* 3rd ed., Wiley, New York.

Hand, D., Mannila, H., and Smyth, P. (2001), *Principles of Data Mining,* MIT Press, Cambridge, MA.

Little, R.A. and Rubin, D.B. (2002), *Statistical Analysis with Missing Data,* 2nd ed., Wiley, New York.

Índice

A

A representação de Draftsman, 43–44, 50, 243
Agrupamento K-médias, 169
Ainda outro pacote para análise de correlação canônica (yacca), 200
Ajustamento de Bonferroni, 60
Álgebra matricial, 29–37, 38–39
   autovalores e autovetores, 34–35
   e vetores, 29–31
   formas quadráticas, 34
   inversão, 33–34
   necessidade de, 29
   operações com, 31–33
   vetores de médias e matrizes de covariâncias, 35–37
Análise de agrupamentos, 13, 97, 163–177, 178–179
   análise de componentes principais com, 168–172
      agrupamentos de países europeus, 169–171
      relação entre espécies caninas, 171–172
   medidas de distância, 167–168
   métodos hierárquicos, 164–166
   problemas com, 166–167
   programas computacionais, 172
   tipos de, 163–164
   usos de, 163
Análise de componentes principais (PCA), 3, 10, 13, 118–119, 124, 129, 136, 168–172, 220–225, 228, 241
   definição de, 103–104
   procedimento para, 104–113
      emprego em países europeus, 111–113
      medidas do corpo de pardocas, 107–111
   programas computacionais, 113

Análise de coordenadas principais PCoA, 13–14, 216, 225–231, 241–242
Análise de correlação canônica, 13, 181–199, 200–201, 219
   generalizando análises de regressão múltipla, 181–183
   interpretando variáveis, 185–197
      correlações ambientais e genéticas para colônias de borboletas, 186–190
      variáveis solo e vegetação em Belize, 190–197
   procedimento para, 183–184
   programas computacionais, 197
   testes de significância, 184–185
Análise de correspondência (CA), 14, 233–238, 242
Análise de correspondência canônica, 243
Análise de correspondência conjunta, 242
Análise de correspondência destendenciada, 238
Análise de correspondência múltipla, 242
Análise de correspondência restrita, 200, 243
Análise de correspondência simples, 243
Análise de fatores confirmatória, 134
Análise de fatores exploratória, 134
Análise de fatores via componentes principais, 126–128
Análise de fatores, 12, 121–134
   componentes principais, 126–128
   modelo, 121–124
   opções em, 133
   procedimento para, 124–126
   programa de análise de fatores para análise de componentes principais, 128–133

emprego em países europeus, 129–133
valor de, 134
Análise de função discriminante quadrática, 157
Análise de função discriminante, 12, 139–157, 219
   atribuindo indivíduos não agrupados a grupos, 151
   classificação jacknife de indivíduos, 150
   discriminação usando distâncias de Mahalanobis, 139–140
   funções discriminantes canônicas, 140–142
   passo a passo, 150
   probabilidades a priori de membros de grupos, 148–149
   problema da separação de grupos, 139
   programas computacionais, 156–157
   regressão logística, 151–156
      comparação de duas amostras de crânios egípcios, 154–156
      pardocas sobreviventes de tempestade, 152–154
   suposições, 143–148
      comparação de amostras de crânios egípcios, 144–146
      discriminação entre grupos de países europeus, 146–148
   testes de significância, 142–143
Análise de Procrustes, 98
Análise de regressão múltipla, 181–183
Análise de variância ordinária (ANOVA), 77
Análise multivariada de variância (MANOVA), 77, 80
Análise multivariada, 1–15
   distribuição normal, 14
   exemplos de, 1–10
      emprego em países europeus, 10
      crânios egípcios, 4, 5, 6
      distribuição de borboletas, 4, 7, 8, 9
      pardais sobreviventes de tempestade, 1–3

      cães pré-históricos da Tailândia, 7, 9
   programas computacionais, 15
   visão prévia, 10–14
Arquivos de ajuda, em R, 17
Autovalores e autovetores, 34–35, 106, 107, 108, 111, 112, 118, 129, 142, 228, 229, 230, 231, 237

B

Base de dados, 17, 22–27
`Biotools`, 81
Bumpus, Hermon, 1, 3, 41, 43

C

CA, *ver* Análise de correspondência (CA)
Cargas de fator, 123
Classificação jacknife, 150, 160
Comprehensive R Archive Network (CRAN), 16, 17

D

Dados multivariados
   representação, 41–47, 49–51
      de Draftsman, 43–44
      perfis de variáveis, 46–47
      problema de representação em duas dimensões, 41
      representação de pontos de dados individuais, 44–46
      representando variáveis índices, 41–43
   testes de significância com, 53–78, 79–81
      comparação de médias para várias amostras, 66–70
      comparação de valores médios para duas amostras, 53–59
      comparação de variação para duas amostras, 60–66
      comparação de variação para várias amostras, 70–74
      programas computacionais, 74–77

testes simultâneos em várias
    variáveis, 53
    vs. testes univariados, 59–60
Decomposição em valor singular
    (SVD), 118
Decomposição espectral, de
    covariância, 118, 129, 188
Dendrograma, 169, 172, 178, 179
Desvio-padrão, 118, 184
Diagrama de Draftsman, 220, 222, 225,
    230, 231
Distâncias de Mahalanobis, 87, 88, 90,
    91, 100, 139–140
Distâncias Euclidianas padronizadas, 232
Distâncias multivariadas, medidas e
    testes, 83–98, 100–101
    baseadas em proporções, 91–92
    entre observações individuais, 83–86
    entre populações e amostras, 86–91
    para dados de presença-ausência,
        92–93
    problemas, 83
    programas computacionais, 97
    teste de aleatorização de Mantel,
        93–97
Distribuição normal, 14
Distribuição qui-quadrado, 143, 185

E

Escalonamento multidimensional
    clássico, *ver* Análise de coordenadas
    principais
Escalonamento multidimensional
    métrico clássico, 210
Escalonamento multidimensional
    métrico, 206
Escalonamento multidimensional não
    métrico (NMDS), 206, 216, 217, 241
Escalonamento multidimensional não
    métrico clássico, 207, 212
Escalonamento multidimensional, 13,
    203–214, 216–217, 231–233
    construindo um mapa de uma matriz
        de distâncias, 203–204
    procedimento para, 204–214

comportamento de votação dos
    parlamentares, 209–214
distâncias rodoviárias entre
    cidades da Nova Zelândia, 206–
    209
programas computacionais, 214
Estatística traço de Pillai, 68, 70
Euphydryas editha, 4, 181, 186–187, 197

F

Faces de Chernoff e estrelas, 50
Formas quadráticas, 34
Fórmula stress de Kruskal, 205–206
Função de concatenação, 18
Funções discriminantes canônicas,
    140–142, 159–160

G

Galton, Francis, 3
GenStat, 232
Gráfico tridimensional (3-D), 41
GUI, *ver* Interface gráfica do usuário
    (GUI)

H

Higham, C. F. W., 222
Hotelling, Harold, 3

I

Índice de nicho sobreposto de Pianka,
    100
Índice de similaridade proporcional de
    Czekanowski, 100
Interface gráfica do usuário (GUI), 16,
    17
Inversa da matriz, 33
IsoMDS, 217

L

Linguagem de programação R, 15
    álgebra de matrizes em, 38–39
    análise de agrupamento em, 178–179
    análise de fator em, 136

análise função discriminante em, 159–161
   baseada em regressão logística, 161
   canônica, 159–160
arquivos de ajuda em, 17
correlação canônica em, 200–201
escalonamento multidimensional, 216–217
indexação da base de dados, 25–27
interface gráfica do usuário (GUI), 16
matrizes em, 19–22
medidas de distâncias multivariadas em, 100–101
   cálculo das, 100–101
   teste de aleatorização de Mantel, 101
métodos de ordenação em, 241–243
   análise de coordenadas principais, 241–242
   análise de correspondência, 242
   componentes principais e escalonamento multidimensional não métrico, 241
   gráficos de Drafstman em, 243
   outros pacotes para, 242–243
objetos em, 17–18
organizando dados multivariados em, de bases de dados de origem, 22–25
pacotes, 17
produzindo gráficos em, 49–51
   Draftsman, 50
   faces de Chernoff e estrelas, 50
   gráfico de dispersão bidimensional, 49
   gráfico de dispersão tridimensional, 49
   perfis de variáveis, 50–51
testes de significância em, 79–81
   comparação da variação de duas amostras multivariadas, 80
   comparação da variação de duas amostras para o caso univariado, 79–80
   comparação de várias médias multivariadas, 80–81
   igualdade de várias matrizes de covariâncias, 81
   teste t para duas amostras univariadas em, 79
   testes multivariados de duas amostras com T^2 de Hotelling, 79
vetores em, 18–19

M

MANOVA, *ver* Análise multivariada de variância (MANOVA)
Matriz amostral de dispersão, 36
Matriz de correlação, *ver* Decomposição espectral, de covariância
Matriz de covariância, 14, 56, 57, 70, 88, 90, 106, 107, 108, 111, 112
Matriz de covariâncias populacional, 36, 37
Matriz diagonal, 30
Matriz distância, 203–204
Matriz identidade, 30
Matriz ortogonal, 34
Matriz quadrada, 29
Matriz simétrica, 30
Matriz singular, 34
Matriz zero, 30
Matrizes
   e vetores, 29–31
   em R, 19–22
   operações com, 31–33
   vetores de médias e matrizes de covariâncias, 35–37
Média recíproca, 235
Medida de Penrose, 87, 88, 90, 91, 96, 100
MetaMDS, 217
Método de máxima verossimilhança, 133
Método não hierárquico de agrupamento, 179
Métodos hierárquicos, 164–166, 179
   de aglomeração, 164–166
   divisivos, 166
Métodos univariados, 1
Modelo de dois fatores, 12

N

NMDS, *ver* Escalonamento multidimensional não métrico (NMDS)

O

Objetos em R, 17–18
Ordenação de coordenadas principais (PCO), 216
Ordenação, 13, 41–42, 97, 219–240, 241–243
  análise de componentes principais, 220–225
  análise de coordenadas principais, 225–231
  análise de correspondência, 233–238
  comparação de métodos, 238–239
  escalonamento multidimensional, 231–233
  problema, 219
  programas computacionais, 239

P

Pacote `aplpack`, 50
Pacote candisc, 160, 200
Pacote CCA, 200
Pacote `EcoSimR`, 100
Pacote `labdsv`, 242
Pacote Mass, 216
Pacote NCSS, 169, 207, 210
Pacote `Pgirmess`, 100
Pacote `psych`, 136
Pacote `RInSp`, 100
Pacote `SciViews`, 50
Pacote `Spaa`, 100
Pacote `stats`, 101, 136
Pacote vegan, 101, 200–201, 242
PCA, *ver* Análise de componentes principais (PCA)
PCO, *ver* Ordenação de coordenadas principais (PCO)
PCoA, *ver* Análise de coordenadas principais (PCoA)
Probabilidades *a priori*, 148–149

Programas computacionais, 15, 74–77, 97, 113, 156–157, 197, 214, 239

Q

Qui-quadrado, 153, 161, 200

R

R Development Core Team, 16
Regressão linear, 205
Regressão logística, 151–156, 161
Regressão monótona, 205
Rotação de fator, 12, 125
Rotação varimax, 125
RStudio, 16

S

Scaling by MAjorizing a COmplicated Function (smacof), 217
`Scatterplot3d`, 49
Simple CA, 242
Smacof, *ver* Scaling by MAjorizing a COmplicated Function (smacof)
Spearman, Charles, 121, 123
SVD, *ver* Decomposição em valor singular (SVD)

T

`TeachingDemos`, 50
Teorema de Pitágoras, 83, 84
Teoria de dois fatores, 123
Teste da maior raiz característica de Roy, 68
Teste de aleatorização de Mantel, 93–97, 101
Teste de aleatorização, 55, 94
Teste de Bartlett, 189, 200
Teste de lambda de Wilk, 67, 68, 146, 200
Teste de Levene, 60, 80, 110
Teste de Van Valen, 61–62, 66, 72
Teste F, 60, 73, 79
Teste M de Box, 61, 70, 71–72, 74, 81
Teste t, 54, 55, 79
Teste T2, 55, 61, 66, 79

Testes de significância, 53–78, 79–81, 142–143, 184–185
  comparação da variação para várias amostras, 70–74
  comparação de médias para várias amostras, 66–70
  comparação de valores médios para duas amostras, 53-59
  comparação de variação para duas amostras, 60-66
  programas computacionais, 74–77
  testes simultâneos em várias variáveis, 53
  vs. testes univariados, 59–60

Testes univariados, multivariados *vs.*, 59–60
TinnR, 16
Traço da matriz, 31
Transposta da matriz, 30

V

Variáveis índices, 41–43
Variável canônica, 147, 148
Vetor coluna, 29
Vetor linha, 29–30
Vetor média, 14, 35–37, 57, 88
Vetores em R, 18–19